智·慧·商·业
创新型人才培养系列教材

U0160318

大数据技术应用基础

姚勇 张艺博 / 主编
李彦勤 章政 宋琳月 / 副主编

人 民 邮 电 出 版 社
北 京

图书在版编目（CIP）数据

大数据技术应用基础：商科版 / 姚勇，张艺博主编
. -- 北京：人民邮电出版社，2023.6
智慧商业创新型人才培养系列教材
ISBN 978-7-115-61395-0

Ⅰ. ①大… Ⅱ. ①姚… ②张… Ⅲ. ①数据处理－高
等职业教育－教材 Ⅳ. ①TP274

中国国家版本馆CIP数据核字(2023)第048868号

内容提要

本书是针对高等职业院校财经商贸大类专业大数据技术应用基础相关课程编写的教材，旨在帮助学生建立数据思维和培养处理、运用数据的能力。本书采用贴近学生学习和生活情境的案例，通过“提出问题—确定所需数据—寻找数据—处理和分析数据—分析问题并提出解决方案”五个步骤，解决数据价值认知、寻找需要的数据、分析数据和应用数据四个根本问题。

本书内容新颖，配套教学资源丰富，适合作为高等职业院校财经商贸大类相关专业的教材，也可供对培养数据思维感兴趣的读者阅读参考。

◆ 主　　编　姚　勇　张艺博
副 主 编　李彦勤　章　政　宋琳月
责任编辑　崔　伟
责任印制　王　郁　彭志环

◆ 人民邮电出版社出版发行　　北京市丰台区成寿寺路 11 号
邮编　100164　　电子邮件　315@ptpress.com.cn
网址　https://www.ptpress.com.cn
北京市艺辉印刷有限公司印刷

◆ 开本：787×1092　1/16
印张：12.75　　2023 年 6 月第 1 版
字数：319 千字　　2025 年 1 月北京第 5 次印刷

定价：49.80 元

读者服务热线：(010)81055256　印装质量热线：(010)81055316
反盗版热线：(010)81055315
广告经营许可证：京东市监广登字 20170147 号

前　言

大数据技术应用基础作为教育部《职业教育专业简介（2022年修订）》中新增的一门课程，正被越来越多的业内人士关注。已出版的相关教材基本可以分为两类：一类是依托一个平台，基于Python或MySQL来介绍大数据相关应用技术；另一类是主要介绍Hadoop、HBase、Hive，以及模型算法等技术性较强的内容。究其原因，可能是有两个问题存在分歧：一个是对大数据的认知，即大数据是什么；另一个是商科类专业能用到的大数据基础知识有哪些，即要用到什么工具。

党的二十大报告中指出，加强基础学科、新兴学科、交叉学科建设，加快建设中国特色、世界一流的大学和优势学科。本书积极响应这一号召，引入先进的信息技术和数据思维框架，推进商科类专业的教育创新和学科融合。

本书具有以下特色。

（1）聚焦传统课程的替代升级。本书试图把大数据技术作为一种思考和解决问题的方式，提出“首先从问题出发定位所需数据，然后寻找、处理和分析数据，再对数据进行可视化呈现，最后从数据回到问题”的路径，解决商科类专业大数据技术的应用问题，可作为商科类专业计算机基础课程的升级版教材。

（2）专注数据思维的整体培养。本书通过9个项目分步展示数据思维的逻辑闭环，构建数据思维的完整培养体系。每个项目都本着知识实用的原则，通过各种案例讲解，帮助学生理解数据思维的本质和逻辑。这些知识不仅可以加深学生对数据及数据技术的理解和应用，而且可以帮助学生顺利从学生思维过渡到员工思维，从而更好地服务于职业技能型人才的培养。

（3）围绕专业通识的人才培养。作为一本数据素养训练的通识类教材，本书设置的案例与实训内容操作性强，贴近生活、工作环境。本书旨在培养学生具备运用数据技术解决实际问题的能力，提高他们在现实工作中的竞争力。此外，本书还注重学生自主思考能力和创新精神的培养，倡导开放性讨论和跨学科交流，致力于培养既具备专业素养又具有人文情怀的复合型人才。

（4）专注工具软件的实际运用。本书坚持“能用和够用”的原则，精心挑选经过市场检验且使用频率较高的工具，如问卷星、八爪鱼、百度指数等，确保简单、易学、易用且能达成目标。本书没有完整讲述某一工具软件的全部应用方法，而是基于不同业务场景选择方便、易用的工具软件来解决具体问题，从而提升学生的实践能力。

（5）关注院校教师的授课环境。本书内容不依托任何第三方教学平台，所有使用到的工具软件均可免费使用，具有非常广泛的适用性和实用性，确保学生“**听得懂**”和“**学得会**”。

（6）**关心师生的实际情况。**本书的项目任务充分考虑了授课教师和学生的实际情况，确保知识体系和认知框架容易接受，并且会将这些工具和应用迁移到真实生活中，做到了真正意义上的“用得上”。

（7）**注重解决问题的具体方法。**本书重在开拓学生思路，力图把探索数据背后隐含的事实和观点、问题和本质、因果关系和相关关系的思维方式，正确地传递给学生。

（8）**教学资源丰富。**本书提供教学课件、操作视频、教案、授课计划、案例数据等教学资源，并且会不定期更新，教师可从人邮教育社区（www.ryjiaoyu.com）下载。

本书编写团队由四所院校教师和一名企业人员组成，姚勇、张艺博担任主编，李彦勤、章政、宋琳月担任副主编。具体编写分工如下：新乡职业技术学院张伟璐负责编写项目一的任务一；河南经贸职业学院邹翔负责编写项目一的任务二；苏州大学应用技术学院章政负责编写项目二的任务一；河南经贸职业学院杨光负责编写项目二的任务二；新疆石河子职业技术学院王庆辉负责编写项目三的任务一；河南经贸职业学院刘婉婉负责编写项目三的任务二；河南经贸职业学院李彦勤负责编写项目四；河南经贸职业学院欧明华负责编写项目五的任务一；中教畅享（北京）科技有限公司邵振亚负责编写项目五的任务二；河南经贸职业学院张艺博负责编写项目六；河南经贸职业学院姚勇负责编写项目七；河南经贸职业学院宋琳月负责编写项目八和项目九。

本书历时两年半完成编写，经过多轮讨论、修改，最终定稿。考虑到商科类专业学生的特点，本书把培养学生的数据思维理念融入大数据技术应用基础课程中。书中难免存在疏漏，敬请读者不吝赐教。如有任何意见或建议，请发送邮件至 zhangyibo@henetc.edu.cn，我们将竭诚为广大教师的授课工作和学生的学习提供服务。

编者
2023 年 3 月

目　录

项目一

走近数据

知识目标

1. 掌握数据的含义和特征
2. 了解数据的存储单位及数据的分类
3. 了解数据的价值
4. 了解数据发挥价值的条件

能力目标

1. 理解数据的本质及数据对时代的影响
2. 理解数据分析的重要性
3. 能区分数据的关联类型
4. 能辨别数据发挥价值的场景

素养目标

1. 树立正确的数据价值观念，坚持自信自立、守正创新
2. 培养严谨认真、一丝不苟、爱岗敬业的职业精神

任务一　认识数据

一、数据

当前，我们处于一个数据大爆炸的时代，数据量正以指数级的速度增加，数据的表现形式也更加丰富多样，可以是文字、数字、语音、图像、视频等。

（一）数据的含义

数据（Data）是对客观事物的一种形式化表征，是基于客观事物未经加工的原始素材。同样，我们也可以认为数据是通过物理观察得来的事实和概念，是对现实世界中的地点、事件、对象或概念等的一种逻辑归纳。

数据不仅指狭义上的数字，也可以是具有一定意义的文字、字母、数字、符号的组合，以及图形、图像、视频、音频等，还可以是客观事物的属性、数量、位置及其相互关系的抽象表示。实际上，人类的一切语言文字、图形、图像、音频和视频资料，以及所有感官可以察觉的事物，只要能被记下来，能够查询到，都属于数据。例如，0、1、2 等数字，阴天、下雨、降温等气象资料，学生档案，货物运输记录等，都是数据。

12345 便民热线是我国各地市人民政府设立的公共服务平台。那么，12345 是一组数据吗？

是的，没错。

123abc#是一组密码，其中，123 代表一个约定的地点，abc 代表一个指定的人物，#代表一个既定的事件。如此，这组数字、字母和符号的意义就有了相应的解读。

那么它是不是数据呢？

答案是肯定的。

（二）数据的特征

数据具有差异性和规律性两个明显的特征。差异性主要体现为数据描述的多为事物的属性和特征。现实世界中每件事、每个人、每个物品都有不同的属性和特征，因此反映在数据上也会有各种不同的表现，而且从表面看，这些数据可能是杂乱无章的。规律性主要体现为数据分布是有一定规律的，对数据进行分析研究的目的，就是要从看似毫无关联的数据中找出某种规律和关联。换句话说，正因为数据具有差异性，才有必要对数据进行研究分析；也正因为数据存在规律性，对其研究才有价值。

（三）数据的存储单位

随着互联网技术的快速发展，以及智能手机和可穿戴智能设备的出现，人们的行为、位置，甚至生理数据等每一点变化都成为可被记录和分析的数据。这些新技术推动着大数据时代的发展，各行各业每天都在产生海量的数据碎片，数据存储单位已从 byte、KB、MB、GB、TB 发展到 PB、EB、ZB、YB，甚至 BB。表 1-1 所示为各数据存储单位之间的换算关系。

表 1–1 数据存储单位之间的换算关系

单位	换算关系
byte（字节）	1 byte=8bit
KB（kilobyte，千字节）	1 KB=1 024 byte
MB（megabyte，兆字节）	1 MB=1 024 KB
GB（gigabyte，吉字节）	1 GB=1 024 MB
TB（terabyte，太字节）	1 TB=1 024 GB
PB（petabyte，拍字节）	1 PB=1 024 TB
EB（exabyte，艾字节）	1 EB=1 024 PB
ZB（zettabyte，泽字节）	1 ZB=1 024 EB
YB（yottabyte，尧字节）	1 YB=1 024 ZB

续表

单位	换算关系
BB（brontobyte，布字节）	1 BB=1 024 YB
NB（nonabyte，诺字节）	1 NB=1024 BB
DB（doggabyte，刀字节）	1 DB=1024 NB

（四）数据的分类

（1）按性质不同，数据可以分为以下四种：①定位数据，如各种坐标数据；②定性数据，如表示事物属性的数据（居住地、河流、道路等）；③定量数据，如长度、面积、体积等几何量或质量、速度等物理量；④定时数据，如年、月、日、时、分、秒等。

（2）按表现形式不同，数据可以分为以下两种：①数字数据，各种统计或测量数据，它们在某个区间内通常是离散的值，如符号、文字等；②模拟数据，指在某个区间产生的连续值，如声音的大小和温度的变化等。

（3）按记录方式不同，数据可分为以下三种：①普通文本格式数据；②二进制格式数据，如一些音频、视频、图片等；③混合数据，即以上两种数据混合在一起的数据形式。在计算机系统中，数据以二进制信息单元 0、1 的形式表达。

（五）解读数据

数据经过加工后就成为信息。数据的本质作用是承载信息。数据和信息两者关系密切，不可分割。数据是信息的表达，信息是数据的内核。

数据本身是不具有任何意义的，只有对实体行为产生影响时才能成为信息。数据从一定程度上给我们带来了各种各样的信息，因此我们要学会解读数据。

下面以 2022 年发布的第 49 次《中国互联网络发展状况统计报告》为例，讲解在阅读新闻、判断数据可信度的时候，需要思考的五个问题。

1. 数据是由谁提供的

阅读者首先要搞清楚数据的来源。数据是由权威部门发布的，还是由信息提供者发布的对自身有利的数据？

权威部门主要包括国家机关、事业单位、科研机构、高校和行业协会等。例如，国家统计局发布的《中国统计年鉴》、中山大学社会科学调查中心发布的《中国劳动力动态调查：2020 年报告》、中国城市轨道交通协会发布的《城市轨道交通统计和分析报告》等，都是权威的数据。

除了权威部门提供的数据，目前网络上还充斥着大量个人、企业发布的数据。其中一些数据或是为了向公众传播利于自身的消息，或是为了打造自身品牌。无论出于何种目的，这些数据的可靠性都有待考察。例如，某电商平台自称“全球 8 亿人都在用的 App”、某奶茶品牌号称“一年卖出三亿杯，杯子连起来可绕地球一圈”。这些数据不过是商家的营销手段，至于是否真实就不得而知了。

一般情况下，权威的数据都会清楚地标明发布机构。第 49 次《中国互联网络发展状况统计报告》中，在封面（见图 1-1）和前言（见图 1-2）部分都注明数据来源于权威机构——中国互联网络信息中心（CNNIC）。

第49次中国互联网络发展状况统计报告

中国互联网络信息中心

The 49th Statistical Report on China's Internet Development

图 1–1 《中国互联网络发展状况统计报告》封面

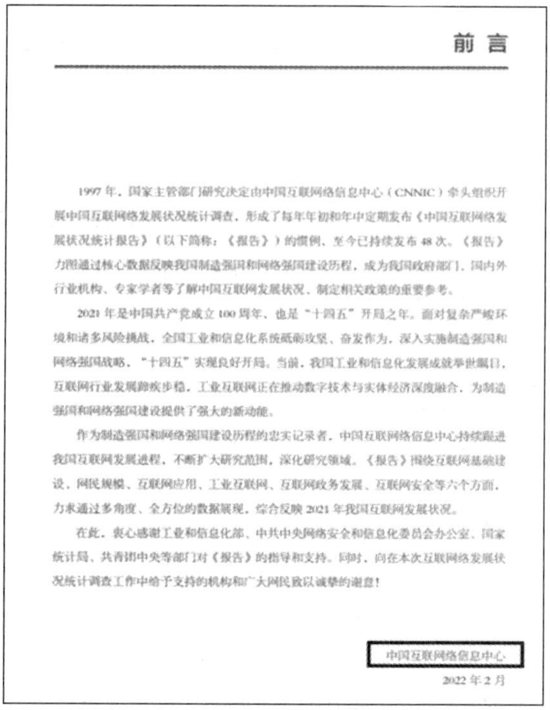

前言

1997 年，国家主管部门研究决定由中国互联网络信息中心（CNNIC）牵头组织开展中国互联网络发展状况统计调查，形成了每年年初和年中定期发布《中国互联网络发展状况统计报告》（以下简称：《报告》）的惯例，至今已持续发布 48 次。《报告》力图通过核心数据反映我国制造强国和网络强国建设历程，成为我国政府部门、国内外行业机构、专家学者等了解中国互联网发展状况、制定相关政策的重要参考。

2021 年是中国共产党成立 100 周年，也是“十四五”开局之年。面对复杂严峻环境和诸多风险挑战，全国工业和信息化系统砥砺攻坚、奋发作为，深入实施制造强国和网络强国战略，“十四五”实现良好开局。当前，我国工业和信息化发展成就举世瞩目，互联网行业发展蹄疾步稳，工业互联网正在推动数字技术与实体经济深度融合，为制造强国和网络强国建设提供了强大的新动能。

作为制造强国和网络强国建设历程的忠实记录者，中国互联网络信息中心持续跟进我国互联网发展进程，不断扩大研究范围，深化研究领域。《报告》围绕互联网基础建设、网民规模、互联网应用、工业互联网、互联网政务发展、互联网安全等六个方面，力求通过多角度、全方位的数据展现，综合反映 2021 年我国互联网发展状况。

在此，衷心感谢工业和信息化部、中共中央网络安全和信息化委员会办公室、国家统计局、共青团中央等部门对《报告》的指导和支持。同时，向在本次互联网络发展状况统计调查工作中给予支持的机构和广大网民致以诚挚的谢意！

中国互联网络信息中心

2022 年 2 月

图 1–2 《中国互联网络发展状况统计报告》前言

2. 对数据有什么直观的感受

以第 49 次《中国互联网络发展状况统计报告》中网约车用户规模及使用率（见图 1-3）为例，2021 年网约车用户规模及使用率较 2020 年均有较大提升。首先，作为网约车用户，看到这组数据时可能会认为，以后坐网约车越来越方便，从而感到满意；但是网约车使用率的提升也会带来一系列的安全和监管问题，用户若没有意识到这一点，便存在理想与现实的偏差。其次，当网约车运营商看到该数据，会认为网约车普及率越来越高，行业前途光明，从而感到喜悦；而出租车司机看到这组数据，会为本行业的发展担忧，从而感到沮丧。这便是不同人群对数据的不同感受。

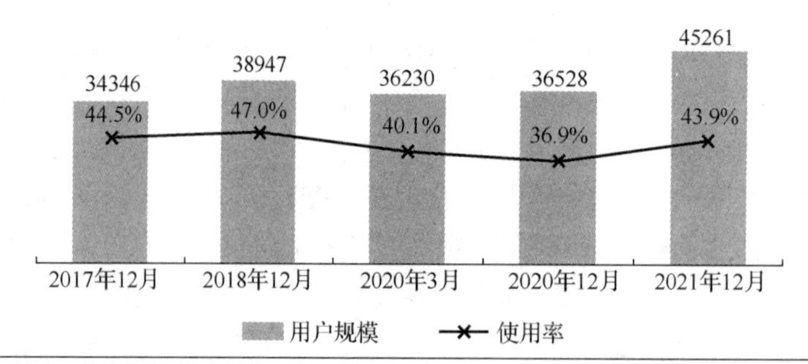

图 1–3 2017 年 12 月—2021 年 12 月网约车用户规模及使用率

3. 数据是如何被采集的

假如你是一名未成年人，在被问及“每日上网时长”这个问题时，是否会为了避免受罚，宁愿说谎也不愿意说实话呢？如果答案是肯定的，就要多留意这份数据的可靠性了。同时，研究样本的选取也非常重要。在《中国互联网络发展状况统计报告》的调查中，采用的是电话调查的方法，那么就要明白一点：这份数据仅适用于家中有电话或手机的群体，固定电话和手机无法覆盖人群中的网民情况不在这份统计报告之内。

4. 数据是如何被分析的

在阅读《中国互联网络发展状况统计报告》时可以发现，我国移动电话基站数增长较快，5G网络建设稳步推进。截至2021年12月，移动电话基站总数达996万个，较2020年净增65万个，如图1-4所示。同时，移动互联网接入流量和手机上网比例均有大幅提升。这就需要思考一下，移动电话基站数量的增加与移动互联网接入流量和手机上网比例的增加之间是否存在因果关系。从图1-5中可以很明显地看出，移动电话基站数量的增加会促使移动互联网接入流量及手机上网比例的增加。那么就需要回答以下三个问题：有可能是偶然事件吗？还有其他因素在其中起作用吗？这种因果关系反过来也成立吗？

图1–4　移动电话基站数量

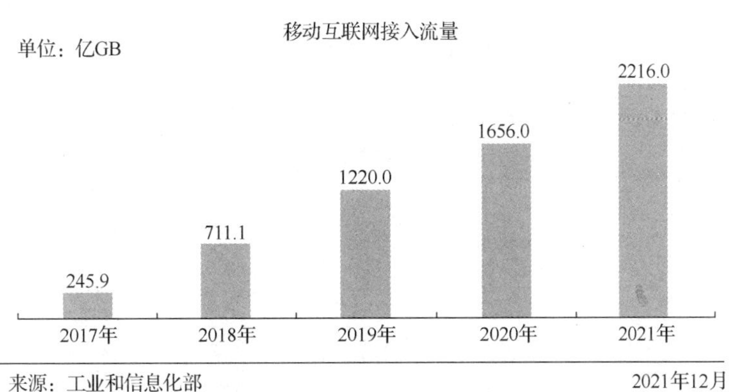

图1–5　移动互联网接入流量

5. 数据是如何呈现的

下面介绍一些在数据的呈现方式中经常出现的误区。

（1）平均值：如果数据中存在能大幅拉高或者拉低平均值的异常值，则该平均值并不能完全反映整体情况的平均水平。例如，《中国互联网络发展状况统计报告》中显示，2021 年我国网民的人均每周上网时长为 28.5 小时，假如数据样本中存在大量以网络工作为主的职场人士或难以接触网络的在校高中生，那么这个人均每周上网时长便不能完全反映网民整体的上网情况。

（2）某个精确的数字：很多现象都不能用某个精确的数字呈现出来，所以要对特别精确的数字保持警惕。

（3）排名：很多情况下，一份排名中的上下两个位次之间并没有太大的区别，因为有许多因素都可以影响排名。

（4）风险：当你看到“患某种疾病的可能性增加 $x\%$”时，如果不知道分母代表什么，那么这个数字其实也没什么意义。如果分母所代表的数字体量很小，那么 x 无论多大，对于解决实际问题的真实意义也帮助不大。

（5）图表：我们在查看图表的时候往往会过多关注图形本身，而忽略了对纵轴刻度的关注。不一样的刻度会影响我们对图形的理解。

例如，在《中国互联网络发展状况统计报告》中，固定互联网宽带接入用户数（见图 1-6）和光纤宽带用户规模（见图 1-7）这两个数据，仅看柱形图会发现图形高低相似。但需要注意，前者的单位是亿户，后者的单位是万户，刻度不同所代表的数据也千差万别。

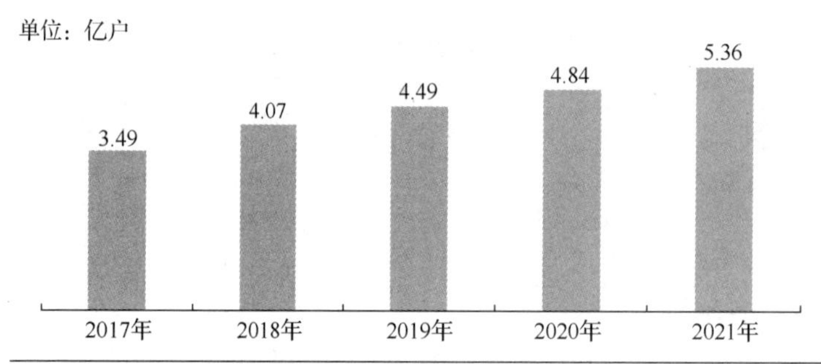

图 1-6　固定互联网宽带接入用户数

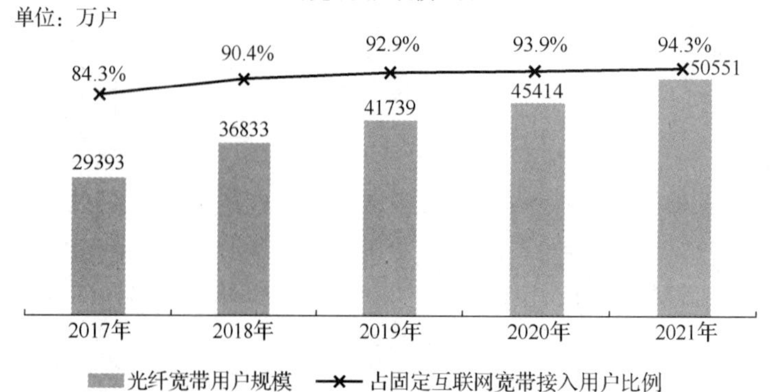

图 1-7　光纤宽带用户规模及占比

二、数据和时代的关系

随着信息传播技术的飞速发展和信息传播渠道的不断拓展，数据量呈几何级增长。对于普通民众来说，数据就是日常生活中最常见的文件、聊天记录、图片等。对于互联网公司来说，数据就是资产。对于政府来说，数据就是可靠的管理手段。

全球知名咨询公司麦肯锡称："数据，已经渗透当今每一个行业和业务职能领域，成为重要的生产因素。"无论是政府、企业还是个人都意识到数据的重要性。数据时代的到来，对人们驾驭数据的能力提出了新的挑战，也为人们获得更深刻、全面的洞察力提供了前所未有的机遇。

（一）互联网行业

互联网行业的主要特征之一就是存储了各种类型的海量数据。用户在互联网上的各种行为都能被网站日志所记录，网站可以利用大数据技术从海量用户数据中挖掘出有价值的信息，建立用户模型，针对性地提供产品和服务，优化用户体验。

新浪微博每刻都在收集、整理、分析、存储海量的数据，在同一时刻其产生的数据总量是传统报纸、杂志的数倍。这是传统媒介传播方式所不能相比的。此外，微博还可以对用户数据进行分析、对比，跟踪用户行为和偏好，进而推送更加符合用户需求的信息。

天猫商城可以基于用户浏览行为和点击行为进行数据采集和分析，挖掘出用户更深层次的需求或者爱好，精准推荐商品，从而扩大商家销售量。比如 2020 年"双十一"期间，天猫商城的成交额高达 4 982 亿元，而上年同期则为 2 684 亿元。可以说，成交额的大幅增长与数据技术的应用有很大关系。

抖音用户可以通过平台的统计数据进行分析，不断校正推广方案。例如，擅长利用数据的用户上传视频之后会立刻观察平台的每一项数据，然后调整内容方案、产品方案、引流方案、变现方案。

（二）零售行业

零售行业对大量的用户消费行为进行分析挖掘，预测未来的消费需求，从而迅速提供个性化服务，扩大销售量。在大数据时代，零售行业需要提高产品流转率，实现快速营销。

连锁零售超市沃尔玛非常重视大数据技术的利用。例如：沃尔玛通过分析顾客的喜好和购物方式，优化商品的陈列设计、自动推送优惠券；通过分析顾客的喜好，为顾客提供量身定制的购物体验等。

亚马逊也非常重视用户数据分析，在用户搜索关键词、访问商品页面、完成购买的整个流程中，对用户浏览偏好、兴趣爱好和观点态度等信息进行采集和分析，从而细分用户群体，精准推荐；同时，根据"感兴趣的商品"这一指标对用户群体进行分类，并向他们推送与其兴趣相似度较高的商品广告，有效地提高了销售量。

（三）保险行业

保险机构依托互联网数据的优势实现产品和服务差异化，在提升用户黏性和品牌认知度的同时促进了客户价值转化。

互联网经济的发展，为保险行业带来了增量市场，同时随着网民规模的扩大，用户的行为习惯已发生转变，这些都需要利用互联网来触达。对于保险行业而言，数据分析的价值不言而喻，挖掘数据的价值可以准确找到保险营销的对象。比如健康险，保险公司可以根据用户年龄、体检报告、消费水平等数据精准定位到购买这一险种的可能人群。

（四）制造业

制造业企业通过采集产品研发、投放、销售、评价等全流程数据，在融合内外部数据的基础上建立用户画像，让用户需求成为产品设计导向，使新产品更符合用户习惯和期望，实现数据驱动的产销模式。

制造业企业通过收集日常运营的数据、客户使用产品和服务的数据，以及市场和行业趋势等数据，形成企业日常运营的全景图，从中发现企业的问题和业务创新点，从而实现产品创新、服务流程改进、精准营销、销售模式升级、库存优化等业务改进。数据为传统制造业的发展注入新的能量。比如：企业的生产数据通过相应的系统可自动上报、异常数据也可自动预警，大大提高了工作效率、降低了人力成本；采集的数据也可定期生成分析报告，有助于领导层快速做出经营决策。

（五）公共管理行业

大数据时代的到来，使社会中的海量数据变成了巨大的潜在财富。在政府工作中，政府部门可以对大数据进行实时分析，进而提高决策效率，减少决策失误，以确保社会稳定发展。

美国 PredPol 公司联合警方和研究人员，基于地震预测算法的变体和犯罪数据来预测犯罪发生的概率，可以精确到 500 平方英尺（1 平方英尺≈0.093 平方米）的范围内。在洛杉矶运用该算法技术的地区，盗窃罪和暴力犯罪发生数同期分别下降了 33%和 21%。

（六）教育行业

教育部门可以通过大数据分析为学生制定个性化的培养方案，也可以根据数据分析结果来决定教育的发展方向，完善教育评价机制。

我国部分高校开始尝试根据每年各专业的招生计划、开课计划、往年教学安排等，对教学活动中需要的各项资源进行数据分析，从而给出预测及预警。也有高校正在尝试通过导入和聚合各类科研原始数据，建立多维度的高校科研指标数据分析模型，从而精准地找到与学校需求更加契合的外部人才。

（七）餐饮服务行业

在餐饮服务行业中，相关人员可以从大数据中获得市场行情、竞争对手情况、物流实时状态等一系列信息，辅助管理者做出决策，进而提高企业经营利润和收益。

例如，某快餐店通过门口监控视频分析顾客排队点餐的队列长度，然后自动变化电子菜单显示的内容。如果队列较长，则电子菜单显示可以快速供给的食物；如果队列较短，则显示那些利润较高但准备时间相对较长的食物。

（八）个人服务行业

在个人服务行业，数据结合个人位置服务可以拉动互联网、零售、电信和媒体等多种行业的发展。

西安电子科技大学通过自主开发的大数据平台，对在校学生2018年的一卡通消费数据进行分析，找出每月在食堂吃饭60次以上、每天吃饭开销平均低于8元的学生。学校按照每天6元的补助标准，将一学期总计720元的餐补悄悄打进这部分学生的饭卡。

任务二 了解数据的价值

一、数据之间的关系

微课

因果关系和相关关系

数据就像一座神奇的钻石矿，当它的首要价值被发掘后仍能不断给予价值。它的真实价值就像漂浮在海洋中的冰山，第一眼只能看到冰山的一角，而绝大部分都隐藏在表面之下。

——节选自《大数据思维》

“瑞雪兆丰年”的典故在我国有着悠久的历史。人们通过长时间的数据统计与经验积累，以冬季的降雪量预测来年庄稼的收成，以一种现象预测另一事件的发生概率，从两个看似无关的自然现象中寻找其内在的联系。

在一家超市中，纸尿裤与啤酒这两种完全不相关的商品被摆在一起，并且这一奇怪的陈列安排居然使纸尿裤和啤酒的销量都大幅增加。这是一直被商家津津乐道的发生在美国沃尔玛连锁超市的真实案例。原来，美国的妇女通常在家照顾孩子，所以她们经常会嘱咐丈夫在下班回家的路上为孩子买纸尿裤，而丈夫在买纸尿裤的同时又会顺手购买自己爱喝的啤酒。

这个发现为商家带来了大量的利润，但是如何从浩如烟海且杂乱无章的数据中，发现啤酒和纸尿裤销售之间的联系呢?

这就是关联！通俗地讲，关联就是几个事物或者事件经常同时出现，“啤酒+纸尿裤”就是非常典型的两个关联商品。

（一）数据的关联

所谓关联，反映的是一个事件和其他事件之间相互作用或相互依存的对应关系。如果两项或多项属性之间存在关联，那么其中一项的属性值就可以依据其他属性值预测。简单来说，关联规则可以用这样的方式来表示：A→B。其中A被称为前提或者左部，而B被称为结果或者右部。如果要描述关于纸尿裤和啤酒的关联规则（买纸尿裤的人也会买啤酒），可以这样表示“买纸尿裤→买啤酒”；同样，瑞雪兆丰年，也可以表示为“瑞雪→丰年”。

（二）关联规则的分类

将两个看似无关的现象用数据记录下来，发掘其中存在的某种联系，就形成了数据间的关联。不同的关联规则有不同的分类。

1. 按关联规则中处理变量的类别分类

按关联规则中处理变量的类别，关联规则可分为布尔型关联规则和数值型关联规则。布尔型关联规则中对应变量都是离散变量或类别变量，它显示的是离散型变量间的关系，比如“买纸尿裤→买啤酒”；数值型关联规则则可以与多维关联或多层关联规则相结合，用于处理数值型变量，如“月收入 5 000 元→每月交通费约 800 元”。

2. 按关联规则中数据的抽象层次分类

按关联规则中数据的抽象层次，关联规则可以分为单层关联规则和多层关联规则。在单层关联规则中，所有变量都没有考虑到现实的数据具有多个不同的层次；而多层关联规则中，对数据的多层性进行了充分的考虑。比如“买某品牌鞋→买慢跑鞋”是一个细节数据上的单层关联规则，而“买外套→买慢跑鞋”是一个较高层次和细节层次间的多层关联规则。

3. 按关联规则中涉及的数据维数分类

按关联规则中涉及的数据维数，关联规则可以分为单维关联规则和多维关联规则。单维关联规则只涉及数据的一个维度（或一个变量），如用户购买的商品；多维关联规则则要处理多维数据，涉及多个变量。也就是说，单维关联规则处理单一属性中的关系，而多维关联规则处理多个属性间的某些关系。比如“买纸尿裤→买啤酒”只涉及用户购买的商品，属于单维关联规则，而“喜欢野外活动→购买慢跑鞋”涉及两个变量的信息，属于二维关联规则。

（三）关联规则的作用

关联规则是指能反映两种因素之间关联性的一种数据挖掘规则。以商品销售中的关联规则为例，关联规则的作用可以表现在以下几个方面。

（1）交叉销售：基于消费者购买模式，主动进行交叉销售。

（2）商品销售目录的设计：将顾客经常会一起购买的商品目录列示在一起，促进销售。

（3）商品摆放：基于商店不同的经营理念，将顾客经常会一起购买的商品近距离摆放，顾客会比较方便购买。

（4）流失顾客分析：可以分析是否是某些关键商品的缺失导致顾客流失等。

（5）基于购买模式进行顾客区隔。

利用关联技术从交易数据库发现规则的过程称为购物篮分析。通过对商业数据库中的海量销售记录进行分析，提取出反映顾客购物习惯和偏好的有用规则，可以用于商品的降价、摆放以及优惠券设计等决策。当然，也可以把得到的信息应用到促销和广告中。服务业的激烈竞争使得公司留住老顾客和吸引新顾客一样重要。公司通过分析老顾客的购买记录，了解他们的消费偏好，给他们提供其他商品的优惠及服务，这样不但能留住他们，还可以使他们逐渐熟悉其他商品，从而获得更多利润。

利用好数据间的关联规则，可促使或抑制其中一个事件的发生，以达到影响另一个事件的目的；或者通过一个事件的发生来预测和防范另一个事件的发生，让数据发挥最大价值。

二、数据的价值

万物背后的规律都是数据，正如“大数据之父”维克托·舍恩伯格所言，世界上的一切事物都可看作是由数据构成的，一切皆可“量化”，都可以用编码数据来表示。

在网络技术带来海量数据之前，沃尔玛在美国企业中拥有的数据资源应该是最多的。在 20 世纪 90 年代，零售链通过把每一个产品记录为数据而彻底改变了零售行业。沃尔玛让供应商监控销售速率、数量以及存货的情况，提高销售透明度，迫使供应商完善自己的物流。在许多情况下，沃尔玛不接受产品的“所有权”，除非产品已经开始销售，这样就避免了存货的风险，也降低了成本。

数字本身没有含义，数字+业务场景，才有了具体业务。数据分析将数据变为信息，赋予数据以生命力，就是将数据用到具体的业务之中。数据在经过处理分析之后，解决了业务的核心诉求，其价值也就应运而生。

（一）数据有哪些价值

数据的价值归根到底是能帮助人们建立对事物的认知和做出正确的决策，具体来说包括以下三个方面。

1. 数据描述

数据可以对事物进行精准刻画，帮助人们全面了解事物的真面目。此时，数据的价值在于，减少了信息的不对称，帮助人们建立了新的认知。以前不知道的事情，数据告知他们了；以前不清楚的，数据能解释明白了。也就是说，在数据的帮助下，人们实现了从“不知道”到“知道”，从“不清晰”到“清晰”的转变。

2. 辅助决策

一般情况下，如果孩子发烧到38.5℃以上，就给孩子吃退烧药；如果不到38.5℃，就不用吃退烧药，注意观察孩子的精神状态即可。在这里，体温就是设定的关键变量，体温的不同决定不同的行动，这就是决策模型。

由此可见，数据的作用还在于能让人们发现问题，并做出正确的判断与决策，告诉他们应该做什么、怎么做。只要人们相信数据是真的，数据就像一个睿智的谋士，告诉人们事情的来龙去脉、问题的症结，然后把决策权交给人们。相信数据的力量，数据就能帮助人们做出正确的决策，从而为企业提供基础的数据统计报表分析服务。产品经理能够通过统计数据完善产品功能和改善用户体验，运营人员可以通过数据发现运营问题并确定运营的策略和方向，管理层可以通过各项业务数据和财务数据掌握企业的运营状况，从而做出战略决策。

用数据辅助决策需要解决以下三个问题：第一，如何理解你面对的挑战；第二，如何建立决策模型；第三，如何找到决策模型中需要的数据。在瞬息万变的市场中，商机稍纵即逝，数据可以帮助人们快速找到商机，形成决策，缩短人们做决策的时间，降低决策成本，提高决策效率。特别是在信息过剩的万物互联时代，数据能帮助人们在纷繁复杂的信息网络中快速找到“确定性”的路径和决策，在市场竞争中赢得“时间差”优势。

3. 科学预测

人们还可以通过统计与分析数据，科学预测即将发生什么，发生的概率有多大，不能做什么。数据出现异常状况时，实时预警，帮助人们降低决策风险，及时止损，减少试错成本。比如企业利用运营数据分析现状，对未来发展趋势做出预测，制定业务目标，并提供有效的战略参考和决策依据，以确保企业的持续健康发展。

（二）如何让数据发挥价值

背景不同，数据代表的意义就不同。数据的价值发挥离不开应用场景。数据的价值是在相应的场景下，数据与人或计算机的互动中产生的。数据价值的产生方式具体表现为以下六种。

1. 数据价值由数据的消费者来定义

数据有没有价值，数据有多大的价值，是由数据的消费者或需求者说了算的，而不是由数据的提供者来判定的，或者说数据的价值是由市场需求决定的。数据的价值还在于数据消费者看到数据之后所做出决策所产生的价值。例如，通过数据分析和情报研判发现了一个项目竞标机会，数据消费者经过充分准备赢得了项目，项目标的额的大小就是衡量之前数据价值大小的标尺，项目标的额越大，数据的价值就越大。

2. 数据需要在具体的应用场景下发挥价值

数据需要在适当的场景中应用才能发挥出价值，也就是说数据在 A 场景下可能没什么价值，但是换到 B 场景下可能有巨大价值。如果将数据能发挥价值的场景复制到更多的商业客户，那么数据的价值也会随之倍增。所以，数据需要用于合适的场景，合适的场景是数据发挥价值的基础。

3. 数据需要经过分析和加工才能发挥价值

大多数情况下，数据是比较粗糙的，不能直接发挥价值。数据一般需要加工，经过挖掘建模、对比分析、预测预警等操作后才能发挥价值。就像“沙里淘金”，数据需要经过必要的、专业化的加工处理后才能让人们看到价值。

4. 数据价值的传递离不开人际传播和专业解释

实际工作中，数据价值的最终实现是离不开沟通和传递的。通过适当的人在适当的场合下用适当的方式去传播和解释，数据的价值才会跨越“最后一公里”得到展现。数据价值的传播者可以是企业的 CEO（首席执行官）、CTO（首席技术官）或 CDO（首席数据官）等，传播的方式可以是一对一或一对多，也可以是面对面讲课或者在线课程等。比如：天气预报就是一种很不错的数据价值传递方式，天气预报的主持人通过口头解说，告诉电视观众各地的天气预测数据，提醒大家防范地质灾害等，将天气预测的数据用形象化的语言表达出来，并告知人们应该做什么、注意什么，天气预测数据的价值关联到了人们的生产、生活场景，在这种沟通方式下传递出去。

5. 数据在业务运营中产生价值

我们常说“数据赋能业务”，其实就是用数据化的方法来优化业务决策，提升业务运营的效率。数据可以用于产品设计、产品运营、营销推广和售后服务等环节，用以洞察客户需求、优化产品功能、诊断业务短板、精选目标客群、提升营销精准度等。相应地，客户数、转化率、客单价等指标的提升能反映出数据的价值。

6. 数据在人工智能应用中发挥价值

在人工智能中，机器的学习和训练离不开数据的“喂养”，数据不仅仅是机器的“养料”，更是人工智能发展的基石，数据的厚度和有效性决定了人工智能的效率模型。数据量越大，数据的质量越高，机器学习的效率就会越高。数据能在与机器的互动中发挥价值，数据的价值就体现在机器的“智商”提高的幅度上。

兰蔻专柜的大部分顾客是女性，但不同女性对化妆品、护肤品的需求千差万别。有的人注重爆款，有的人注重功效，有的人注重成分，甚至有人买化妆品只是为了试色。对于真人导购来说，首先，他们必须了解每一种产品的功效、成分、适用人群等，才能很好地应对顾客的层层“拷问”。其次，导购还需要熟悉不同肤质、不同肤色、不同脸型的顾客适合的美妆产品，才能留住顾客的心。人工智能机器导购员如何掌握这样的“读心术”呢？一方面，人工智能机器人通过与顾客进行交流，理解和预测顾客的需求；另一方面，人工智能机器导购员还需要从多种来源的数据中挖掘美妆行业的知识，并通过分析整合，为顾客进行精准的推荐与引导，让顾客享受到愉悦的购物体验。

这是从数据到价值的一次旅程：人工智能机器人通过学习大量数据，了解顾客的需求，定向、合理地推荐一些符合受众品位的产品。对于顾客来说，他们能够及时获取符合自己兴趣和心意的产品，满足了愉悦购物的需求；对于商家来说，顾客对感兴趣产品的咨询次数，直接影响了顾客的购买率。

拓展阅读

用生命保护的数据

二十世纪的五六十年代，面对帝国主义的核威胁，为了保卫国家安全、维护世界和平，党中央审时度势、高瞻远瞩，果断做出了自主研制“两弹一星”的战略决策。在以后的几十年中，每年都有无数科研工作者投身于这一伟大事业。其中有一位科学家，他的研究横跨核弹、导弹、人造卫星三个领域，他也是“两弹一星”元勋中唯一获得烈士称号的科学家，他就是我国著名的力学家、中国科学院院士、中国近代力学事业的奠基人之一——郭永怀。

1909 年，郭永怀出生于山东荣成，先后就读于南开大学预科班、南开大学、北京大学，任教于威海中学、国立西南联合大学。1941 年，郭永怀赴美国加州理工学院求学，和钱学森一起成为世界气体力学大师冯·卡门的学生。1956 年，郭永怀克服重重阻挠回到祖国，先后参与了原子弹和“东方红一号”的研制。

1968 年 12 月 4 日，郭永怀在试验中发现了一个重要线索，立即从青海基地返回北京。5 日凌晨，郭永怀乘坐的飞机突然失事，机上人员全体遇难。当人们找到郭永怀的遗体时，发现他和警卫员牟方东紧紧抱在一起，两人用身体夹着一个公文包，而包中重要的核研究资料安然无损。郭永怀牺牲 22 天后，我国第一颗氢弹爆炸试验成功。

郭永怀于 1968 年 12 月 25 日被授予烈士称号，于 1999 年 9 月 18 日被追授“两弹一星”功勋奖章。2018 年 7 月，为了纪念郭永怀院士的贡献，经国际小行星中心认定，一颗小行星被命名为“郭永怀”星。

虽然郭永怀院士牺牲了，但是“热爱祖国、无私奉献，自力更生、艰苦奋斗，大力协同、勇于登攀”的“两弹一星”精神保留了下来，感动着一代又一代青年学子，激励他们为中国现代化建设贡献智慧与力量。

项目实训

利用百度指数分析“专升本”和“考研”的热度分布

百度指数（Baidu Index）是以百度海量网民行为数据为基础的数据分析平台，是当前互联网乃至整个数据时代最重要的统计分析平台之一，自发布之日起便成为众多企业营销决策的重要依据。

百度指数能够告诉用户：某个关键词在百度的搜索规模有多大，一段时间内的涨跌态势以及相关的新闻舆论变化；关注这些词的网民是什么样的，分布在哪里，他们同时还搜了哪些相关的词。百度指数能帮助用户优化数字营销活动方案。

截至 2022 年，百度指数的主要功能模块有：基于单个词的趋势研究（包含整体趋势、PC 趋势还有移动趋势）、需求图谱、舆情管家、人群画像；基于行业的整体趋势、地域分布、人群属性、搜索时间特征。下面我们用百度指数来分析大家非常关心的“专升本”和“考研”的需求图谱和人群画像等。

【操作方法】

（1）打开百度网站，搜索关键词“百度指数”，即可打开百度指数页面，如图 1-8 所示。

图 1-8　百度指数页面

（2）在百度指数的搜索框中输入“专升本”，然后单击“开始探索”按钮，可以看到图 1-9 所示的结果。

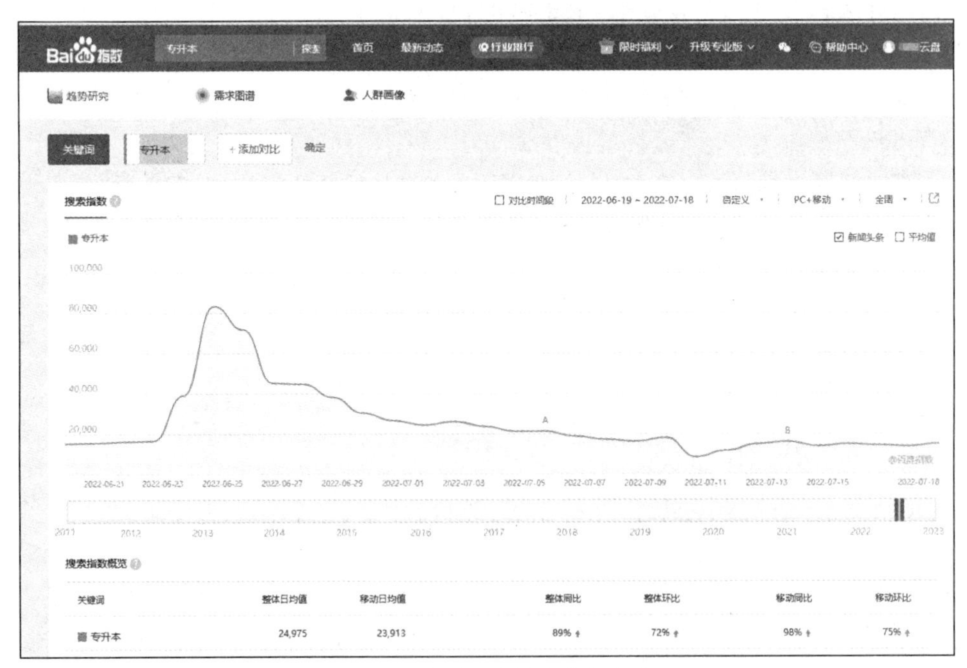

图 1-9　“专升本”搜索指数概览

从图 1-9 中可以发现，“专升本”关键词的搜索热度从 2022 年 6 月 20 日开始增加，6 月 24 日到达最高点，之后逐步回落。7 月 11 日至 13 日又有一个小高峰。同学们可以根据各地的“专升本”报考和录取时间进行相关分析。

（3）选中“需求图谱”单选按钮，可以看到图 1-10 所示的结果。

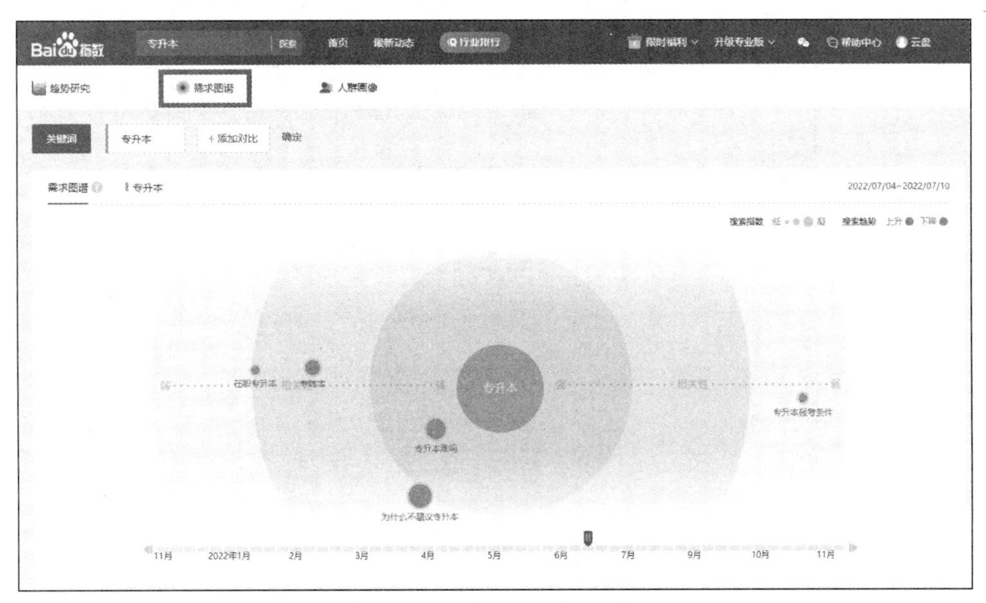

图 1–10 “专升本”需求图谱

根据图中热力点的大小，可以看到大家关注的问题主要是什么，以及哪些问题正在呈现上升或下降趋势。

（4）选中“人群画像”单选按钮，可以发现关注“专升本”这一话题的人都分布在哪些省份。结果如图 1-11 所示。

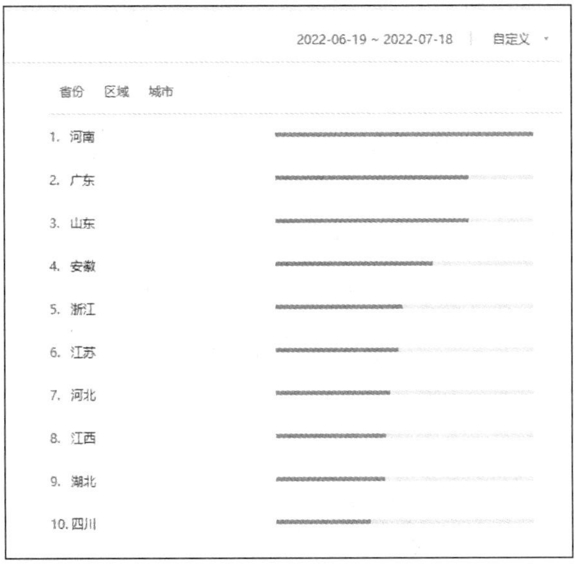

2022-06-19 ~ 2022-07-18 自定义

省份 区域 城市

1. 河南
2. 广东
3. 山东
4. 安徽
5. 浙江
6. 江苏
7. 河北
8. 江西
9. 湖北
10. 四川

图 1–11 “专升本”人群画像

（5）单击“添加对比”按钮，输入“考研”，然后单击“确定”按钮，可以得到图 1-12 所示的结果。

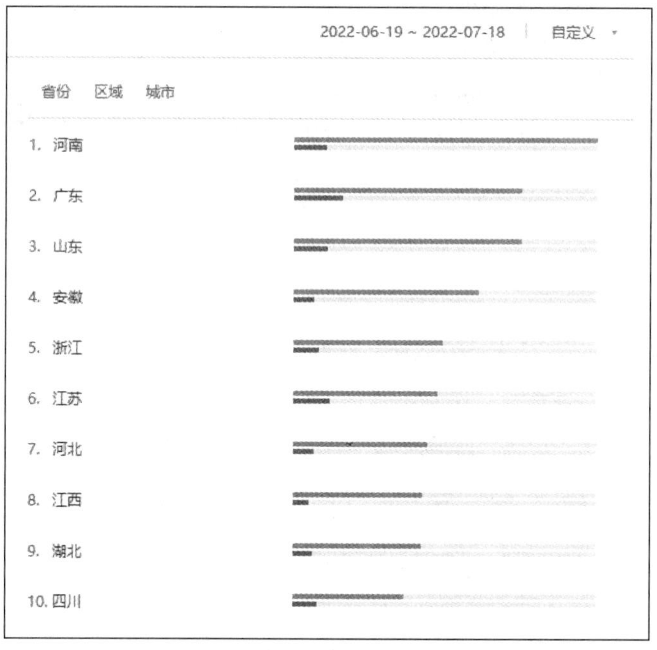

图 1–12　对比“考研”的人群画像

从图 1-12 中可以发现，“专升本”在河南省的关注度最高，其次是广东省。广东省对“专升本”的关注度虽然低于河南省，但是对“考研”的关注度超过了河南省。

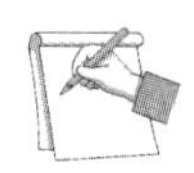

课后习题

一、单选题

1. 下列属于数据的特征的是（　　）。

A. 变异性　　B. 规律性　　C. 实效性　　D. 唯一性

2. 下列属于数据存储单位的是（　　）。

A. XB　　B. QB　　C. TB　　D. CB

3. 下列事件中不存在关联的是（　　）。

A. 瑞雪兆丰年　　B. 雨后出现彩虹　　C. 刮风下雨　　D. 节假日景区堵车

4. 下列选项不属于数据价值的是（　　）。

A. 数据描述　　B. 获取报酬　　C. 辅助决策　　D. 科学预测

二、多选题

1. 下列属于数据的是（　　）。

A. 119　　B. 多云转晴　　C. 256 GB　　D. 海拔 5 652 米

2. 按照数据的性质，数据可以分为（　　）。

A. 定位的，如各种坐标数据

B. 定性的，如表示事物属性的数据（居民地、河流、道路等）

C. 定量的，反映事物数量特征的数据，如长度、面积、体积等几何量或质量、速度等物理量

D. 定时的，反映事物时间特性的数据，如年、月、日、时、分、秒等

3. 按关联规则中处理变量的类别，可将关联规则分为（　　）。

A. 单层关联规则和多层关联规则

B. 单维关联规则和多维关联规则

C. 单独关联规则和联合关联规则

D. 布尔型关联规则和数值型关联规则

4. 商品销售中关联规则的作用有（　　）。

A. 交叉销售

B. 将顾客经常会一起购买的商品目录列示在一起，促进销售

C. 商品摆放

D. 流失顾客分析

5. 数据辅助决策需要解决的问题有（　　）。

A. 如何理解你面对的挑战　　B. 如何建立决策模型

C. 如何找到决策模型中需要的数据　　D. 如何对数据进行分析

三、判断题

1. 数据是指对客观事物的性质、状态以及相互关系等进行记载的物理符号或这些物理符号的组合。（　　）

2. 全球知名咨询公司麦肯锡称："数据，已经渗透当今每一个行业和业务职能领域，成为重要的生产因素。"（　　）

3. 数据就是存档，就是你的聊天记录、相册、云盘，未来不会发生变化。（　　）

4. 数据价值由数据的发布者来定义。（　　）

5. 数据价值的传递离不开人际传播和专业解释。（　　）

6. 数据描述有两种形式：言语描述和逻辑描述。（　　）

7. 利用关联技术从交易数据库发现规则的过程称为购物篮分析。（　　）

项目二

从问题到数据

知识目标

1. 掌握理清问题关键的思维流程
2. 掌握 OSM 模型、AARRR 模型、UJM 模型的概念及其应用
3. 能够理解所需数据、关键数据的含义和特征
4. 能够区分大数据、所需数据和关键数据

能力目标

1. 能够从实际项目出发，梳理解决该项目的关键问题
2. 能够综合运用 OSM 模型、AARRR 模型、UJM 模型梳理解决问题的关键指标
3. 能够列举解决问题所需的数据和关键数据
4. 能够使用著名的商业分析模型进行案例分析

素养目标

1. 坚持问题导向，具有全局意识和合规意识
2. 树立实事求是、认真负责、敢于创新的工作理念

任务一　聚焦问题的核心

数据分析的目的是从数据中发现知识与价值。在进行数据分析时，我们要明确分析的目的是什么、要解决什么问题、解决这个问题需要哪些指标、应该采取怎样的分析思路与分析设计等。本任务将讲解进行数据分析时如何理清当前问题的关键，并从中提取所要分析的数据指标。

一、理清当前问题的关键

公司的 CEO 给你一份表 2-1 所示的数据，让你对这些数据进行分析，你会如何去做呢？CEO 并没有给出明确的分析需求，那么对于“要分析什么”这个问题，每个人会给出不同的答案。有人会分析访客数的变化，有人会分析支付转化率的变化，也有人会分析如何才能提升客单价。要

想完成有效的分析，分析人员需要把一个具体问题抽象成可以用数据计算、检验、预测的问题。下面通过四个步骤来梳理数据分析的关键。

表 2-1　　店铺整体诊断数据

统计时间	访客数/人	浏览量/次	支付金额/元	客单价/元	支付转化率
2022 年 2 月	17 007	150 305	76 462.68	112.28	6.24%
2022 年 3 月	15 311	140 762	110 328.84	134.22	6.37%
2022 年 4 月	14 496	119 562	95 354.55	127.65	6.15%
2022 年 5 月	14 972	138 504	104 763.10	136.98	5.64%
2022 年 6 月	14 011	126 517	97 205.92	137.24	5.51%
2022 年 7 月	10 331	106 454	81 840.57	139.29	5.13%

（一）明确分析目的（Goal）

在进行数据分析前，一定要充分了解项目背景，这就需要与分析项目需求方明确该分析的目的是要解决问题还是要验证假设。明确分析目的的过程实际也是需求方对该问题进行思考并将问题量化的过程。只有明确了分析的目的，后续工作才不会偏离数据分析的方向。

（二）定义要解决的问题（What）

在明确分析目的后，应清楚要解决的问题是什么。要完成问题的定义，首先要理清这个问题的因变量 Y 和解释变量 X。因变量 Y 即我们所关心的问题的结果。比如根据表 2-1 所示的数据，如果关心访客数的变化，那么 Y 就是访客数减少；如果关心客单价的变化，那么 Y 就是客单价增加。接下来定义解释变量 X，即导致 Y 发生的多个指标的集合，用于解释 Y 发生的原因。对 X 的定义反映了对目标理解的深度和广度。当访客数减少时，X 应为引起访客数减少的原因，比如行业大盘产生波动、店铺层级降低、进店关键词不合理、产品主图没有吸引力等。

（三）定义为什么（Why）

定义“为什么”需要以下两个步骤：一是确定分析中涉及的变量或者数据；二是确定为什么需要这些变量或数据。基于这两点，再根据接下来要进行的数据分析提出解决问题的策略。需要指出的是，数据分析只是找出其中原因的一种技术手段，数据分析也仅能记录一部分行为状态。在解决“为什么”的问题时，一定要与业务场景充分结合，也可以采取先基于业务提出假设，再根据数据进行验证的方法，这样更容易得出准确的结果。例如，从表 2-1 中我们可以看出，支付转化率呈逐渐降低趋势，那在分析“为什么”时，就要先进行假设，假设是关键词设置不合理导致了支付转化率低，接下来就要分析为什么会导致这个结果。这时就可以通过历史数据分析各个关键词的转化率，有哪些关键词的转化率是比较低的，哪些关键词的转化率是零，根据这些数据对该项目进行优化。

大多数时候，数据只能帮我们发现问题，但产生问题的原因仍需通过调研来找出。

（四）定义怎么办（How）

在通过上述分析找到问题后，则应回答“怎么办”，比如这个问题该如何解决，该优化哪些功能，该增加哪些投入等。但“怎么办”一般不属于数据分析范畴。在业务场景中，经常将上述分析好的数据交给业务部门，由业务部门提出具体的解决方案。

【例 2-1】某公司发现近两个月他们平台的用户活跃率一直没有提升。假如你是一名数据分析师，请为公司高管提出解决思路。

【解析】

（1）明确分析目的——提升用户活跃率。

（2）定义要解决的问题——提取用户活跃率的数据，看目前的数据表现如何。如果数据表现确实不理想，那么再看看到底是整体用户活跃率都低，还是有部分用户活跃率特别低。

（3）定义为什么——如果有部分用户活跃率特别低，那么原因是什么？这部分用户的需求是什么？

（4）定义怎么办——针对用户的问题，制定相应的业务策略。如果发现这部分用户只使用一些基础功能，那么需要思考如何引导他们使用高级功能。

二、找到问题的数字化指标

在一项具体业务中，梳理完了业务流程，理清要分析的关键问题后，下一步就是确定分析指标。下面将讲解如何运用 OSM 模型明确业务目标，运用 AARRR 模型梳理用户生命周期，运用 UJM 模型理清用户行为路径，而后将 OSM 模型与 UJM 模型相结合，找到解决问题的数字化指标。

（一）OSM 模型——明确业务目标

OSM 为 Objective（目标）、Strategy（策略）、Measurement（度量）的首字母组合，该模型用于在确定整个项目的目标后，对目标进行拆解，形成可量化、可度量、可执行的指标，从而对其进行分析。OSM 模型由三个要素构成：业务目标、业务策略、业务度量，如图 2-1 所示。模型中的三个要素都是围绕着业务展开的，所以，OSM 模型的核心是为了驱动业务。

业务目标	业务策略	业务度量
· 围绕总体目标拆分出的子目标	· 为达成目标所采取的策略	· 策略实施的数据反馈，即采取的策略带来哪些数据指标变化

图 2-1　OSM 模型

OSM 模型的确立主要分为三个步骤：第一步，确定业务目标；第二步，细分业务策略；第三步，确定衡量指标。

（1）业务目标是企业最关注的指标，数据分析思路的确定、指标体系的搭建都围绕其展开。在互联网行业中，这个指标也被叫作北极星指标。北极星指标的作用，是将所有的资源都聚焦在当前阶段最重要的事情上。业务的目标也就是业务的核心 KPI（Key Performance Indicator，关键绩效指标），了解业务的核心 KPI 能够帮助我们快速理清指标体系的方向。

（2）接下来就是围绕业务目标细分业务策略，找到完成业务目标的方法。如果目标是提升用户的活跃率，则可以将该目标拆解为提升新用户活跃率、提升老用户活跃率、提升沉默用户活跃率。业务策略的细分，为后续的分析指明了方向。

（3）最后一步则需要根据细分的策略确定衡量指标。衡量指标的确定过程实际也是对策略进行进一步拆解的过程，通过对指标的分析，以达到优化其运营策略的目的。

（二）AARRR 模型——理清用户生命周期

AARRR 是 Acquisition（获取）、Activation（激活）、Retention（留存）、Revenue（变现）、Referral（推荐）这五个单词的首字母组合。AARRR 模型示意如图 2-2 所示。对于一款产品来说，首先要从各个渠道获取用户，其次需要激活这些用户并让他们留存下来，最后是引导留存下来的用户付费及向他人推荐产品。

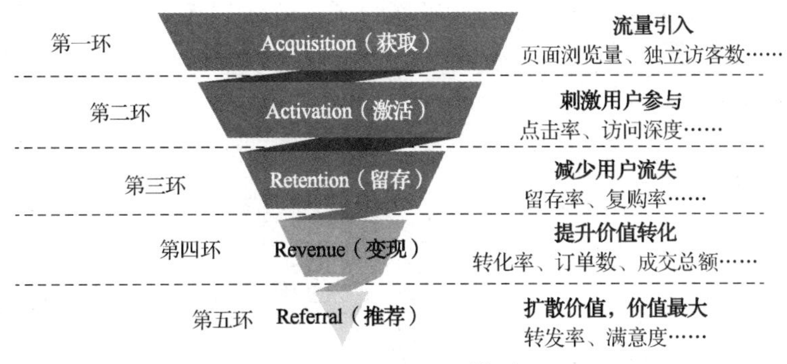

图 2-2　AARRR 模型

（三）UJM 模型——理清用户行为路径

UJM，即 User-journey-map，是指用户旅程地图。简单来说，UJM 模型就是通过拆分用户使用产品的阶段性行为，挖掘用户的需求，从而确定在每个阶段能够提升的指标。

用户在电商平台购物的过程中，一般包括搜索、产生兴趣、付费、复购等环节；在每个环节中，企业都可以基于用户在购物过程中的接触点，挖掘用户的痛点，从而找出产品提升的方向。基于前述分析，我们可以将用户在电商平台购物的 UJM 模型概括如图 2-3 所示。

阶段	搜索	产生兴趣	付费	复购
用户行为	搜索关键词	收藏商品	选择支付方式	查看历史订单
	调整关键词	加购商品	支付费用	重复购买
接触点	首页流量位	商品详情页	付费流程	推荐功能
	搜索框推荐	收藏夹、购物车		再来一单
痛点	投放用户不准确	详情页信息模糊	付费流程不清晰	没有复购意愿
	关键词不匹配	产品吸引力不足		
机会点	内容精准投放	页面内容重新排版	优化付费流程	开展促销活动
	优化搜索内容	增加用户真实评价		

图 2-3　用户在电商平台购物的 UJM 模型

（四）OSM+UJM 模型——搭建关键数据指标

在用户消费的整个旅程中，用户会产生非常多的动作，并反复在各环节之间跳转。在用户的每一个动作中，企业都有相应目标。比如用户搜索商品时，希望通过关键词快速找到商品；在支付时，希望能顺利便捷完成支付。因此，在梳理 UJM 模型时，可以根据用户的接触点去总结痛点和机会点，也可以去反向检查 OSM 模型中的目标和策略是否有遗漏。图 2-4 是根据图 2-3 的分析结果，将 OSM+UJM 模型进行结合搭建的关键数据指标。

<table>
<tr><td rowspan="3">OSM模型</td><td>目标（O）</td><td colspan="4">提高用户搜索下单转化率</td></tr>
<tr><td>策略（S）</td><td colspan="2">提升搜索匹配度</td><td>优化推荐排序</td><td>有效推荐</td></tr>
<tr><td>度量（M）</td><td colspan="2">搜索到下单的转化率</td><td>搜索结果点击率</td><td>搜索无结果比率</td></tr>
<tr><td rowspan="8">UJM模型</td><td rowspan="2">用户行为</td><td>搜索关键词</td><td>收藏商品</td><td>选择支付方式</td><td>查看历史订单</td></tr>
<tr><td>调整关键词</td><td>加购商品</td><td>支付费用</td><td>重复购买</td></tr>
<tr><td rowspan="2">接触点</td><td>首页流量位</td><td>商品详情页</td><td rowspan="2">付费流程</td><td>推荐功能</td></tr>
<tr><td>搜索框推荐</td><td>收藏夹、购物车</td><td>再来一单</td></tr>
<tr><td rowspan="2">痛点</td><td>投放用户不准确</td><td>详情页信息模糊</td><td rowspan="2">付费流程不清晰</td><td rowspan="2">没有复购意愿</td></tr>
<tr><td>关键词不匹配</td><td>产品吸引力不足</td></tr>
<tr><td rowspan="2">机会点</td><td>内容精准投放</td><td>页面内容重新排版</td><td rowspan="2">优化付费流程</td><td rowspan="2">开展促销活动</td></tr>
<tr><td>优化搜索内容</td><td>增加用户真实评价</td></tr>
</table>

图 2-4　利用 OSM+UJM 模型搭建的关键数据指标

其中，UJM 模型的作用在于，梳理用户行为并与 OSM 模型进行相互关联，使用户行为与业务目标相互耦合、相互影响。其中每一个机会点都可以反向检查策略点的梳理是否合理、是否有遗漏。因此，两个模型的结合能够帮助我们更清晰地梳理分析逻辑，更全面地思考运营策略。

【例 2-2】一家店铺的总体目标为提升全年店铺成交总额，我们将总体目标进行拆解，并根据 UJM 模型，梳理其目标、策略及运营指标，如图 2-5 所示。

<table>
<tr><td colspan="4">总体目标：提升全年店铺成交总额</td></tr>
<tr><td>拆解目标（O）</td><td>提高用户活跃率</td><td>提高转化率</td><td>提升客单价</td></tr>
<tr><td>策略（S）</td><td>• 多渠道引流，增加新用户
• 提升老用户活跃率
• 提升沉默用户活跃率</td><td>• 优化支付流程
• 优化店铺活动
• 优化搜索关键词</td><td>采用买一送一、满额减等促销方式</td></tr>
<tr><td>度量（M）</td><td>• 新增用户数
• 新增访问量
• 用户登录数
• 用户留存率
• 老用户购买时间间隔
• 活跃天数</td><td>• 加购数
• 详情页浏览数
• 浏览时间
• 提交订单数
• 支付成功数
• 各渠道转化率
• 关键词匹配度</td><td>• 每单商品数量
• 平均客单价</td></tr>
<tr><td>UJM模型</td><td colspan="3">进入首页—搜索关键词—浏览商品—商品详情页—加购—支付—支付成功</td></tr>
</table>

图 2-5　店铺总体目标

任务二　将关键问题数字化

在理清当前问题关键、找到数字化指标之后，下一步就要将关键问题进行数字化处理。数字化能帮助人们更加清晰有效地认识问题，将问题的关键凸显出来，从而帮助人们更好地解决问题。同时，数字化还把人的工作变成机器的工作，从而减少管理问题。本任务将带领大家学习如何找到解决问题所需的数据，并从中提取关键数据。

一、所需数据

数据的世界如同浩瀚无边的宇宙，大数据具有大体量（Volume）、多元化（Variety）、价值（Value）密度低和处理快速（Velocity）等特征，如图 2-6 所示。然而并不是所有的数据都有助于商业决策，对解决问题有价值的数据才是我们需要的数据。

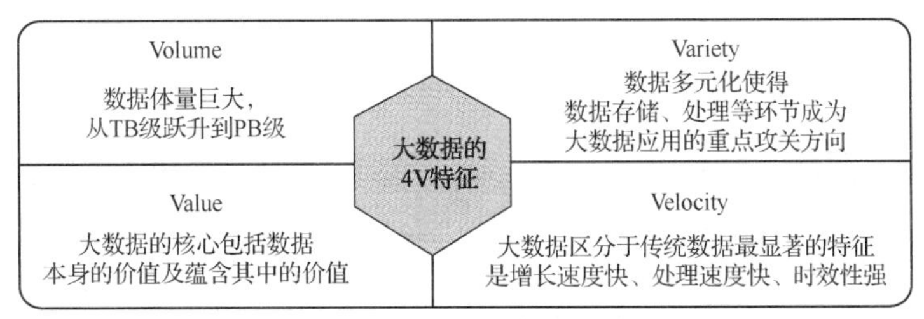

图 2-6　大数据的特征

识别所需数据就是明确数据需求的过程，数据分析人员需要将大量杂乱无章的数据背后隐藏的信息提炼出来，发现、总结其内在规律。在识别所需数据时，分析目的不明确、为分析而分析、缺乏业务知识等经常会导致收集的数据偏离分析目的。

针对数据和大数据的特点，所需数据需要具备如下三个特征：相关性、准确性和创新性。任何问题，都有无数的“参与者”与之关联，这些参与者都可以称为“因素”。“因素”无限多，可以按照关联性质分类，按照关联程度排序。相关性就是对各数据因素的横向比较。注重相关性，可以提高数据分析的效率。关注数据准确性，可以规避分析错误数据带来的预测偏差和决策失误。准确性既包括对象准确性，也包括信息准确性。信息准确性是数据的基本要求，所需数据更要注重对象的准确性，例如收集客户数据难以预测供应商的变化趋势。此外关注数据创新性更有可能提出有价值、有意义的决策。众所周知的常识和深入人心的自然规律不需要反复被证明，新鲜的数据、新鲜的角度才能激发新的灵感。例如，曾创造美国零售业奇迹的沃尔玛超市通过客户的购物篮分析，将纸尿裤和啤酒摆在一起，实现了二者销量的巨大增长。这就是具有创新性的数据分析得到的商业决策。然而用美国的、过去式购物篮数据来分析今日中国的超市货架摆放问题，就毫无意义和价值了。无关数据、错误数据以及陈旧数据都会增加数据分析的时间成本和决策风险。

【例 2-3】在网上“冲浪”时，浏览者经常需要注册个人信息，如图 2-7 所示。网站在收集用户注册信息时，目的不同其所需的注册数据也不同。中国铁路客户服务中心需要用户提供真实姓名、身份证号、联系方式等信息；考试报名网站通常需要用户提供个人学历水平、所学专业、报名科目等信息；购物网站需要用户绑定银行卡、设置支付密码和密保问题等；游戏网站则需要用户填写昵称、选择难度、关联邮箱等。

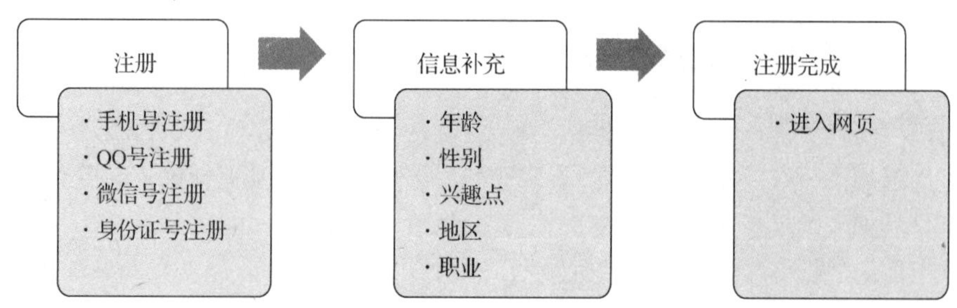

图 2–7　网站注册功能所需数据

微课

问题的核心关键

二、关键数据

对所需数据因素的关联程度进行排序可以得到关键数据。关联程度越紧密的数据越关键，相关性小的数据可以结合分析成本进行取舍。

（一）如何识别关键数据

在数据分析中，数据的作用是反映现状、揭示原因、预测未来。识别关键数据需要利用细分和对比思路。首先，规划整体数据框架，根据整体数据框架选取维度，再层层细分指标。其次，对所需数据进行时间范围、空间范围和业务范围的界定，并结合数据数量、质量和效率的对比进行取舍。最后，由于数据量越大，反映的信息越全面，但是价值密度越低、分析成本越高，因此要尽可能在有效控制成本的前提下用较少的数据得到准确的结果。可以说，识别所需数据中的关键数据需要取舍的智慧。图 2-8 所示为某电商平台运营数据分析的关键指标体系。

流量分析	商品分析	销售分析	用户分析	页面分析
· 浏览量	· 商品数	· 销售额	· 客户数	· 页面访客数
· 访客数	· 商品类目结构	· 支付金额	· 新客户数	· 页面贡献度
· 停留时间	· 各类目销售占比	· 订单数	· 消费频率	· 页面停留时间
· 访问深度	· 商品库存周转率	· 转化率	· 客户消费金额	· 页面浏览量
· 流量来源	· 商品退货率			· 页面跳失率

图 2–8　某电商平台运营数据分析的关键指标体系

（二）商业分析模型

使用商业分析模型进行定量分析时涉及的指标就是战略分析中的关键数据。

1. 波特五力模型

波特五力模型是波特提出的行业竞争力分析的五种影响因素，分别是供应商议价能力、购买者议价能力、新进入者的威胁、替代品的威胁、行业内现有企业的竞争力，如图 2-9 所示。

体现供应商议价能力的关键数据有同品类供应商数量、买主数量、买主订单金额占比、转换供应商成本等。体现购买者议价能力的关键数据有购买量、购买金额占比等。体现新进入者的威胁的关键数据有原材料价格、市场份额、准入资格获得成本、当前利润等。体现替代品的威胁的关键数据有产品售价、买主转换成本等。行业内现有企业的竞争力则体现在产品定价、广告投放、产品差异化程度、售后服务等关键数据上。

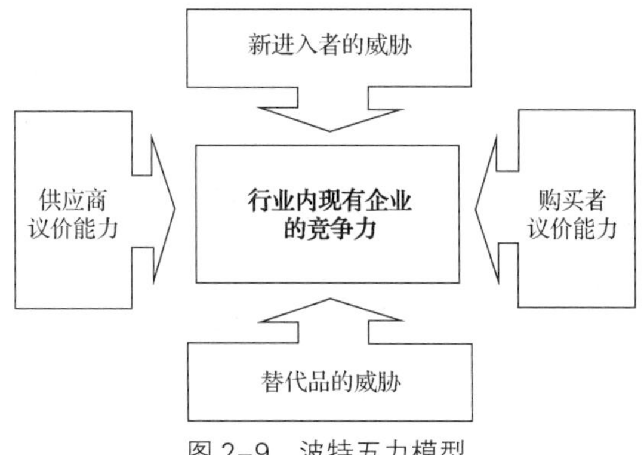

图 2-9　波特五力模型

2. PEST 模型

PEST 模型是战略咨询顾问用来帮助企业分析其外部宏观环境的一种方法。这里的宏观环境涉及政治（Politics）、经济（Economic）、社会（Society）、技术（Technology）4 个方面的因素，如图 2-10 所示。用 PEST 模型进行分析同样需要掌握大量、充分的数据资料。政治环境方面要参考相关产业政策、税收政策等。经济环境方面的关键指标有经济发展水平、经济发展规模、经济增速、政府收支、通货膨胀率等。社会环境方面要考虑人口、价值观念、道德水平、受教育程度等。技术环境方面要考虑工艺技术的发展情况。

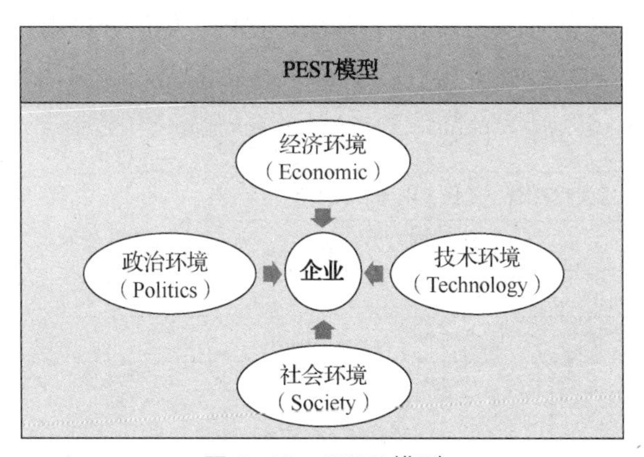

图 2-10　PEST 模型

3. SWOT 模型

SWOT 模型也叫态势分析模型，是产业研究中最常用的分析工具之一。使用 SWOT 模型能够对企业的优势和劣势、面临的机会和威胁进行分析。在图 2-11 所示的 SWOT 模型中，优势和劣势是内部因素，可能涉及的关键指标有资金规模、市场份额、成本优势、研究投入、产品库存情况等；机会和威胁是外部因素，可能涉及市场壁垒情况、产品更新周期、设备更新周期、替代品成本、行业政策等关键指标。

4. 波士顿矩阵

波士顿矩阵分为四个部分，分别代表明星类产品、问题类产品、瘦狗类产品和金牛类产品，如图 2-12 所示。划分产品类型的关键因素为销售增长率和市场占有率。针对不同类型的产品要采取不同的经营战略。

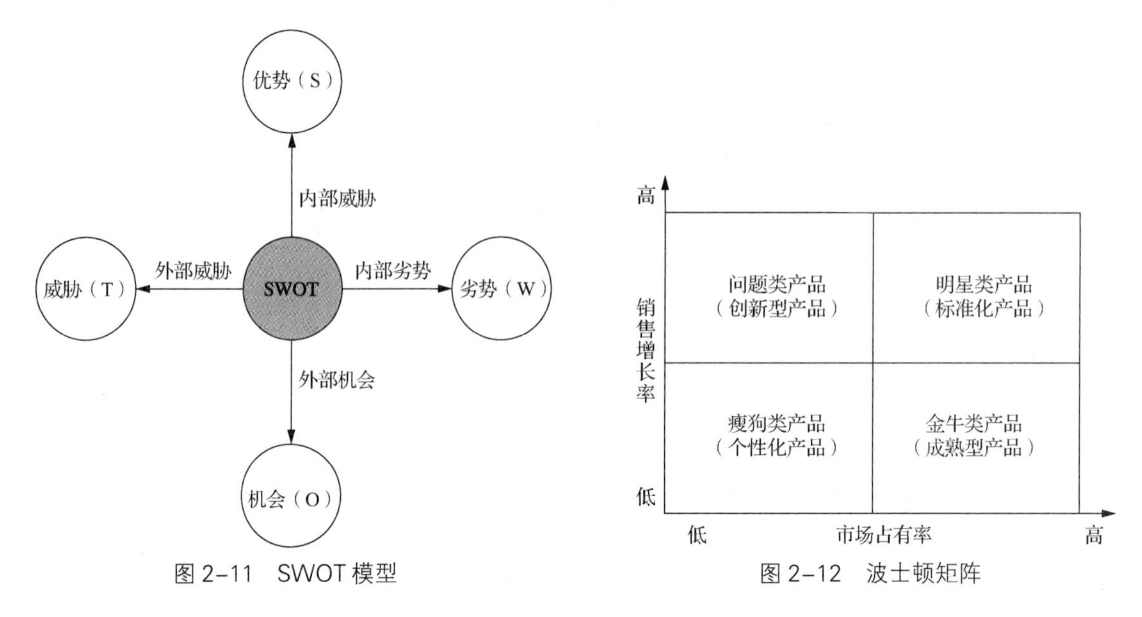

图 2–11 SWOT 模型　　图 2–12 波士顿矩阵

5. 价值链分析模型

"价值链"的概念是由美国哈佛商学院迈克尔·波特提出的，他将一个企业的经营活动分解为若干战略性相关的价值活动，每一种价值活动都会对企业的相对成本地位产生影响，并成为企业采取差异化战略的基础。其模型示意如图 2-13 所示。使用价值链分析模型，可以分析企业在生产、物流、销售和售后服务等基本活动环节及人力资源管理、技术开发、采购等辅助活动环节创造价值的能力，从而确定企业的核心竞争力。

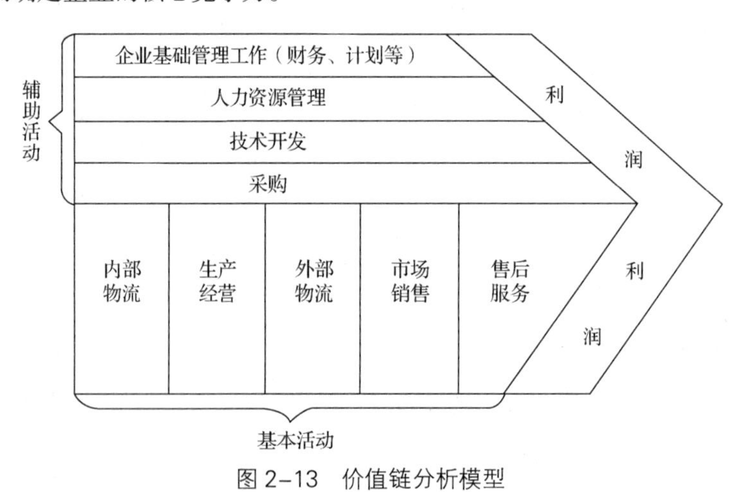

图 2–13 价值链分析模型

【例 2-4】开一家网店需要了解哪些关键数据?

【解析】在搭建网店整体框架时，网店管理者需要参考行业数据、竞争者数据和自身数据，然后对这 3 个指标维度进行细分。例如，行业数据要考虑市场容量、利润、流量等；竞争者数据要考虑同行的流量渠道、日访客、引流关键词、成交关键词、引流带来访客数等；自身数据要关注商品种类、销售额、访客数和转化率等。如此，既做到宏观与微观结合，又做到外部数据、内部数据兼顾。

拓展阅读

落实国家大数据战略，加快数字强国建设

人类文明的进步总是以科技的突破性成就为标志。19 世纪，蒸汽机引领世界；20 世纪，石油和电力扮演主角；21 世纪，随着信息技术和互联网的爆发式发展，人类进入了大数据时代，数据已然成为当今世界的基础性战略资源。从某种意义上说，谁能下好大数据这个先手棋，谁就能在未来的竞争中占据优势，掌握主动权。

2015 年，党的十八届五中全会首次提出“国家大数据战略”。2017 年，《大数据产业发展规划（2016-2020 年）》实施。2022 年，党的二十大报告提出：加快发展数字经济，促进数字经济和实体经济深度融合，打造具有国际竞争力的数字产业集群。

信息化为中华民族带来了千载难逢的机遇。要想抓住机遇实现突破，关键是要规划落实好国家大数据战略，下决心突破核心技术，不断推动大数据技术产业创新发展，构建以数据为关键要素的数字经济，夯实网络强国的基础，培育中国经济发展的新引擎，更好地服务我国经济社会发展和人民生活改善。

项目实训

定位学历提升所需要了解的数据

大部分学生在进入大学、适应大学的生活之后，不可避免地会考虑是否进一步提升学历的问题。一般来说，只要是进一步学习深造都属于学历提升，例如，专升本、考研、考博等。那么，如何定位学历提升所需要了解的数据呢？这里我们以专升本为例来详细介绍。

1. 明确寻找数据的目的，即问题的关键

第一步，我们需要明确自己寻找数据的目的是什么，如何进行数据分析才能达到自己的目的。对于专升本的学生来说，目的就是顺利实现学历提升。那么，我们就需要寻找影响专升本成功率的数据，根据找到的数据，结合自身情况，合理制订学习计划。

2. 明确影响专升本成功率所需的数据

一般来讲，影响专升本成功率的数据分为个人数据和外部数据。个人数据包括：自身的学习成绩、学习的效率和方法、毅力、学习专注度和自信心等。这些数据有些是可以量化的，比如学习成绩，可以用成绩排名或分数来评估；但有些是不能量化的，比如毅力和自信心等。这就需要对自身进行准确客观的评价。外部数据包括：所在学校情况、所在地区专升本考试招生人数和录取率、家人的支持、经济状况、学习环境等。数据找得越全面，越有利于解决问题。

3. 明确影响专升本成功率的关键数据

一般认为，个人的学习情况是影响专升本成功率的关键数据。这就需要我们明确自己的情况。

想要给自己准确定位，需要先对所在群体进行定位。如果一个学生想知道自己处于哪种水平，

可以参考所在学校的排名。本校在专业领域排名第一，还是排在10～20位？本校在过往几年的专升本考试情况如何，通过率是30%，还是80%？这些数据在学校的招生就业部门网站上就能查到，也可以咨询老师。

在对学校定位后，下一步需要聚焦个人，明确个人学习成绩在年级中处于上游、中游，还是下游。这部分数据可以根据课程考试分数排名得出。

结合学校和个人的双重定位，学生可以对自身的学习情况基本有个预估。

4. 定位需求，设置目标

对自身的学习情况有了预估后，我们应结合自身的职业规划设置目标，选择与自身实力相当的学校和专业。搜集学校和专业的信息时，我们可以从外部入手，例如学校官网、各大论坛、社交软件等，同时参考内部信息，例如向目标院校的老师、同学等了解情况。在对信息的甄别和判断上，信息质量的高低和收集渠道的多少成正相关关系。

设置目标的原则是尽量设置“蹦一蹦可以够到”的目标。如果设置的目标太低，没有挑战性，容易使人失去动力；如果目标太高，容易打消积极性。因此，需要设置一个努力后可以达到的合理目标。

5. 高效执行，实现目标

设置目标后，学生应对照自身条件，查漏补缺，努力实现目标。

在实现目标之后，我们应进行反思和对照。开始新一阶段的学习时，对比一下和之前的计划是否一致，是否背离初衷，如果背离，应及时矫正。所学专业是否是自己真心热爱的，所学专业和想象中的有何区别，从新的课程中能够学到什么知识，新课程是否有助于未来的职业发展等，这些都是目标完成后的衍生问题，同样值得关注。

课后习题

1. 随着公司广告投入比例的增加，公司网站访客数不断增加。公司想借此机会提高转化率，请梳理关键思路。

2. 假设你所在的公司是一家快消品公司，面对即将到来的大促期，公司要求线上成交总额比上年高30%。

（1）请根据OSM模型制定执行策略。

（2）请绘制UJM模型，并完善OSM模型制定的策略。

3. 随着电子商务的发展，各大电商企业都开始充分运用其庞大的用户数据、商品数据、交易数据进行精准化运营和个性化推荐等。请分析这类应用的场景及效果。

4. 假如你所在的网络购物平台要对用户进行画像，分析用户的消费偏好、消费能力等，并据此精准推送产品广告，提高购买率。请分析完成此任务所需的数据有哪些，其中的关键数据是什么。

5. 使用波特五力模型分析创立一家电商企业需要收集哪些关键数据。

项目三

寻找数据

知识目标

1. 了解查找数据的网站有哪些
2. 了解获取数据的方法
3. 掌握数据爬虫的原理和爬虫的分类
4. 了解数据交易的基本概念

能力目标

1. 能够查找所需数据
2. 能够保存和处理相应数据
3. 能够有效获取数据
4. 能够高效快速地检索数据

素养目标

1. 树立“数据重要，取之有道”的理念
2. 培养系统思维、创新思维和法治思维

任务一　常见的数据获取途径

随着信息技术和新一轮“大智移云物”技术的发展，越来越多的人们认识到数据是一项重要的资产，对数据的价值已经有了一定层面的认知。对大多数人来说，刚开始学习数据分析的时候，想寻找数据却不知道如何收集所需数据。本任务将介绍 7 类常用的数据搜索网站。

一、国家社会类

国家统计局官网（www.stats.gov.cn）是一个综合性数据查询网站，其中的数据极具权威性，且覆盖面广，很多宏观层面的信息，如 GDP、人口、就业、收支等数据都可以在此网站上查阅。例如，想要查询河南省的房地产开发投资情况，就可以单击网站首页的“统计数据”栏目中的“数据查询”子栏目（见图 3-1），然后在打开的页面中依次选择“地区数据”和“分省月度数据”，在左侧边栏里选择“房地产开发投资情况”选项，并选择地区为“河南省”，时间选择“最近 13

个月”就可以看到河南省最近 13 个月房地产开发投资情况的相关数据。这里有报表、柱形图、条形图和饼图多种呈现形式。图 3-2 所示为河南省 2022 年 6—10 月的房地产开发投资情况柱形图。

图 3-1　国家统计局网站首页导航栏

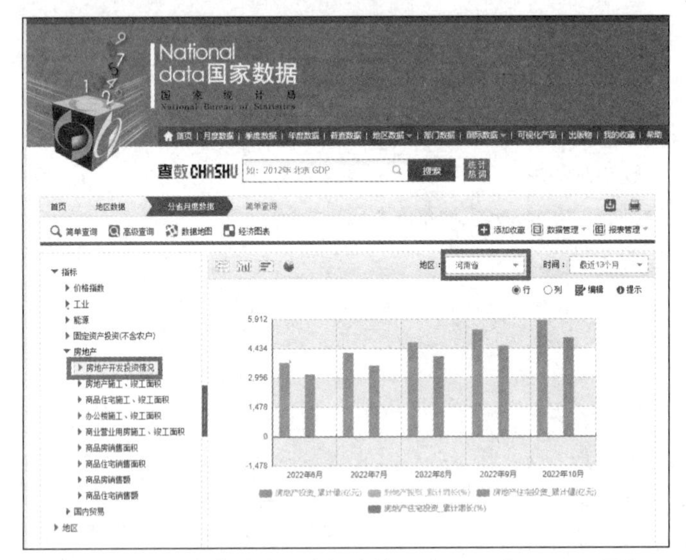

图 3-2　河南省房地产开发投资情况（2022 年 6—10 月）

此外，国家统计局官网中还有其他国家或地区统计局官网的链接，如图 3-3 所示。

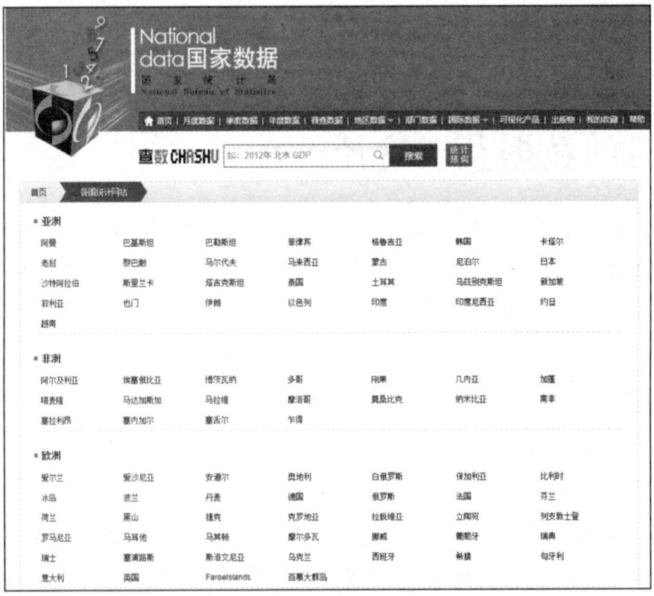

National
data国家数据
查数 CHASHU
首页
亚洲
阿曼 巴基斯坦 巴勒斯坦 菲律宾 格鲁吉亚 韩国 卡塔尔
老挝 黎巴嫩 马尔代夫 马来西亚 蒙古 尼泊尔 日本
沙特阿拉伯 斯里兰卡 塔吉克斯坦 泰国 土耳其 乌兹别克斯坦 新加坡
叙利亚 也门 伊朗 以色列 印度 印度尼西亚 约旦
越南
非洲
阿尔及利亚 埃塞俄比亚 博茨瓦纳 多哥 刚果 几内亚 加蓬
喀麦隆 马达加斯加 马拉维 摩洛哥 莫桑比克 纳米比亚 南非
塞拉利昂 塞内加尔 塞舌尔 乍得
欧洲
爱尔兰 爱沙尼亚 安道尔 奥地利 白俄罗斯 保加利亚 比利时
冰岛 波兰 丹麦 德国 俄罗斯 法国 芬兰
荷兰 黑山 捷克 克罗地亚 拉脱维亚 立陶宛 列支敦士登
罗马尼亚 马耳他 马其顿 摩尔多瓦 挪威 葡萄牙 瑞典
瑞士 塞浦路斯 斯洛文尼亚 乌克兰 西班牙 希腊 匈牙利
意大利 英国 Faroelslands 百慕大群岛

图 3-3　其他国家或地区统计局官网链接

二、经济类

新华财经-中国金融信息网（www.cnfin.com）是新华通讯社主管的中国经济信息社主办的金融信息网站。该网站的数据中心可以提供各国的宏观数据，如图 3-4 所示。

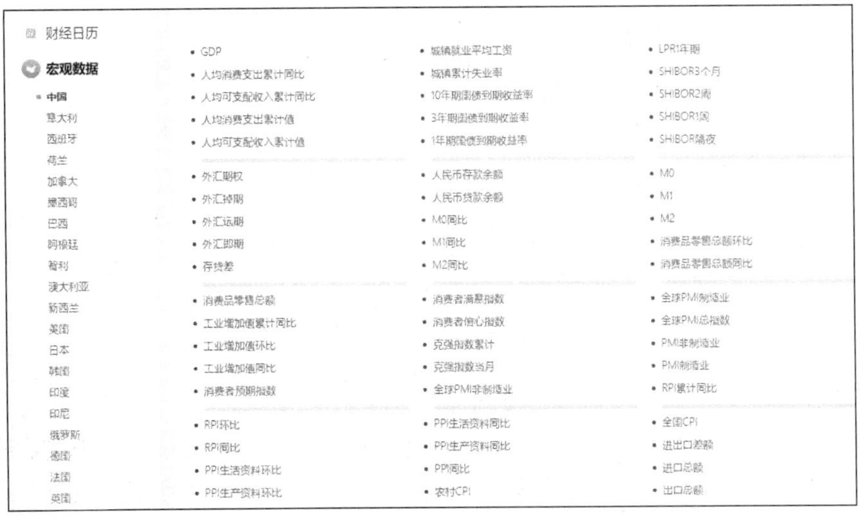

图 3-4　新华财经-中国金融信息网数据中心页面

三、上市公司类

巨潮资讯网（www.cninfo.com.cn）是中国证券监督管理委员会指定的上市公司信息披露网站，可以为投资者提供一站式的证券市场信息服务，如图 3-5 所示。

图 3-5　巨潮资讯网主页

如果要获取上市公司股票每日的数据，可以在主页依次单击“数据”和“数据平台”，然后在打开的页面中依次单击“数据服务”和“行情中心”，最终页面如图 3-6 所示。

数据中心　数据首页　数据服务　数据商城　服务支持

行情中心　国内个股行情　国内指数行情　国内指数成分股行情　国内交易所行情　国内期货行情

国内个股行情　时段：2021-11-23 - 2022-11-23　频率：每日　搜索

000001-SZSE 平安银行　数据下载

证券代码	交易日期	开盘价	最高价	最低价	收盘价	成交数量(股)	成交金额(元)
000001-SZSE	2022-11-22	11.46	11.93	11.44	11.82	149132388	1748727406.58
000001-SZSE	2022-11-21	11.48	11.5	11.22	11.46	104773707	1189388618.26
000001-SZSE	2022-11-18	11.74	11.78	11.57	11.59	86809329	1011078679.59
000001-SZSE	2022-11-17	11.81	11.84	11.58	11.69	109104716	1273790880.66
000001-SZSE	2022-11-16	11.97	12.05	11.79	11.82	127869288	1519133931.85
000001-SZSE	2022-11-15	11.86	12.18	11.83	12.01	157390134	1891249648.05
000001-SZSE	2022-11-14	11.7	12.28	11.7	11.95	387208410	4637823413.97
000001-SZSE	2022-11-11	11.13	11.66	11.01	11.43	254507055	2878557391.61
000001-SZSE	2022-11-10	10.79	10.9	10.69	10.87	55202119	596916589.27
000001-SZSE	2022-11-09	10.84	11.08	10.82	10.89	83210685	911153622.45

图 3-6　股票的每日数据（部分）

四、互联网类

中国互联网络信息中心（www.cnnic.net.cn）负责国家网络基础资源的运行管理和服务，承担国家网络基础资源的技术研发并保障安全，开展互联网发展研究并提供咨询，促进全球互联网开放合作和技术交流。其官网发布的数据涵盖了我国日常互联网使用相关的信息，如网民总数、上网方式、网络应用、城镇农村上网状态等信息。中国互联网络信息中心官网首页如图 3-7 所示。

图 3-7　中国互联网络信息中心官网主页

五、产业咨询类

艾瑞咨询网（www.iresearch.com.cn）基于其多年来深入互联网及电信相关领域研究成果，可以为业内人士提供丰富的产业资讯、数据、报告、专家观点、行业数据库等，多方位透析行业发展模式及市场趋势，呈现产业发展的真实路径，进而推动行业高速、稳定发展。图 3-8 所示为艾瑞指数页面。

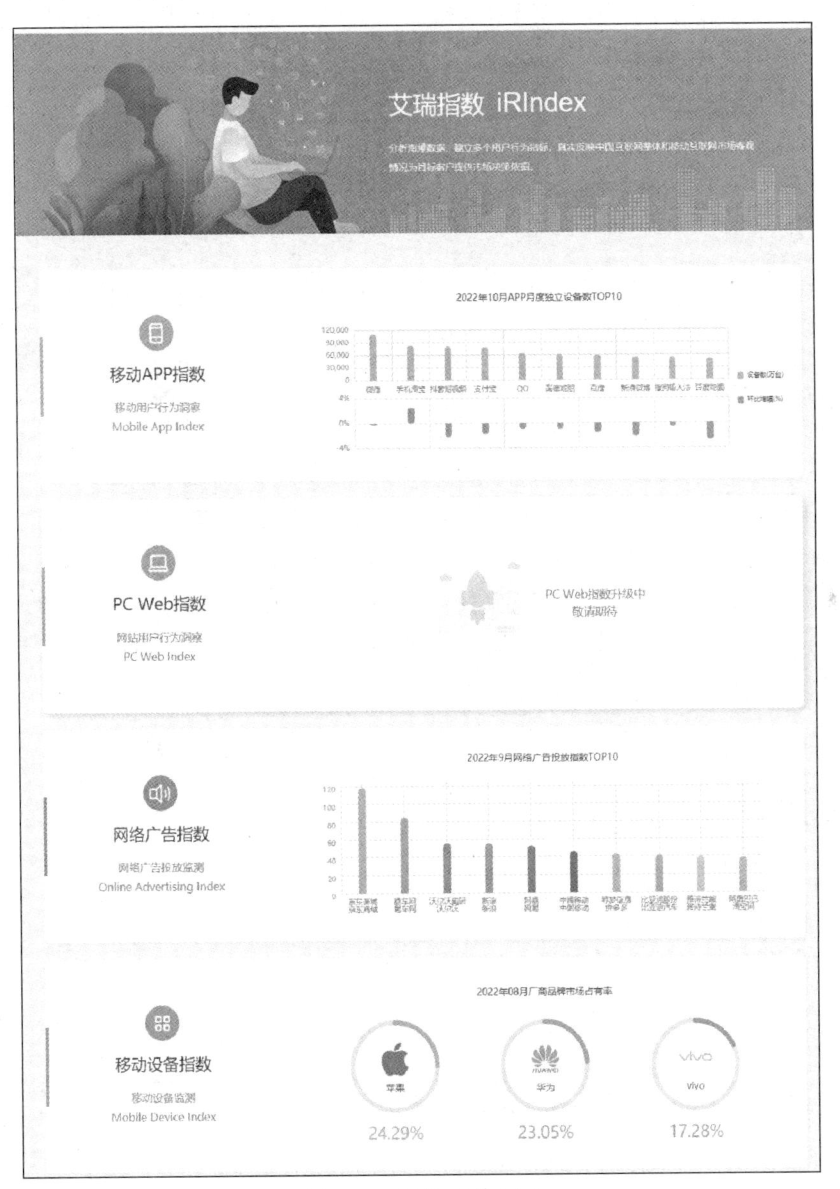

图 3–8　艾瑞指数页面

六、传媒类

艺恩网（www.endata.com.cn）是北京艺恩世纪数据科技股份有限公司的官网，其首页如图 3-9

所示。该公司致力于利用大数据、AI 技术连接内容与消费者数据，驱动客户业务增长。

图 3–9　艺恩网首页

艺恩网中有关影视传媒类的数据非常全面，主要包含“艺恩娱数”“艺恩星数”“艺恩商数”三大板块，涵盖了抖音、B 站、代言人、票房等四方面的具体数据。例如，根据艺恩网提供的抖音数据分析报告，可以对产品请代言人前后的产品销售情况进行对比分析，进而决定下一步的广告投放策略等。图 3-10 所示为国产无人机制造品牌大疆 2022 年 12 月 26 日至 2023 年 1 月 1 日在艺恩商数中的声量概览。

图 3–10　大疆在艺恩商数中的声量概览

七、交通出行类

高德地图网（www.amap.com）是一个免费的交通出行类网站。用户从中可以查询各大城市的区域/商圈拥堵排名、道路状况等数据，还可以查询相关交通报告、交通热力图。

任务二　获取数据的方法

大数据时代，信息和数据呈现爆炸式增长态势。现在全世界每天发送的数据量达 40 亿 GB 以上，并且仍在高速增长。大数据正在通过不同的方式对人类经济社会发展的各个领域产生重要影响。

随着数据量的高速增长，数据的内在价值日益受到关注。在海量数据和信息面前，只有掌握获取大量有价值数据的方法，才能在网络环境下实现知识交流与共享，适应大数据时代的新形势，推进知识生产过程的有序化、结构化。通常来说，获取数据的方法有三种，分别是直接下载、爬虫获取和数据交易。

一、直接下载

没有数据，我们就无法进行数据统计和数据分析。从外部购买数据要花费一定的资金，从网络上爬取数据需要具备一定的编程基础，那么在需要的数据量不是特别大时，有没有什么办法能既省力又省钱地采集数据呢？最直接的数据获取方法就是从互联网上下载数据。

如果要使用直接下载的方式获取数据，就需要了解搜索引擎搜索、互联网上免费开放数据下载，以及学术期刊数据库下载的基本信息。

1. 搜索引擎搜索

搜索引擎（Search Engine）是指根据一定的策略、运用特定的计算机程序从互联网上搜集信息，在对信息进行组织和处理后，将用户检索的相关信息展示给用户的系统。

想要高效快速地下载数据，需要知道搜索引擎的分类和用法。不同搜索引擎对应的搜索结果是不同的，其信息获取效率也不同。只有使用合适的搜索引擎，才能提高数据获取的效率。

搜索引擎的自动信息搜集功能分两种：一种是定期搜索，即每隔一段时间（比如谷歌一般是 28 天），搜索引擎主动派出“机器人”，对一定 IP 地址范围内的网站进行检索，一旦发现新的网站，它会自动提取网站的信息和网址存入自己的数据库；另一种是提交网站搜索，即网站拥有者主动向搜索引擎提交网址，搜索引擎在一定时间内（2 天到数月不等）向该网站派出“机器人”，扫描网站并将有关信息存入数据库，以备用户查询。

当用户以关键词查找信息时，搜索引擎会在数据库中进行搜寻，如果找到与用户查找内容相符的网站，便采用特殊的算法——通常根据网页中关键词的匹配程度、出现的位置、频次、链接质量——计算出各网页的相关度及排名等级，然后按关联度从高到低的顺序将这些网页链接返回给用户。这种搜索引擎的特点是搜全率比较高。

根据搜索引擎，我们可以快速高效地查询网站上的数据，查询速率是毫秒级别。

2. 免费开放数据下载

互联网上有一些开放数据源，如政府机构、非营利组织和企业会免费提供一些数据，用户可以根据需要直接下载。

3. 学术期刊数据库下载

目前，很多期刊都要求作者公开原始数据，以便验证论文的结果。一些期刊网站上有每篇论文的配套数据，包括论文作者清洗过的公开数据和作者自己做的调查、实验数据等。针对此类数据，我们可以按照论文标题进行搜索获取。

【例 3-1】青藏高原是中国最大、世界海拔最高的高原，被称为“世界屋脊”“第三极”。青藏高原上冻土广布，植被多为天然草原。小明想要获取青藏高原的土壤湿度数据做相关分析，请你帮他找到获取数据的办法。

【分析思路】首先，我们要明确小明的目的是获取青藏高原土壤湿度的数据。其次，需要明确如何获取这些数据，具体方法有哪些。最后，在了解了获取数据的方法之后，我们应该选择最佳方案。

【操作方法】

（1）通过搜索引擎进入国家青藏高原科学数据中心网站，其首页如图 3-11 所示。

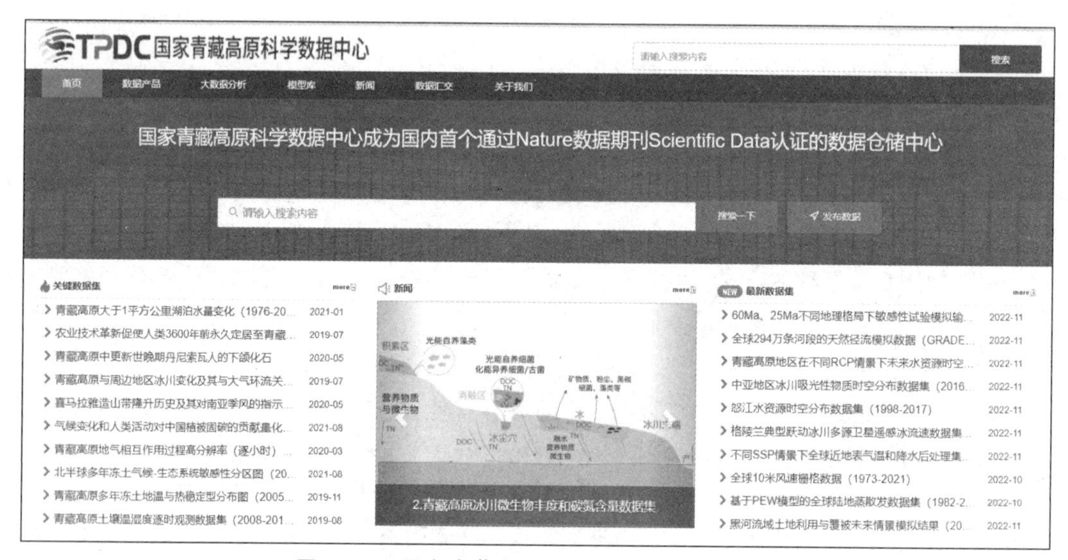

图 3-11 国家青藏高原科学数据中心网站首页

（2）从左侧的“关键数据集”栏中查找我们需要的数据集标题，如图 3-12 所示。

图 3-12 关键数据集

（3）打开选定的标题链接，一般页面上会有数据集下载链接。用户可以直接下载完整的数据集，随后保存使用。

需要注意的是，我们在直接下载数据时，应该查看数据来源的广泛性、代表性和均衡性；同时，要对下载的数据进行多方核实，确保数据的真实性和准确性。

二、爬虫获取

随着网络技术的迅速发展，互联网成为大量信息的载体，如何有效地提取并利用这些信息成为人们面临的一个巨大挑战，网络爬虫程序应运而生。网络爬虫（又被称为网页蜘蛛、网络机器人），是一种按照一定的规则，自动抓取互联网信息的程序或者脚本。

我们可以通过一些网络爬虫程序从网络上爬取公开的数据，再将数据存储为表格的形式。浏览网页时，浏览器就相当于客户端，能连接我们访问的网站以获取数据，然后对数据进行解析后展示出来；而网络爬虫程序可以通过代码模拟人类在浏览器上访问网站，获取相应的数据，然后将数据处理后保存成文件或存储到数据库中供用户使用。

说明

开发网络爬虫程序时，需要特别注意两个问题：一是避免类似拒绝服务（DoS）攻击的行为，二是要防止侵犯版权。对于第一个问题，由于一个真实的访问者可能每几秒访问一个新的页面，而一个真实的网络爬虫程序则可能每秒下载数十个页面，这样就比真实用户产生的流量多10倍以上。爬虫开发人员需要对流量限速，尽量将产生的流量减少到普通用户耗用水平。对于侵犯版权问题，爬虫开发人员需要仔细研读每个网站的版权声明，明确网站的要求。

1. 爬虫的类型

网络爬虫按照系统结构和实现技术，大致可以分为通用网络爬虫、聚焦网络爬虫、增量式网络爬虫、深层网络爬虫4种类型。实际的网络爬虫系统通常是几种爬虫技术的结合。

（1）通用网络爬虫。百度（Baidu）、360、必应（Bing）和谷歌（Google）等搜索引擎，都是大型复杂的网络爬虫，属于通用网络爬虫的范畴。搜索引擎类型的通用网络爬虫往往存在以下局限性。

① 不同领域、不同背景的用户往往具有不同的检索目的和需求，通用搜索引擎所返回的结果包含大量用户不关心的网页。

② 使用搜索引擎的目的是获取尽可能大的网络覆盖率，有限的搜索引擎服务器资源与无限的网络数据资源之间的矛盾将进一步加深。

③ 随着网络技术的不断发展，图片、数据库、音频、视频等不同形式的数据大量出现，通用搜索引擎对这些信息含量密集且具有一定结构的数据往往无能为力，不能很好地发现和获取。

④ 通用搜索引擎大多提供基于关键字的检索，难以支持根据语义信息提出的查询。

为了解决上述问题，定向抓取相关网页资源的聚焦网络爬虫应运而生。

（2）聚焦网络爬虫是“面向特定主题需求”的一种网络爬虫程序，它可以根据既定的抓取目标，有选择地访问网页及相关的链接，获取所需要的信息。与通用网络爬虫不同，聚焦网络爬虫并不追求较大的网络覆盖率，而是将目标定为抓取与某一特定主题内容相关的网页，为用户提供较为准确的数据资源。

（3）增量式网络爬虫是指对已下载网页采取增量式更新和只抓取新产生的或者已经发生变化的网页的爬虫程序，它能够在一定程度上保证所抓取的页面是尽可能新的页面。和周期性刷新页面的网络爬虫相比，增量式爬虫只会在需要的时候抓取新产生或发生变化的页面，并不重新下载没有发生变化的页面，可有效减少数据下载量，减少时间和空间上的耗费，但是增加了抓取算法的复杂度和实现难度。例如，要想获取招聘网站上的某岗位招聘信息，以前抓取过的数据没有必要重复抓取，只需要获取更新的招聘信息，这时候就可以使用增量式网络爬虫。

（4）深层网络爬虫是指抓取深层网页的网络爬虫，它要抓取的网页层次比较深，需要通过一定的附加策略才能够自动抓取，实现难度较大。这里的深层网页是指那些大部分内容不能通过静态链接获取、隐藏在搜索表单后，只有用户提交一些关键词才能获得的网页，如用户登录或者注册才能访问的页面。可以想象这样一个场景：爬取贴吧或者论坛中的数据，必须在用户登录后、有权限的情况下才能获取完整的数据，这时就要使用深层网络爬虫。

2. 爬虫工具的应用场景

网络爬虫的应用场景通常如下。

（1）常见的爬虫工具网站。用户可使用商家已经开发设计好的爬虫工具，从网络上爬取自己需要的信息。八爪鱼采集器是实践中较为常用的爬虫工具之一，其网站首页如图 3-13 所示。

图 3-13　八爪鱼采集器网站首页

（2）云盘搜索网站。云盘搜索网站可以爬取用户共享出来的云盘文件数据，并对文件数据进行分类，然后对外提供搜索服务。盘搜搜是常用的云盘搜索网站之一，其首页如图 3-14 所示。

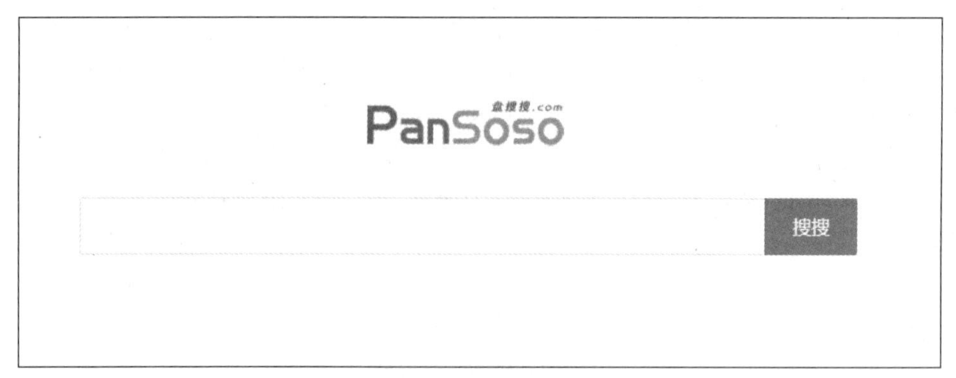

图 3-14　盘搜搜网站首页

3. 爬虫应用举例

微课

用 Python 抓取网页数据

【例 3-2】要想爬取百度中带有关键词“考察”的所有新闻标题数据，可以通过 Python 编写网络爬虫代码实现，参考代码如下。

```
import requests
headers = {'User-Agent': 'Mozilla/5.0 (Macintosh; Intel Mac OS X 10_14_3) AppleWebKit/537.36 (KHTML,like Gecko) Chrome/87.0.4280.88 Safari/537.36'}
url = 'https://www.baidu.com/s?tn=news&rtt=1&bsst=1&cl=2&wd=考察'
res = requests.get(url, headers=headers).text
print(res)
```

【例 3-3】使用八爪鱼采集器抓取新浪财经网站中“机构荐股”栏目的所有数据信息，具体操作步骤如下。

操作视频

（1）输入网址。打开新浪财经网站首页，在右侧导航栏中选择“投资助手”—“机构荐股”，将“机构荐股”页面的网址复制到如图 3-15 所示的八爪鱼采集器中，然后单击“开始采集”按钮。

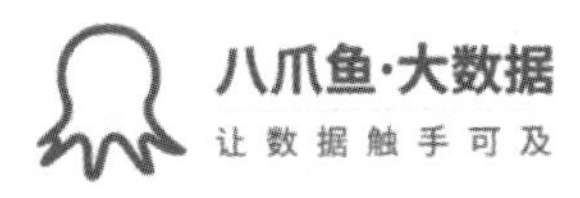

图 3-15 八爪鱼采集器页面

（2）建立采集流程。

第一，选中图 3-16 所示页面上股票代码为“603908”的单元格数据，再单击“操作提示”框下方的“TR”按钮，选中一整行数据。

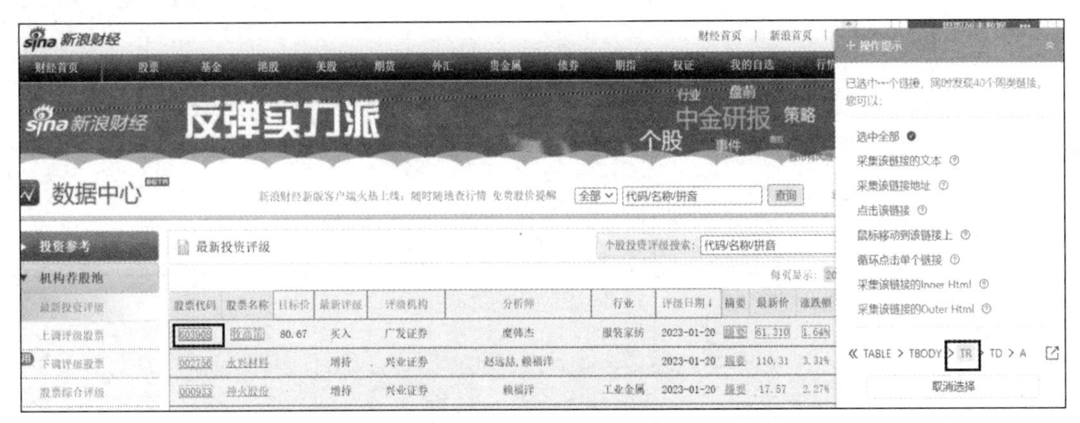

图 3-16 选择页面元素

第二，在“操作提示”框中，选择“选中子元素”选项，这样第一只股票的所有字段就会被选中，如图 3-17 所示。

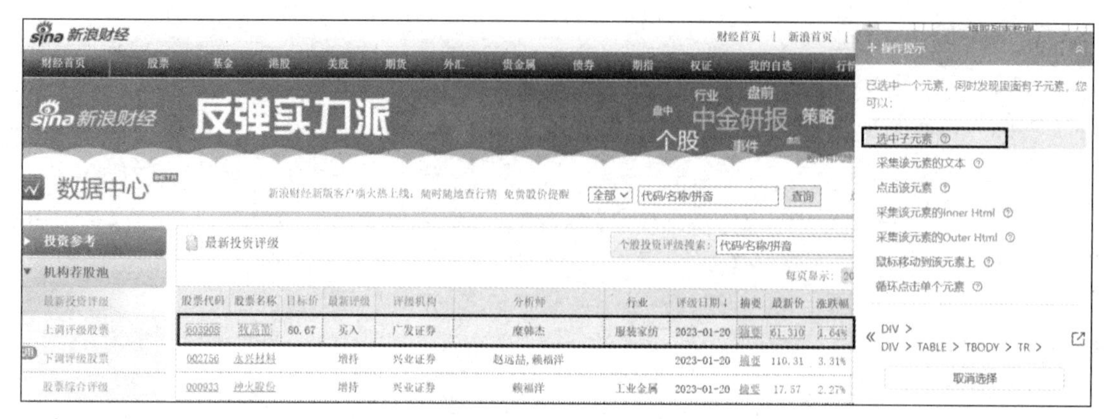

图 3–17　选择子元素

选择“操作提示”框中的“选中全部”选项，这时可以看到，列表中其他元素也在红色线框内，说明八爪鱼采集器还自动识别出了页面中其他股票字段的同类子元素，如图 3-18 所示。

图 3–18　选择更多的同类子元素

第三，在“操作提示”框中，选择“选中全部”选项，可以看到页面中所有股票字段的子元素都呈绿色选中状态，如图 3-19 所示。

图 3–19　选中全部

第四，在“操作提示”框中，选择“采集数据”选项，可以看到“数据预览”区域显示出所有待采集字段的数据，结果如图 3-20 所示。

（3）编辑字段。对列表中已提取出的所有字段，根据实际需求进行名称修改或删除等操作，结果如图 3-21 所示。

序号	邮编1_文本	邮编1_链接	字段2	目标价2	最新评级2	讠	操作
1	603908	http://biz.finance.sin...	牧高笛	80.67	买入	广发证	
2	002756	http://biz.finance.sin...	永兴材料		增持	兴业证	
3	000933	http://biz.finance.sin...	神火股份		增持	兴业证	
4	300481	http://biz.finance.sin...	濮阳惠成		增持	兴业证	
5	688518	http://biz.finance.sin...	联赢激光		买入	申万宏	
6	688439	http://biz.finance.sin...	振华风光		买入	民生证	
7	002708	http://biz.finance.sin...	光洋股份		买入	民生证	
8	301263	http://biz.finance.sin...	泰恩康		买入	民生证	
9	002756	http://biz.finance.sin...	永兴材料	144.22	买入	华福证	

图 3-20　数据预览

数据预览　共40条数据，预览只显示前10条　查看更多

全部字段

页面1

提取列表数据

提取数据

序号	股票代码	链接	股票名称	评级机构	最新价		操作
1	603908	http://biz.finance.sin...	牧高笛	广发证券	61.310	1.64%	
2	002756	http://biz.finance.sin...	永兴材料	兴业证券	110.31	3.31%	
3	000933	http://biz.finance.sin...	神火股份	兴业证券	17.57	2.27%	
4	300481	http://biz.finance.sin...	濮阳惠成	兴业证券	29.11	-0.68%	
5	688518	http://biz.finance.sin...	联赢激光	申万宏源研究	33.460	2.89%	
6	688439	http://biz.finance.sin...	振华风光	民生证券	113.000	-0.70%	
7	002708	http://biz.finance.sin...	光洋股份	民生证券	6.36	-0.47%	
8	301263	http://biz.finance.sin...	泰恩康	民生证券	37.50	-2.60%	
9	002756	http://biz.finance.sin...	永兴材料	华福证券	110.31	3.31%	
10	300955	http://biz.finance.sin...	[illegible]	中信证券	26.41	0.65%	

图 3-21　编辑采集到的字段

（4）启动采集。依次单击“保存”和“采集”按钮，启动本地采集。采集完成后，选择以 Excel 格式导出，即可保存采集到的数据，部分数据如图 3-22 所示。

	A	B	C	D	E	F	G	H
1	股票代码	链接	股票名称	评级机构	行业	最新价	涨跌幅	目标价
2	300285	http://biz.finance.sina.com.cn/suggest/lookup_n.php?q=sz300285&contry=stock	国瓷材料	申万宏源研究	化学原料	32.76	-2.15%	
3	603866	http://biz.finance.sina.com.cn/suggest/lookup_n.php?q=sh603866&contry=stock	桃李面包	方正证券	食品加工	21.330	-1.57%	
4	300751	http://biz.finance.sina.com.cn/suggest/lookup_n.php?q=sz300751&contry=stock	迈为股份	中信建投证券	专用设备	329.40	2.71%	
5	600298	http://biz.finance.sina.com.cn/suggest/lookup_n.php?q=sh600298&contry=stock	安琪酵母	华创证券	农产品加工	40.170	0.30%	55.00
6	000848	http://biz.finance.sina.com.cn/suggest/lookup_n.php?q=sz000848&contry=stock	承德露露	兴业证券	饮料制造	9.38	0.86%	
7	000902	http://biz.finance.sina.com.cn/suggest/lookup_n.php?q=sz000902&contry=stock	新 洋 丰	方正证券	化学制品	18.02	0.45%	
8	002624	http://biz.finance.sina.com.cn/suggest/lookup_n.php?q=sz002624&contry=stock	完美世界	华西证券	互联网传媒	12.36	0.41%	
9	002483	http://biz.finance.sina.com.cn/suggest/lookup_n.php?q=sz002483&contry=stock	润邦股份	信达证券	专用设备	6.32	2.10%	
10	601137	http://biz.finance.sina.com.cn/suggest/lookup_n.php?q=sh601137&contry=stock	博威合金	安信证券	工业金属	12.200	-5.72%	22.00
11	002594	http://biz.finance.sina.com.cn/suggest/lookup_n.php?q=sz002594&contry=stock	比 亚 迪	招商证券	汽车整车	244.86	2.41%	
12	300755	http://biz.finance.sina.com.cn/suggest/lookup_n.php?q=sz300755&contry=stock	华致酒行	光大证券	专业零售	37.30	2.47%	
13	300803	http://biz.finance.sina.com.cn/suggest/lookup_n.php?q=sz300803&contry=stock	指 南 针	中信建投证券	计算机应用	44.86	1.22%	
14	603115	http://biz.finance.sina.com.cn/suggest/lookup_n.php?q=sh603115&contry=stock	海星股份	华西证券	工业金属	20.160	9.98%	
15	600037	http://biz.finance.sina.com.cn/suggest/lookup_n.php?q=sh600037&contry=stock	歌华有线	华西证券	文化传媒	9.370	1.63%	
16	688050	http://biz.finance.sina.com.cn/suggest/lookup_n.php?q=sh688050&contry=stock	爱博医疗	招商证券		164.610	-3.57%	
17	002641	http://biz.finance.sina.com.cn/suggest/lookup_n.php?q=sz002641&contry=stock	公元股份	中泰证券	其他建材	4.63	-2.53%	
18	002041	http://biz.finance.sina.com.cn/suggest/lookup_n.php?q=sz002041&contry=stock	登海种业	天风证券	种植业	25.47	3.96%	
19	600266	http://biz.finance.sina.com.cn/suggest/lookup_n.php?q=sh600266&contry=stock	城建发展	华泰证券	房地产开发	5.350	3.88%	6.30
20	603035	http://biz.finance.sina.com.cn/suggest/lookup_n.php?q=sh603035&contry=stock	常熟汽饰	华创证券	汽车零部件	14.040	-3.11%	24.92
21	688200	http://biz.finance.sina.com.cn/suggest/lookup_n.php?q=sh688200&contry=stock	华峰测控	国盛证券		360.500	-9.26%	
22	601882	http://biz.finance.sina.com.cn/suggest/lookup_n.php?q=sh601882&contry=stock	海天精工	广发证券	通用机械	18.130	-0.93%	27.31
23	600867	http://biz.finance.sina.com.cn/suggest/lookup_n.php?q=sh600867&contry=stock	通化东宝	光大证券	生物制品	10.230	-3.03%	
24	600989	http://biz.finance.sina.com.cn/suggest/lookup_n.php?q=sh600989&contry=stock	宝丰能源	德邦证券	化学原料	15.680	-2.49%	
25	X21072	http://biz.finance.sina.com.cn/suggest/lookup_n.php?q=szX21072&contry=stock	格 力 博	国元证券	专用设备	—	—	
26	603185	http://biz.finance.sina.com.cn/suggest/lookup_n.php?q=sh603185&contry=stock	上机数控	浙商证券	专用设备	137.000	-1.82%	
27	300394	http://biz.finance.sina.com.cn/suggest/lookup_n.php?q=sz300394&contry=stock	天孚通信	兴业证券	通信设备	23.40	0.73%	
28	300418	http://biz.finance.sina.com.cn/suggest/lookup_n.php?q=sz300418&contry=stock	昆仑万维	西南证券	互联网传媒	15.17	0.60%	22.15
29	002216	http://biz.finance.sina.com.cn/suggest/lookup_n.php?q=sz002216&contry=stock	三全食品	西南证券	食品加工	18.47	10.01%	
30	603866	http://biz.finance.sina.com.cn/suggest/lookup_n.php?q=sh603866&contry=stock	桃李面包	西南证券	食品加工	21.330	-1.57%	

图 3-22　以 Excel 格式保存采集到的数据（部分）

三、数据交易

除了直接下载和爬虫获取外，有一些专业的数据我们很难获取到。目前有很多专门做数据收集和分析的企业或平台，我们需要数据时可直接从那里购买，这也是一种常见的获取数据的方式。

数据交易是激活数据价值、推动数字经济发展的重要方式。数据一般都有正常的数据交易平台。数据交易平台能够促进数据资源整合、规范交易行为、降低交易成本、增强数据流动性，成为当前各地促进数据要素流通的主要渠道之一。从全国范围来看，2015 年前成立并投入运营的数据交易平台有北京国际大数据交易所、贵阳大数据交易所、长江大数据交易所、武汉东湖大数据交易中心、西咸新区大数据交易所和河北大数据交易中心。2016 年新建设的数据交易平台有哈尔滨数据交易中心、江苏大数据交易中心、上海大数据交易中心以及浙江大数据交易中心。

从整体发展水平来看，我国大数据交易仍处于起步阶段，突出表现在以下几个方面：一是数据交易以单纯的原始数据“粗加工”交易为主，数据预处理、数据模型、数据金融衍生品等内容尚未大规模展开；二是数据供需不对称使得数据交易难以满足社会需求，数据成交率和成交额不高；三是数据开放进程缓慢，一定程度上制约了数据交易的整体规模，影响数据变现能力；四是数据交易过程中缺乏全国统一的规范体系和必要的法律保障，无法有效破解数据定价、数据确权等难题。

1. 基于大数据交易中心（所）的大数据交易

基于大数据交易中心（所）的交易模式是目前我国大数据交易的主流建设模式，能使数据交易更加规范，同时能在一定程度上整合资源。比较典型的大数据交易中心代表有贵阳大数据交易所、长江大数据交易所、武汉东湖大数据交易中心等。这类交易模式主要呈现以下两个特点：一是运营上坚持“国有控股、政府指导、企业参与、市场运营”原则；二是股权模式上主要采用国资控股、管理层持股、主要数据提供方参股的混合所有制模式。该模式既保证了数据权威性，也激发了不同交易主体的积极性，扩大了参与主体范围，从而推动数据交易从商业化向社会化、从分散化向平台化、从无序化向规范化转变，将分散在各行业领域不同主体手中的数据资源汇集到统一的平台中，通过统一规范的标准体系实现不同地区、不同行业之间数据共享、对接和交换。基于大数据交易中心的大数据交易模式如图 3-23 所示。

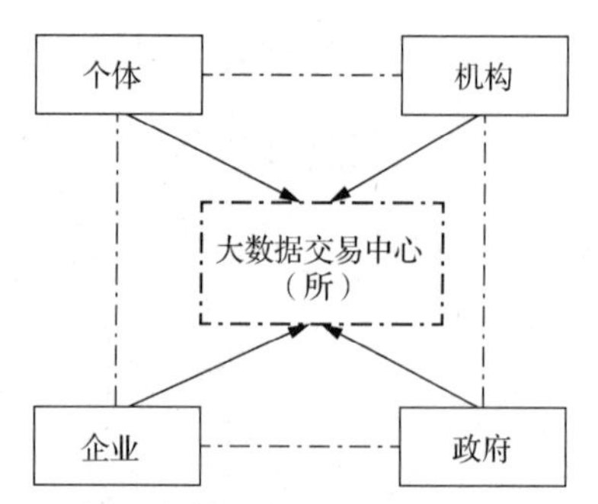

图 3–23　基于大数据交易中心的大数据交易模式

2. 基于行业数据的大数据交易

交通、金融、电商等行业的数据交易起步相对较早，且领域范围小，数据流动较方便。同时，基于行业数据标准较易实现对行业领域交易数据的统一采集、统一评估、统一管理、统一交易。2015 年 11 月，中国科学院深圳先进技术研究院下设的深圳北斗应用技术研究院有限公司与深圳市华视互联科技有限公司联合成立全国首个“交通大数据交易平台”，旨在利用大数据解决交通痛点，推动智慧城市的建设，构建良性的交通大数据生态系统。

3. 数据资源企业推动的大数据交易

近年来，国内以知名企业为代表的数据资源渐具市场规模和影响力。区别于政府主导下的大数据交易模式，数据资源企业推动的大数据交易更多以盈利为目的，数据变现意愿较其他类型交易模式更强烈。数据资源企业生产经营的“原材料”就是数据，在数据交易产业链中兼具数据供应商、数据代理商、数据服务商、数据需求方多重身份。数据资源企业在经营过程中往往采用自采、自产、自销模式并实现“采产销”一体化，然后再通过相关渠道将数据变现，进而形成一个完整的数据产业链闭环。正是因为这种自采、自产、自销的新模式，数据资源企业所拥有的数据资源具有独特性、稀缺性的特点，其交易价格通常较高。

4. 互联网企业派生出的大数据交易

以百度、腾讯、阿里巴巴等为代表的互联网企业凭借其拥有的数据规模优势和技术优势在大数据交易领域快速“跑马圈地”，并派生出数据交易平台。这种大数据交易一般由企业本身业务派生而来，与企业母体存在强关联性。例如，京东万象作为京东的业务组成部分，其交易的数据与服务的主体与电商息息相关。京东万象的交易数据品类较为集中，尽管其目的是打造全品类数据资产的交易，但目前平台主推的仍是金融行业相关数据，而现代电子商务的发展离不开金融数据的支撑。

5. 数据交易中需要注意的问题

（1）价值认知的鸿沟和避险心理。数据交易的目的是促进数据的流动和价值发挥，但是不同数据拥有者对数据资产的价值和风险的认知存在较大差异。因为对数据中蕴含的信息缺乏足够的洞察，很多数据拥有者不放心让自己的数据进入流通环节，担心用户隐私或企业机密泄露。

（2）对数据外部性认知不足。数据拥有者无法意识到自身数据的资产属性，缺乏足够的动力公开拥有的数据。比如，搜索引擎出于服务的目的，记录了用户搜索所输入的关键字，而这些数据可以被卫生部门用于疾病监控与防治。数据能够对数据生产业务相关方之外的第三方产生影响。从另一个角度而言，政府、企业或组织都还未充分认识到引入外部数据可以对自身工作或业务起到巨大的提升作用。

（3）对数据资源的垄断意识较强。大多数数据资源企业仍然较为关注自己的小生态圈，尤其是一些大型企业往往不愿意把自己的数据资源向业务圈外的市场提供，从而形成了多个规模和性质各异的数据封闭生态圈。在大数据氛围的激发下，对于拥有海量数据资源的企业或机构而言，其撬动自身数据资源支撑业务的优先级必然会高过通过数据交易获得的收益。

拓展阅读

数据虽好，也应取之有道

2017 年，某支付软件年度账单通过小字体、接近背景色的文字和默认勾选同意等模糊方式捆绑用户，让用户在不知情的情况下“被同意”接受一项信用协议，该事件引发舆论热议。

随着事件的进一步发酵，该软件公司深夜发表致歉声明并更改页面。虽然该软件公司的推广项目不涉及用户的实质性利益损害，但其暴露的用户数据及隐私安全问题还是引发了人们的担忧。

互联网时代，个人隐私多以信息形式通过网络化方式传播、存储。个人信息获取的节点众多，常常具有隐蔽性和复杂性。用户很难发现自身信息被采集，即使发现，也会因为追溯难度大，维权成本高，处罚、赔偿力度小而鲜少走法律途径，这也使得类似情况时有发生，甚至滋生非法使用或贩卖个人信息的灰色产业链。

《中华人民共和国个人信息保护法》《中华人民共和国网络安全法》《中华人民共和国消费者权益保护法》等明确规定，网络产品、服务具有收集用户信息的功能，经营者收集、使用消费者个人信息，应当明示收集、使用信息的目的、方式和范围，并经消费者同意；经营者收集消费者个人信息应当符合正当、合法、必要原则，不应超出上述原则获取权限，更不得违法收集消费者个人信息。

数字经济时代，互联网服务的普及和大数据的发展使得数据日益成为具有重要商业价值的资产。背靠大数据时代的海量数据，我们应该尊重用户的隐私，维护网络空间的安全，取之有道，用之有度，守之有责，重视数据合规中的法律风险，避免因侵权或不正当竞争陷入争议纠纷，或因违反相关规定受到行政处罚。

获取学生食堂消费数据

不同地区、不同学校，学生的消费能力都不尽相同。在日常消费能力的调查中，有一种数据是必需的，那就是食堂消费数据。学校搜集和分析这些数据，可以优化、提升学生的生活管理水平。下面我们使用问卷星工具对学生进行问卷调查来获取相关数据。

1. 明确数据调查范围

（1）餐厅选择（音乐餐厅、二月花餐厅、商业街二楼餐厅）。

（2）年级（大一、大二、大三）。

（3）性别（男、女）。

（4）每月生活费（500 元及以下、501～800 元、801～1 000 元、1 001～1 500 元、1 501 元及以上）。

（5）和谁一起吃饭（好兄弟/好姐妹、普通朋友、室友、没有同伴）。

（6）影响餐厅选择的因素（饭菜好吃、饭量多、饭菜便宜、离得近、环境好等）。

（7）喜欢吃的主食（不挑食、米饭、面条、麻辣烫、包子、馒头、炸鸡、汉堡、羊肉汤等）。

（8）早、中、晚三餐的地点（音乐餐厅、二月花餐厅、商业街二楼餐厅）。

（9）最爱吃的饭菜和餐厅具体位置。

2. 制作并发放调查问卷

依据前面确定的数据调查范围，我们制作了包括性别、生活费用、喜欢的主食，以及喜欢的餐厅等问题的调查问卷。

学生食堂消费调查问卷

1. 请问你的性别是？
   A. 男　B. 女
2. 请问你的年级是？
   A. 大一　B. 大二　C. 大三
3. 请问你每月的生活费是？
   A. 500元及以下　B. 501～800元　C. 801～1 000元
   D. 1 001～1 500元　E. 1 501元及以上
4. 本校食堂中你最喜欢吃的主食是？（可多选）
   A. 米饭　B. 面条　C. 麻辣烫
   D. 包子　E. 馒头　F. 炸鸡
   G. 汉堡　H. 羊肉汤　I. 不挑食
5. 你一般和谁一起吃饭？
   A. 好兄弟/好姐妹　B. 普通朋友
   C. 室友　D. 没有同伴
6. 你喜欢去哪个餐厅？
   A. 音乐餐厅　B. 二月花餐厅　C. 商业街二楼餐厅
7. 早餐去哪儿吃？
   A. 音乐餐厅　B. 二月花餐厅　C. 商业街二楼餐厅
8. 午餐去哪儿吃？
   A. 音乐餐厅　B. 二月花餐厅　C. 商业街二楼餐厅
9. 晚餐去哪儿吃？
   A. 音乐餐厅　B. 二月花餐厅　C. 商业街二楼餐厅
10. 你最爱吃的饭菜在哪个餐厅的哪个窗口？
11. 你更喜欢吃肉还是蔬菜？
    A. 肉　B. 蔬菜
12. 你选择餐厅通常考虑的因素是什么？
    A. 饭菜好吃　B. 饭量多　C. 饭菜便宜
    D. 离得近　E. 环境好

【操作方法】

（1）打开问卷星网站首页，注册账号后登录。

（2）设置问题。单击“创建问卷”按钮，然后在打开的页面中选择“调查”模块，打开如图3-24所示的页面。

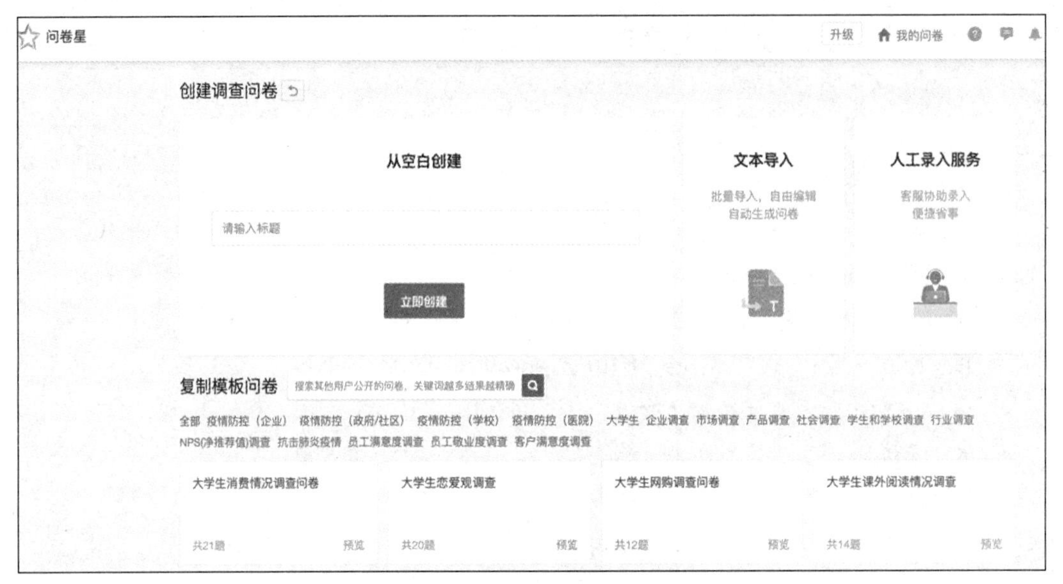

图 3-24 创建调查问卷页面

（3）可以选择“从空白创建”或者“文本导入”方式设计问卷内容，当然也可以复制已有的模板问卷进行修改。这里我们选择以“文本导入”的方式创建问卷。先单击“清空文本”按钮，然后复制粘贴设计好的问卷内容，并根据需要对每个题目设置适当的题型（如单选题、多选题、问答题等），最后单击“完成”按钮，如图 3-25 所示。

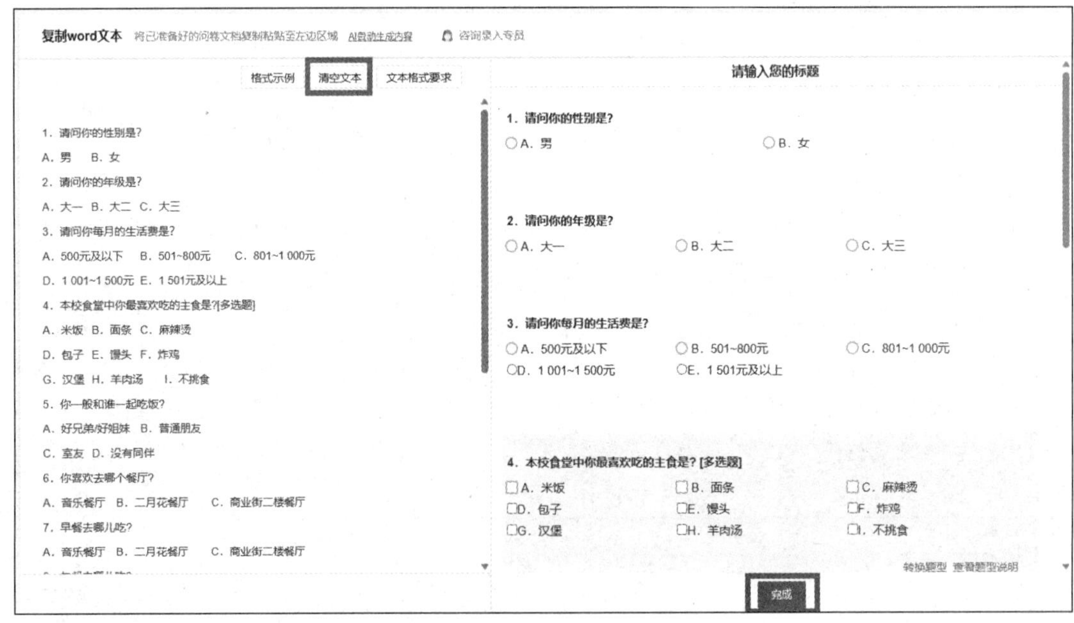

图 3-25 创建问卷

（4）单击页面右上角的“预览”按钮查看问卷预览效果，如图 3-26 所示。

经贸餐厅消费情况调查问卷

各位同学好，我们是学校志愿者团队的学生，为了使餐厅能够更好地服务师生，现对大家的餐厅消费情况进行调查。本问卷采取匿名填写的方式，我们保证不会泄露大家的隐私，希望各位同学能如实填写。感谢大家的理解和配合！

*1. 请问你的性别是？

○男　○女

*2. 请问你的年级是？

○大一
○大二
○大三

*3. 请问你每月的生活费是？

○500元及以下
○501～800元
○801～1 000元
○1 001～1 500元
○1 501元及以上

图 3-26　问卷预览效果（部分）

（5）预览后，单击“完成编辑”按钮，进入发布页面。单击“发送问卷”按钮，即可选择适当的发布方式。也可以返回主页，在问卷列表下选择要发布的调查问卷，然后单击“发送问卷”下拉按钮，选择适当的发送方式，如“链接&二维码”“微信发送”等，如图 3-27 所示。

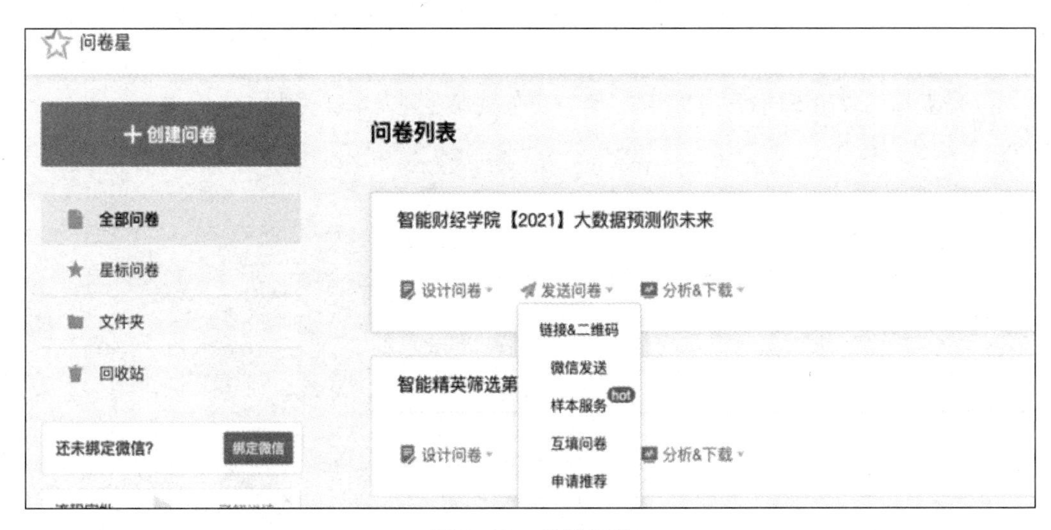

图 3-27　发送问卷

（6）将调查问卷发送到学院的各个班级，请感兴趣的同学填写，最后收集到 620 条相关数据，经整理后部分内容如图 3-28 所示。

	G	H	I	J	K	L	M	N	O	P
1	性别	年级	每月生活费	最喜欢的主食	和谁一起吃饭	喜欢去哪个餐厅	早餐去哪儿吃	午餐去哪儿吃	晚餐去哪儿吃	最爱吃哪个窗口
2	女	大一	1501元及以上	面条┋麻辣烫┋包子┋汉堡	好兄弟/好姐妹	音乐餐厅	音乐餐厅	音乐餐厅	音乐餐厅	音乐餐厅锡纸米线
3	女	大一	501～800元	米饭┋面条┋麻辣烫┋羊肉汤	室友	音乐餐厅	二月花餐厅	音乐餐厅	音乐餐厅	花甲一号
4	女	大一	501～800元	馒头┋麻辣烫┋包子┋不挑食	室友	音乐餐厅	音乐餐厅	音乐餐厅	音乐餐厅	龙须面
5	女	大一	1001~1500元	米饭┋面条┋麻辣烫┋汉堡	好兄弟/好姐妹	音乐餐厅	二月花餐厅	二月花餐厅	音乐餐厅	二月花的包子
6	女	大一	501～800元	米饭┋面条┋包子	室友	音乐餐厅	二月花餐厅	音乐餐厅	商业街二楼餐厅	早上二月花 豆沙包中
7	女	大一	1501元及以上	米饭┋面条┋馒头┋包子┋汉堡┋羊肉汤	室友	音乐餐厅	二月花餐厅	音乐餐厅	音乐餐厅	江南粥
8	女	大一	1001~1500元	米饭┋麻辣烫┋汉堡	好兄弟/好姐妹	商业街二楼餐厅	音乐餐厅	二月花餐厅	音乐餐厅	忘了
9	女	大一	500元及以下	米饭┋面条	好兄弟/好姐妹	二月花餐厅	二月花餐厅	二月花餐厅	商业街二楼餐厅	二月花餐厅二楼牛肉
10	女	大一	1001~1500元	米饭┋麻辣烫┋汉堡	没有同伴	音乐餐厅	二月花餐厅	音乐餐厅	音乐餐厅	音乐餐厅 脆皮鸡米饭
11	男	大二	1001~1500元	面条	室友	音乐餐厅	二月花餐厅	二月花餐厅	音乐餐厅	音乐餐厅菌菇面
12	男	大一	1001~1500元	米饭┋面条┋馒头┋麻辣烫┋包子┋羊肉汤	室友	音乐餐厅	音乐餐厅	音乐餐厅	音乐餐厅	音乐餐厅，炒面
13	女	大一	1001~1500元	面条	室友	音乐餐厅	二月花餐厅	音乐餐厅	音乐餐厅	都很喜欢
14	女	大二	1001~1500元	面条┋麻辣烫	室友	音乐餐厅	音乐餐厅	音乐餐厅	音乐餐厅	音乐餐厅刀削面　既
15	女	大一	1001~1500元	麻辣烫	室友	音乐餐厅	音乐餐厅	音乐餐厅	音乐餐厅	二月花餐厅
16	女	大一	501～800元	面条	室友	音乐餐厅	二月花餐厅	音乐餐厅	二月花餐厅	音乐餐厅 骨汤牛肉面
17	男	大二	500元及以下	面条┋馒头	好兄弟/好姐妹	音乐餐厅	二月花餐厅	音乐餐厅	二月花餐厅	都不错
18	女	大一	501～800元	米饭┋面条┋麻辣烫┋包子┋汉堡┋羊肉汤	室友	音乐餐厅	二月花餐厅	音乐餐厅	音乐餐厅	没有
19	女	大一	1001~1500元	米饭	普通朋友	音乐餐厅	二月花餐厅	音乐餐厅	音乐餐厅	都喜欢
20	女	大二	501～800元	米饭┋面条┋馒头┋麻辣烫┋包子┋汉堡	普通朋友	音乐餐厅	二月花餐厅	音乐餐厅	音乐餐厅	音乐餐厅一楼土豆粉
21	女	大一	500元及以下	麻辣烫	室友	音乐餐厅	音乐餐厅	音乐餐厅	音乐餐厅	音乐餐厅
22	女	大一	501～800元	米饭┋面条┋麻辣烫┋包子┋汉堡	没有同伴	音乐餐厅	音乐餐厅	音乐餐厅	音乐餐厅	音乐餐厅、麻辣烫、
23	女	大一	501～800元	米饭┋面条┋馒头┋麻辣烫┋羊肉汤┋不挑食	室友	音乐餐厅	音乐餐厅	音乐餐厅	音乐餐厅	锡纸包饭
24	女	大一	501～800元	面条┋麻辣烫┋汉堡┋不挑食	室友	音乐餐厅	二月花餐厅	音乐餐厅	音乐餐厅	音乐餐厅一楼的两家
25	男	大一	501～800元	面条┋麻辣烫┋汉堡┋羊肉汤	没有同伴	音乐餐厅	音乐餐厅	音乐餐厅	二月花餐厅	音乐餐厅二楼火锅粉

图 3-28　问卷调查结果（部分）

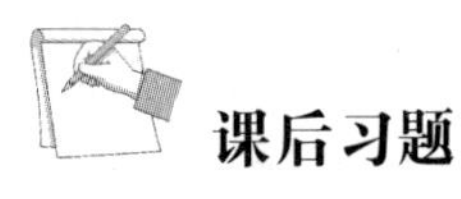

课后习题

1. 获取数据的方式有哪些？请详细说明。

2. 爬虫程序的基本原理是什么？

3. 详细说明爬虫程序的分类。

4. 目前有几种数据交易模式？分别是什么？

5. 小明想了解我国各个省份的基本情况，老师建议他通过国家统计局网站利用不同的数据获取方式进行以下操作。

（1）获取我国 34 个省级行政区所有的省、市、区、镇/乡名称，即行政区划最小到镇或乡一级。

（2）将获取结果按不同省、自治区、直辖市分别保存到文本文件中。

项目四

处理和分析数据

知识目标

1. 了解数据处理的过程
2. 熟悉数据处理的常用方法
3. 了解不同的数据分析方法适用的情境
4. 掌握常见的数据分析方法
5. 熟悉不同数据分析方法的特点

能力目标

1. 能够观察发现数据中存在的问题
2. 能熟练使用 Excel 进行数据预处理和分析
3. 能够运用 SQL 对数据进行增、删、改、查等操作
4. 能够理解不同数据分析方法的原理
5. 能够掌握不同数据分析方法的操作过程
6. 能够选取合适的方法分析解决问题

素养目标

1. 培养对低质量数据的敏感性
2. 树立严谨认真、恪尽职守、爱岗敬业的工作态度

任务一　使用 Excel 处理招聘信息

从不同途径获取的原始数据往往比较粗糙，其中可能包含部分缺失值、重复值，也可能因为人工录入错误存在异常值。这些数据都非常不利于算法模型的构建，会直接影响后期的数据分析和挖掘的准确性、完整性、一致性、时效性、可信性和解释性。数据处理就是对数据进行加工整理，使之适合数据分析，主要包括脏数据清洗、缺失值填充、数据分组转换、数据排序筛选、业务指标计算、报表模板填充等。

小张是一名在校大学生，临近毕业，打算以后从事数据分析相关工作。为了了解就业前景，

小张利用数据爬取技术，从某招聘网站抓取了近期发布的关于数据分析人员招聘信息的原始数据，部分数据如图 4-1 所示。

<table>
<tr><th></th><th>A</th><th>B</th><th>C</th><th>D</th><th>E</th><th>F</th><th>G</th></tr>
<tr><td>1</td><td>城市|工作年限要求|教育要求</td><td>公司名称</td><td>公司类型|公司规模</td><td>公司所属领域</td><td>职位名称</td><td>薪水</td><td>发布时间</td></tr>
<tr><td>2</td><td>上海-宝山区 | 2年经验 | 本科</td><td>上海绿岸网络科技股份有限公司</td><td>民营公司 | 150-500人</td><td>网络游戏</td><td>管培生—数据分析</td><td>0.9-1.3万/月</td><td>05-11发布</td></tr>
<tr><td>3</td><td>广州-天河区 | 3-4年经验 | 本科</td><td>广州光娱信息科技有限公司</td><td>民营公司 | 150-500人</td><td>网络游戏</td><td>高级/资深游戏数据分析师 (M.</td><td>1.5-2.5万/月</td><td>05-11发布</td></tr>
<tr><td>4</td><td>深圳-宝安区 | 3-4年经验 | 本科</td><td>深圳市宝创森那美汽车销售服务有限</td><td>合资 | 500-1000人</td><td>汽车</td><td>数据分析师</td><td>1.5-2万/月</td><td>05-11发布</td></tr>
<tr><td>5</td><td>深圳-南山区 | 3-4年经验 | 本科</td><td>深圳市红瑞生物科技股份有限公司</td><td>民营公司 | 150-500人</td><td>农/林/牧/渔</td><td>商业数据分析师</td><td>1-1.5万/月</td><td>05-11发布</td></tr>
<tr><td>6</td><td>宁波-鄞州区 | 3-4年经验 | 本科</td><td>宁波乐町时尚服饰有限公司</td><td>民营公司 | 1000-5000人</td><td>服装/纺织/皮革</td><td>数据分析师</td><td>15-20万/年</td><td>05-11发布</td></tr>
<tr><td>7</td><td>北京-海淀区 | 1年经验 | 大专</td><td>北京木丁商品信息中心</td><td>民营公司 | 少于50人</td><td>快速消费品(食品、饮料、化</td><td>数据分析师</td><td>0.5-1万/月</td><td>05-11发布</td></tr>
<tr><td>8</td><td>广州-天河区 | 5-7年经验 | 本科</td><td>汇丰环球客户服务(广东)有限公司</td><td>外资（欧美） | 10000人以上</td><td>金融/投资/证券</td><td>零售银行数据分析助理副总裁</td><td>2.5-4.5万/月</td><td>05-11发布</td></tr>
<tr><td>9</td><td>武汉 | 2年经验 | 本科</td><td>武汉高德红外股份有限公司</td><td>民营公司 | 1000-5000人</td><td>电子技术/半导体/集成电路</td><td>数据分析工程师</td><td>0.8-1.5万/月</td><td>05-11发布</td></tr>
<tr><td>10</td><td>成都 | 2年经验 | 本科</td><td>北京博赛德科技有限公司</td><td>民营公司 | 50-150人</td><td>环保</td><td>数据分析师</td><td>15-30万/年</td><td>05-11发布</td></tr>
<tr><td>11</td><td>常州 | 3-4年经验 | 本科</td><td>常州星宇车灯股份有限公司</td><td>上市公司 | 5000-10000人</td><td>汽车</td><td>大数据分析师</td><td>1-2万/月</td><td>05-11发布</td></tr>
<tr><td>12</td><td>云浮 | 3-4年经验 | 本科</td><td>广东国鸿氢能科技股份有限公司</td><td>民营公司 | 500-1000人</td><td>新能源</td><td>售后数据分析师</td><td>0.7-1.2万/月</td><td>05-11发布</td></tr>
<tr><td>13</td><td>长沙-雨花区 | 3-4年经验 | 大专</td><td>长沙市丰彩好润佳商贸有限公司</td><td>民营公司 | 1000-5000人</td><td>批发/零售</td><td>数据分析师</td><td>5-8千/月</td><td>05-11发布</td></tr>
<tr><td>14</td><td>深圳-南山区 | 3-4年经验 | 本科</td><td>海南爱问众创科技有限公司</td><td>民营公司 | 150-500人</td><td>计算机软件</td><td>数据分析师</td><td>1-1.5万/月</td><td>05-11发布</td></tr>
<tr><td>15</td><td>成都-高新区 | 1年经验 | 大专</td><td>四川纷领信息技术有限公司</td><td>民营公司 | 150-500人</td><td>互联网/电子商务</td><td>数据分析师</td><td>6-8千/月</td><td>05-11发布</td></tr>
<tr><td>16</td><td>上海-浦东新区 | 1年经验 | 本科</td><td>金恪建筑装饰工程有限公司</td><td>合资 | 500-1000人</td><td>建筑/建材/工程</td><td>数据分析员（工程助理）</td><td>0.8-1.2万/月</td><td>05-11发布</td></tr>
<tr><td>17</td><td>杭州-西湖区 | 5-7年经验 | 本科</td><td>杭州零重空间技术有限公司</td><td>民营公司 | 50-150人</td><td>航天/航空</td><td>数据分析与处理算法工程师</td><td>1.2-2万/月</td><td>05-11发布</td></tr>
<tr><td>18</td><td>青岛-市北区 | 无需经验 | 大专</td><td>青岛识君信息技术有限公司</td><td>民营公司 | 50-150人</td><td>互联网/电子商务</td><td>数据分析师</td><td>5-8千/月</td><td>05-11发布</td></tr>
<tr><td>19</td><td>昆山 | 1年经验 | 大专</td><td>天可电讯软件服务（昆山）有限公司</td><td>外资（欧美） | 150-500人</td><td>通信/电信/网络设备</td><td>审核员-数据分析</td><td>6-8千/月</td><td>05-11发布</td></tr>
<tr><td>20</td><td>深圳-福田区 | 3-4年经验 | 本科</td><td>深圳市水务科技有限公司</td><td>国企 | 150-500人</td><td>计算机软件</td><td>数据分析师</td><td>1.5-3万/月</td><td>05-11发布</td></tr>
<tr><td>21</td><td>杭州-钱塘区 | 3-4年经验 | 硕士</td><td>觅瑞（杭州）生物科技有限公司</td><td>外资（非欧美） | 50-150人</td><td>制药/生物工程</td><td>生信数据分析工程师（测序方</td><td>1.5-3万/月</td><td>05-11发布</td></tr>
<tr><td>22</td><td>重庆-南岸区 | 1年经验 | 本科</td><td>重庆央拓医药有限公司</td><td>民营公司 | 150-500人</td><td>医疗/护理/卫生</td><td>数据分析员</td><td>6-8千/月</td><td>05-11发布</td></tr>
<tr><td>23</td><td>昆山 | 1年经验 | 本科</td><td>苏州深时数字地球研究中心</td><td>事业单位 | 少于50人</td><td>政府/公共事业</td><td>数据分析师</td><td>1-1.5万/月</td><td>05-11发布</td></tr>
<tr><td>24</td><td>深圳-罗湖区 | 3-4年经验 | 本科</td><td>山东梦金园珠宝首饰有限公司</td><td>民营公司 | 1000-5000人</td><td>奢侈品/收藏品/工艺品/珠宝</td><td>数据分析师</td><td>0.8-1.2万/月</td><td>05-11发布</td></tr>
<tr><td>25</td><td>武汉 | 5-7年经验 | 本科</td><td>长江存储科技有限责任公司</td><td>民营公司 | 5000-10000人</td><td>电子技术/半导体/集成电路</td><td>数据分析工程师(J11865)</td><td>1-2万/月</td><td>05-11发布</td></tr>
<tr><td>26</td><td>拉萨 | 1年经验 | 本科</td><td>广州云龙信息科技发展有限公司</td><td>民营公司 | 少于50人</td><td>通信/电信运营、增值服务</td><td>数据分析师</td><td>0.7-1.2万/月</td><td>05-11发布</td></tr>
<tr><td>27</td><td>上海-杨浦区 | 3-4年经验 | 本科</td><td>上海天睿律师事务所</td><td>民营公司 | 150-500人</td><td>法律</td><td>数据分析师</td><td>10-15万/年</td><td>05-11发布</td></tr>
<tr><td>28</td><td>深圳-南山区 | 1年经验 | 本科</td><td>深圳市乐其网络科技有限公司</td><td>民营公司 | 500-1000人</td><td>互联网/电子商务</td><td>数据分析专员</td><td>0.8-1.2万/月</td><td>05-11发布</td></tr>
<tr><td>29</td><td>重庆-江北区 | 2年经验 | 本科</td><td>重庆悦派对信息科技有限公司</td><td>民营公司 | 150-500人</td><td>计算机软件</td><td>数据分析师</td><td>0.8-1.2万/月</td><td>05-11发布</td></tr>
<tr><td>30</td><td>东莞 | 2年经验 | 本科</td><td>美宜佳控股有限公司</td><td>民营公司 | 1000-5000人</td><td>批发/零售</td><td>数据分析师</td><td>0.8-1万/月</td><td>05-11发布</td></tr>
<tr><td>31</td><td>宁波-鄞州区 | 3-4年经验 | 本科</td><td>宁波美生堂进出口有限公司</td><td>民营公司 | 少于50人</td><td>贸易/进出口</td><td>电商数据分析师</td><td>1-1.5万/月</td><td>05-11发布</td></tr>
<tr><td>32</td><td>惠州-惠城区 | 2年经验 | 大专</td><td>澳宝化妆品（惠州）有限公司</td><td>外资（非欧美） | 500-1000人</td><td>快速消费品(食品、饮料、化</td><td>数据分析师</td><td>0.5-1万/月</td><td>05-11发布</td></tr>
<tr><td>33</td><td>无锡 | 3-4年经验 | 本科</td><td>江苏云蝠服饰股份有限公司</td><td>民营公司 | 1000-5000人</td><td>服装/纺织/皮革</td><td>数据分析师</td><td>1-1.5万/月</td><td>05-11发布</td></tr>
<tr><td>34</td><td>苏州-姑苏区 | 2年经验 | 本科</td><td>江苏众亿国链大数据科技有限公司</td><td>民营公司 | 50-150人</td><td>计算机软件</td><td>数据分析员</td><td>6-8千/月</td><td>05-11发布</td></tr>
<tr><td>35</td><td>合肥 | 2年经验 | 本科</td><td>安徽格致优品电子商务有限公司</td><td>民营公司 | 50-150人</td><td>互联网/电子商务</td><td>供应链需求计划数据分析员</td><td>0.7-1.2万/月</td><td>05-11发布</td></tr>
<tr><td>36</td><td>北京-朝阳区 | 3-4年经验 | 本科</td><td>深圳市前海鸿富投资管理有限公司</td><td>民营公司 | 少于50人</td><td>金融/投资/证券</td><td>数据分析师</td><td>0.8-1万/月</td><td>05-11发布</td></tr>
<tr><td>37</td><td>成都 | 2年经验 | 本科</td><td>成都数联易康科技有限公司</td><td>民营公司 | 50-150人</td><td>计算机软件</td><td>数据分析</td><td>0.8-1.2万/月</td><td>05-11发布</td></tr>
<tr><td>38</td><td>杭州-西湖区 | 1年经验 | 大专</td><td>杭州恒石网络科技有限公司</td><td>民营公司 | 少于50人</td><td>互联网/电子商务</td><td>数据分析师</td><td>5-7千/月</td><td>05-11发布</td></tr>
<tr><td>39</td><td>广州-天河区 | 3-4年经验 | 本科</td><td>北京引力优才科技有限公司</td><td>民营公司 | 50-150人</td><td>计算机软件</td><td>数据分析师（商业方向）</td><td>1.5-2万/月</td><td>05-11发布</td></tr>
</table>

图 4–1　某招聘网站数据分析人员招聘信息原始数据（部分）

小张想用 Excel 对图 4-1 中的数据进行处理与分析，从而获得以下信息。

- 整体岗位数量及薪资情况。
- 城市需求分布情况。
- 城市间薪资对比。
- 不同学历要求岗位数量占比情况。

下面介绍 Excel 强大的数据处理功能，帮助小张获取需要的信息。

一、Excel 数据处理功能概述

Excel 是 Microsoft Office 办公软件的重要组成部分，可以轻松实现数据的处理与计算、数据分析、图表制作，以及企业日常业务报表开发等功能，应用非常广泛。因此，Excel 既是数据处理与分析的入门软件，又是必备工具，我们必须要掌握并熟练运用。下面对 Excel 2016 中与数据处理直接相关的几个选项卡进行简要介绍。

（一）“开始”选项卡

“开始”选项卡的功能主要包括剪贴板、字体、对齐方式、数字、样式、单元格、编辑，如图 4-2 所示。使用“样式”组中的“条件格式”功能可以对符合条件的单元格进行格式设置，快速定位到脏数据；使用“编辑”组中的“查找和选择”功能可以在工作簿中搜索特定的数字或文本字符串等，也可以将其替换为其他内容，该功能支持通配符，如“？”“*”或数字。进行数据清洗时，使用这些通配符可以处理缺失值或者错误值。

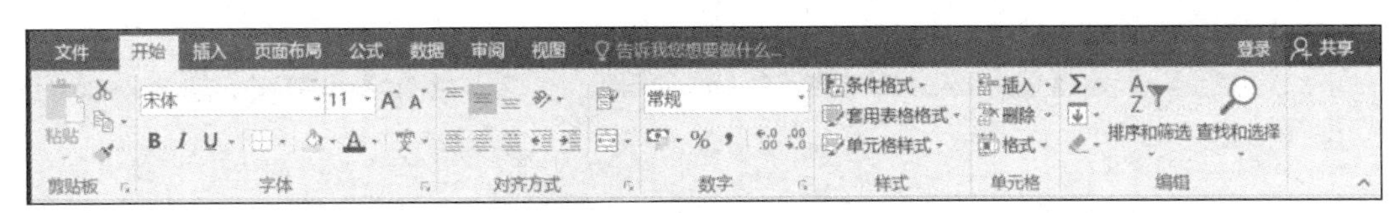

图 4–2　“开始”选项卡

（二）“数据”选项卡

“数据”选项卡的功能主要包括获取外部数据、获取和转换、连接、排序和筛选、数据工具、预测、分级显示等，如图 4-3 所示。其中的“排序”“筛选”“分列”“删除重复项”“分类汇总”等功能常被用来进行数据统一化处理。

图 4–3　“数据”选项卡

（三）“公式”选项卡

“公式”选项卡的功能主要包括函数库、定义的名称、公式审核、计算，如图 4-4 所示。强大的数据公式库涵盖了数据统计、文本处理、数值运算、日期计算、逻辑判断以及查找等方面的功能，方便用户进行数据统计与分析。

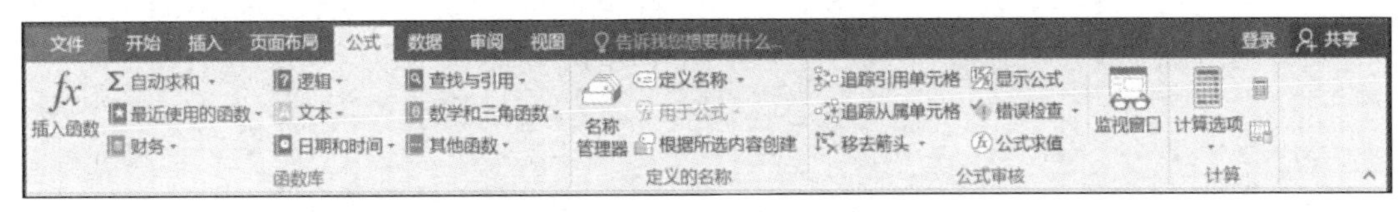

图 4–4　“公式”选项卡

二、用 Excel 处理招聘信息

我们可以使用 Excel 对收集到的招聘信息进行处理，具体包括以下六个步骤。

（一）理解数据，选择重点分析对象

数据处理的第一步是理解原始数据的含义，并根据需求选出重点分析对象，将与分析目的没有关联的列进行隐藏或删除。小张获取的招聘数据，包含城市、工作年限要求、教育要求、公司名称、公司类型、公司规模、公司所属领域、职位名称、薪水及发布时间等信息，比较全面。但从分析需求可知，小张目前想重点了解城市、学历、薪资等信息，对公司规模、公司所属领域暂时不用了解，可以将图 4-1 中的 C 列（公司类型|公司规模）、D 列（公司所属领域）隐藏。

【操作方法】在 Excel 中打开文件“招聘信息.xlsx”，选择 C 列和 D 列，打开“开始”选项卡，单击“格式”下拉按钮，从下拉菜单中选择“隐藏和取消隐藏”选项，再选择“隐藏列”选项，如图 4-5 所示。隐藏后的结果如图 4-6 所示。

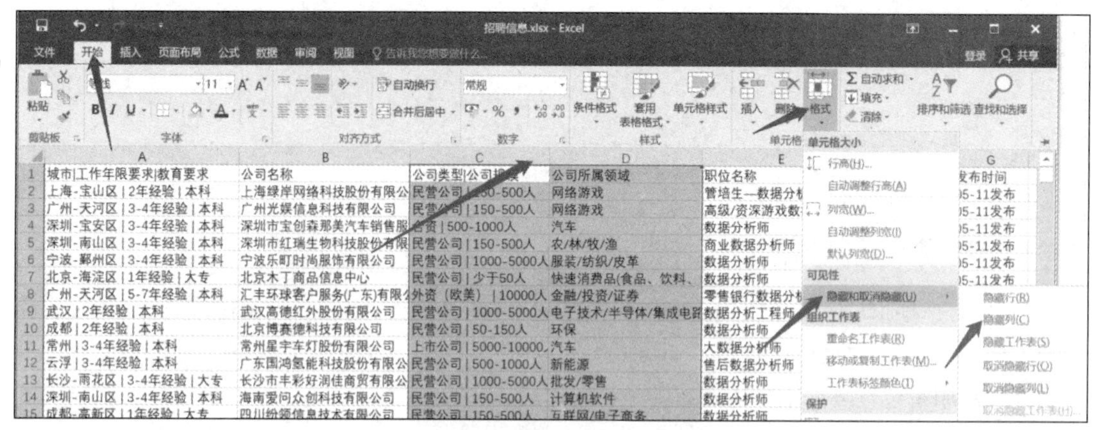

图 4–5 隐藏列

	A	B	E	F	G
1	城市|工作年限要求|教育要求	公司名称	职位名称	薪水	发布时间
2	上海-宝山区 | 2年经验 | 本科	上海绿岸网络科技股份有限公	管培生—数据分析	0.9-1.3万/月	05-11发布
3	广州-天河区 | 3-4年经验 | 本科	广州光娱信息科技有限公司	高级/资深游戏数据分析师 (	1.5-2.5万/月	05-11发布
4	深圳-宝安区 | 3-4年经验 | 本科	深圳市宝创森那美汽车销售服	数据分析师	1.5-2万/月	05-11发布
5	深圳-南山区 | 3-4年经验 | 本科	深圳市红瑞生物科技股份有限	商业数据分析师	1-1.5万/月	05-11发布
6	宁波-鄞州区 | 3-4年经验 | 本科	宁波乐町时尚服饰有限公司	数据分析师	15-20万/年	05-11发布
7	北京-海淀区 | 1年经验 | 大专	北京木丁商品信息中心	数据分析师	0.5-1万/月	05-11发布
8	广州-天河区 | 5-7年经验 | 本科	汇丰环球客户服务(广东)有限公	零售银行数据分析助理副总	2.5-4.5万/月	05-11发布
9	武汉 | 2年经验 | 本科	武汉高德红外股份有限公司	数据分析工程师	0.8-1.5万/月	05-11发布
10	成都 | 2年经验 | 本科	北京博赛德科技有限公司	数据分析师	15-30万/年	05-11发布
11	常州 | 3-4年经验 | 本科	常州星宇车灯股份有限公司	大数据分析师	1-2万/月	05-11发布
12	云浮 | 3-4年经验 | 本科	广东国鸿氢能科技股份有限公	售后数据分析师	0.7-1.2万/月	05-11发布
13	长沙-雨花区 | 3-4年经验 | 大专	长沙市丰彩好润佳商贸有限公	数据分析师	5-8千/月	05-11发布
14	深圳-南山区 | 3-4年经验 | 本科	海南爱问众创科技有限公司	数据分析师	1-1.5万/月	05-11发布
15	成都-高新区 | 1年经验 | 大专	四川纷领信息技术有限公司	数据分析师	6-8千/月	05-11发布
16	上海-浦东新区 | 1年经验 | 本科	金恪建筑装饰工程有限公司	数据分析员（工程助理）	0.8-1.2万/月	05-11发布
17	杭州-西湖区 | 5-7年经验 | 本科	杭州零重空间技术有限公司	数据分析与处理算法工程师	1.2-2万/月	05-11发布
18	青岛-市北区 | 无需经验 | 大专	青岛识君信息技术有限公司	数据分析师	5-8千/月	05-11发布
19	昆山 | 1年经验 | 大专	天可电讯软件服务（昆山）有	审核员-数据分析	6-8千/月	05-11发布
20	深圳-福田区 | 3-4年经验 | 本科	深圳市水务科技有限公司	数据分析师	1.5-3万/月	05-11发布
21	杭州-钱塘区 | 3-4年经验 | 硕士	觅瑞（杭州）生物科技有限公	生信数据分析工程师（测序	1.5-3万/月	05-11发布

图 4–6 隐藏列操作结果

（二）探查并处理缺失值

1. 缺失值的概念

缺失值指的是现有数据集中某个或某些属性的值是不完全的，在 Excel 中表现为某个或某些列存在空单元格。

2. 缺失值产生原因

产生缺失值的原因多种多样，主要分为机械原因和人为原因。

机械原因是指由机械设备导致的数据收集或保存失败造成的数据缺失，比如信息采集设备、存储介质、传输媒体故障或者其他与设备相关的问题造成的数据缺失。

人为原因指由于操作人员失误、历史局限或有意隐瞒造成的数据缺失，例如：在市场调查中被访人拒绝回答相关问题，或者回答的内容与调查问题不相关；数据录入人员失误漏录了数据等。

3. 处理缺失值的常用方法

无论何种原因产生的缺失值，如果不正确处理，都会导致分析结果不准确。缺失值的处理方法根据不同情景一般有以下几种。

（1）直接删除数据缺失的记录。在有大量数据完整的前提下，删除少部分有缺失值的记录，对数据分析或者算法的结果通常不会造成太大影响。

（2）对缺失值进行替换。当有部分记录的数据完整时，可以用该属性已有的值的一些统计量来替换缺失值，比如用均值、中位数暂时填充缺失值。

（3）相似对象填充。假如有 A、B、C、D、E 五个属性，共三条记录，第一条记录和第二条记录的属性值都是完整的，而第三条记录中属性 E 的值缺失；在不考虑属性 E 的情况下，如果第三条记录和第一条记录非常相似，那么就可以用第一条记录中属性 E 的值来填充第三条记录中属性 E 的值。

（4）用模型去预测缺失值。把包含缺失值的属性作为目标变量，把其他完整的属性作为自变量，用回归方法建立模型，用模型预测出的目标变量值填充缺失值。

4. 用 Excel 处理缺失值

在 Excel 中，探查和处理缺失值有多种方法，如定位、筛选、统计函数等。下面我们对招聘信息中薪水字段缺失值进行处理。

在“招聘信息.xlsx”文件中，将指针定位到 A 列任一单元格，按“Ctrl+↓”组合键，可直接跳转到最后一行记录，如图 4-7 所示。可以看到，数据表中一共有 5 012 行记录。单击 F 列的列标，选中 F 列，表格下方状态栏的计数值为 4 990，如图 4-8 所示。由此可以判定，“薪水”列存在 22 个缺失值。薪资水平是小张重点关注的信息。“薪水”列有缺失值，对分析结果影响较大，降低了结果参考价值，因此，可以直接删除字段值缺失的记录。

招聘信息.xlsx - Excel

文件　开始　插入　页面布局　公式　数据　审阅　视图　告诉我您想要做什么...　登录　共享

A5012　攀枝花 | 在校生/应届生 | 本科

	A	B	E	F	G
5000	深圳 | 在校生/应届生 | 本科	万物云空间科技服务股份有限公司	应届春招-数据分析师	1.3-2万/月	05-14发布
5001	北京 | 在校生/应届生 | 本科	杭州东信北邮信息技术有限公司	数据分析师	1-1.5万/月	05-14发布
5002	北京 | 在校生/应届生 | 硕士	航天新气象科技有限公司	气象数据分析工程师	1-1.5万/月	05-14发布
5003	苏州 | 在校生/应届生 | 本科	东吴期货有限公司	数据分析岗	0.8-1万/月	05-14发布
5004	上海 | 在校生/应届生 | 本科	地平线控股（苏州）有限公司	数据分析师	0.8-1.2万/月	05-14发布
5005	北京 | 在校生/应届生 | 本科	驿停车（北京）投资管理有限公司	数据分析管培生-智慧出行	0.8-1.2万/月	05-14发布
5006	上海 | 在校生/应届生 | 本科	任拓数据科技（上海）有限公司	数据分析师	1-1.5万/月	05-14发布
5007	上海 | 在校生/应届生 | 硕士	至本医疗科技（上海）有限公司	医学数据分析师	1-2万/月	05-14发布
5008	上海 | 在校生/应届生 | 本科	百济神州（北京）生物科技有限公司	Validation Tester/数据分析	0.9-1万/月	05-14发布
5009	北京 | 在校生/应届生 | 本科	北京恒泰盛源投资管理有限公司	数据分析管培生-智慧出行	0.8-1.2万/月	05-14发布
5010	上海 | 在校生/应届生 | 本科	东方财富信息股份有限公司	数据分析师（22届春招）	1.3-1.8万/月	05-14发布
5011	北京 | 在校生/应届生 | 本科	北方集成电路技术创新中心（北京）有网	数据分析工程师	1-1.5万/月	05-14发布
5012	攀枝花 | 在校生/应届生 | 本科	四川安铁钛股份有限公司	数据分析师	0.8-1.5万/月	05-14发布
5013	Ctrl+↓				
5014					

图 4-7　记录总数

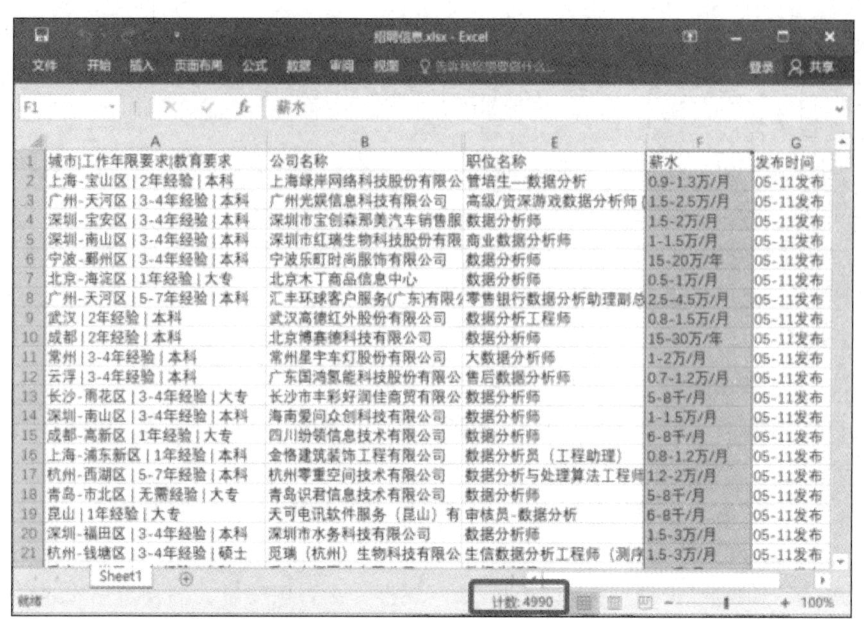

图 4–8　F 列计数

【操作方法】

（1）在 Sheet1 工作表中，选中任一单元格，单击“数据”选项卡中“排序和筛选”组中的“筛选”按钮，此时工作表第一行的字段名旁边会显示一个下拉按钮，如图 4-9 所示。

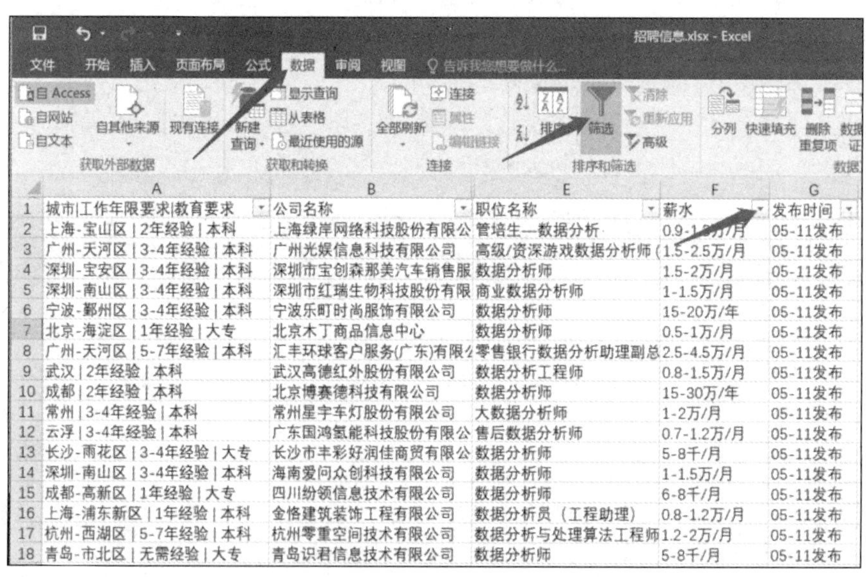

图 4–9　筛选

（2）单击 F1 单元格右侧的下拉按钮，在打开的下拉菜单中选择“空白”选项，如图 4-10 所示，然后单击“确定”按钮，即可筛选出薪水字段为空的记录，如图 4-11 所示。

（3）选择除标题行之外的所有行，单击鼠标右键，从弹出的快捷菜单中选择“删除行”命令，如图 4-12 所示。

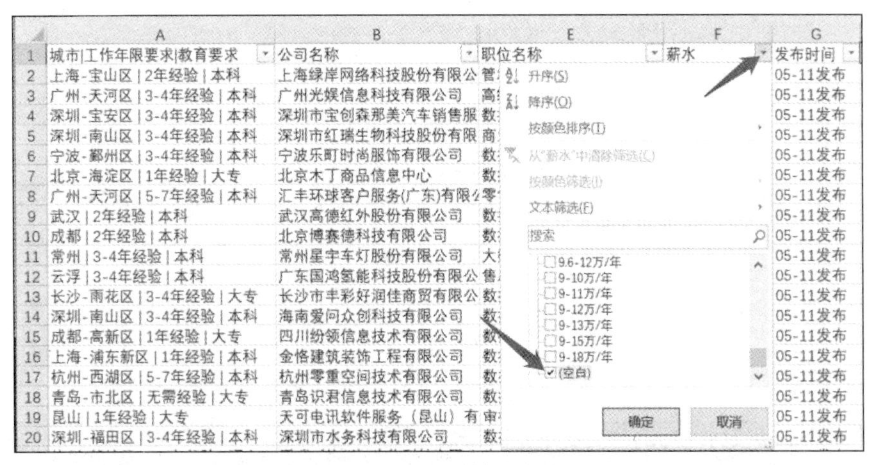

	A	B	E	F	G
1	城市|工作年限要求|教育要求	公司名称	职位名称	薪水	发布时间
2	上海-宝山区 | 2年经验 | 本科	上海绿岸网络科技股份有限公	管		05-11发布
3	广州-天河区 | 3-4年经验 | 本科	广州光娱信息科技有限公司	高		05-11发布
4	深圳-宝安区 | 3-4年经验 | 本科	深圳市宝创森那美汽车销售服	数		05-11发布
5	深圳-南山区 | 3-4年经验 | 本科	深圳市红瑞生物科技股份有限	商		05-11发布
6	宁波-鄞州区 | 3-4年经验 | 本科	宁波乐町时尚服饰有限公司	数		05-11发布
7	北京-海淀区 | 1年经验 | 大专	北京木丁商品信息中心	数		05-11发布
8	广州-天河区 | 5-7年经验 | 本科	汇丰环球客户服务(广东)有限	零		05-11发布
9	武汉 | 2年经验 | 本科	武汉高德红外股份有限公司	数		05-11发布
10	成都 | 2年经验 | 本科	北京博赛德科技有限公司	数		05-11发布
11	常州 | 3-4年经验 | 本科	常州星宇车灯股份有限公司	大		05-11发布
12	云浮 | 3-4年经验 | 本科	广东国鸿氢能科技股份有限公	售		05-11发布
13	长沙-雨花区 | 3-4年经验 | 大专	长沙市丰彩好润佳商贸有限公	数		05-11发布
14	深圳-南山区 | 3-4年经验 | 本科	海南爱问众创科技有限公司	数		05-11发布
15	成都-高新区 | 1年经验 | 大专	四川纷领信息技术有限公司	数		05-11发布
16	上海-浦东新区 | 1年经验 | 本科	金格建筑装饰工程有限公司	数		05-11发布
17	杭州-西湖区 | 5-7年经验 | 本科	杭州零重空间技术有限公司	数		05-11发布
18	青岛-市北区 | 无需经验 | 大专	青岛识君信息技术有限公司	数		05-11发布
19	昆山 | 1年经验 | 大专	天可电讯软件服务（昆山）有	审		05-11发布
20	深圳-福田区 | 3-4年经验 | 本科	深圳市水务科技有限公司	数		05-11发布

图 4-10　设置筛选条件

	A	B	E	F	G
1	城市|工作年限要求|教育要求	公司名称	职位名称	薪水	发布时间
680	北京 | 3-4年经验 | 本科	深圳市腾讯计算机系统有限公	25814-腾讯新闻数据分析师		05-13发布
2005	成都-青白江区 | 在校生/应届生	美团	运营支持		05-14发布
2071	无锡-无锡新区 | 在校生/应届生 |	上汽英飞凌汽车功率半导体（	产品测试工程师		05-14发布
2134	淮安 | 在校生/应届生	阿里巴巴集团	菜鸟网络-库存维护专员-淮安快消		05-14发布
2175	广州 | 在校生/应届生 | 硕士	广州广电计量检测股份有限公	第三代半导体项目工程师（2022年应届生）		05-14发布
2249	珠海 | 在校生/应届生 | 本科	珠海保税区光联通讯技术有限	工艺助理工程师		05-13发布
2323	上海-浦东新区 | 在校生/应届生 |	上海西门子医疗器械有限公司	CT Research Scientist		05-13发布
2740	北京 | 在校生/应届生 | 硕士	北京民用飞机技术研究中心	实习岗-人机交互设计岗		05-14发布
3038	上海 | 3-4年经验 | 硕士	上海飞机设计研究院	社招职位 - 软件工程师		05-14发布
3177	深圳-宝安区 | 在校生/应届生 | 大	拉格代尔商业（上海）有限公	人力资源实习生		04-12发布
3737	苏州 | 在校生/应届生 | 本科	"前程无忧"51job.com（苏州）	项目经理（校园招聘）		05-13发布
4013	北京-大兴区 | 在校生/应届生 | 本	GE医疗集团	DTDP EID		05-14发布
4029	广州 | 在校生/应届生 | 硕士	日立（中国）研究开发有限公	【急聘】【实习生招聘】图像/视频分析实		05-14发布
4189	广西 | 在校生/应届生 | 本科	中国通信服务股份有限公司	通信技术工程师（广西通服工程公司）		05-14发布
4529	上海 | 在校生/应届生 | 博士	上海飞机客户服务有限公司	博士后岗-导航数据库 开发技术研究		05-14发布
4601	济南 | 在校生/应届生 | 硕士	中国邮政集团有限公司山东省	金融业务部（金融）		05-14发布
4607	上海 | 无需经验 | 本科	上海飞机制造有限公司	社招职位 - 数据技术岗		05-14发布
4608	上海 | 3-4年经验 | 本科	上海航空工业（集团）有限公	社招职位 - 数据应用研发		05-14发布
4785	上海-浦东新区 | 在校生/应届生 |	"前程无忧"51job.com（上海）	数据分析实习生		05-13发布
4838	厦门 | 在校生/应届生 | 本科	建信金融科技有限责任公司	数据分析与建模岗(J10486)		05-14发布
4875	上海 | 3-4年经验 | 本科	中国商飞民用飞机试飞中心	社招职位 - 数据分析与应用岗		05-14发布

Sheet1

就绪　在 501 条记录中找到22个

图 4-11　筛选结果

	A	B	E	F	G
1	城市|工作年限要求|教育要求	公司名称	职位名称	薪水	发布时间
680	北京 | 3-4年经验 | 本科	深圳市腾讯计算机系统有限公	25814-腾讯新闻数据分析师		05-13发布
2005	成都-青白江区 | 在校生/应届生	美团	运营支持		05-14发布
207		汽英飞凌汽车功率半导体（	产品测试工程师		05-14发布
213		里巴巴集团	菜鸟网络-库存维护专员-淮安快		05-14发布
217		州广电计量检测股份有限公	第三代半导体项目工程师（2022		05-14发布
224	本科	珠海保税区光联通讯技术有限	工艺助理工程师		05-13发布
232	/应届生 |	上海西门子医疗器械有限公司	CT Research Scientist		05-13发布
274	硕士	北京民用飞机技术研究中心	实习岗-人机交互设计岗		05-14发布
303		上海飞机设计研究院	社招职位 - 软件工程师		05-14发布
317	应届生 | 大	拉格代尔商业（上海）有限公	人力资源实习生		04-12发布
373	本科	"前程无忧"51job.com（苏州）	项目经理（校园招聘）		05-13发布
401	应届生 | 本	GE医疗集团	DTDP EID		05-14发布
402	硕士	日立（中国）研究开发有限公	【急聘】【实习生招聘】图像/视		05-14发布
418	本科	中国通信服务股份有限公司	通信技术工程师（广西通服工程		05-14发布
452	博士	上海飞机客户服务有限公司	博士后岗-导航数据库 开发技术		05-14发布
460	硕士	中国邮政集团有限公司山东省	金融业务部（金融）		05-14发布
460		上海飞机制造有限公司	社招职位 - 数据技术岗		05-14发布
460		上海航空工业（集团）有限公	社招职位 - 数据应用研发		05-14发布
478	/应届生 |	"前程无忧"51job.com（上海）	数据分析实习生		05-13发布
483	本科	建信金融科技有限责任公司	数据分析与建模岗(J10486)		05-14发布
487		中国商飞民用飞机试飞中心	社招职位 - 数据分析与应用岗		05-14发布
4975	上海 | 3-4年经验 | 本科	中国商飞民用飞机试飞中心	社招职位 - 数据分析与应用岗		05-14发布

等线　11　B　I
剪切(T)
复制(C)
粘贴选项:
选择性粘贴(S)...
插入行(I)
删除行(D)
清除内容(N)
设置单元格格式(F)...
行高(R)...
隐藏(H)
取消隐藏(U)

图 4-12　删除缺失值记录

（4）再次单击“数据”选项卡中“排序和筛选”组中的“筛选”按钮，撤销数据筛选状态。

表格中将显示所有薪资不为空的记录。

（三）删除重复值

招聘信息中，同一个公司可能在不同的时间发布了同一个职位的招聘信息，即记录中除“发布时间”字段值不相同外，其余字段值均相同。在进行数据分析时，如果数据中存在这样的重复值，需要将其删除。

【操作方法】

（1）将指针定位到数据列表中任一单元格，单击“数据”选项卡中的“删除重复项”按钮，在弹出的“删除重复项”对话框中，取消勾选“列 G”复选框，如图 4-13 所示。

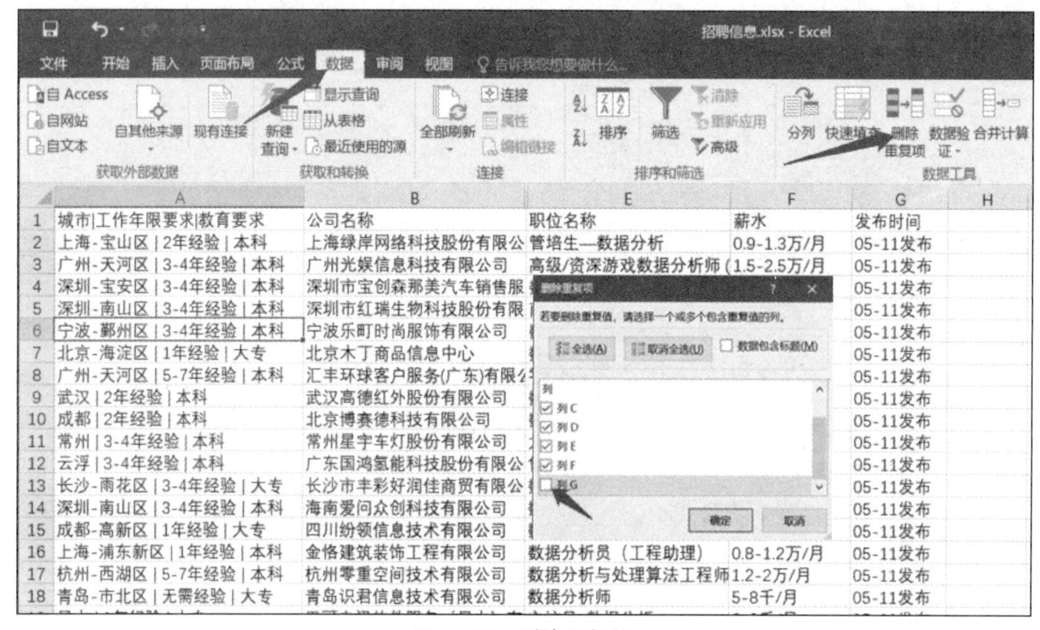

图 4-13 删除重复值

（2）单击“确认”按钮后，Excel 会自动删除有重复项的记录，结果如图 4-14 所示。

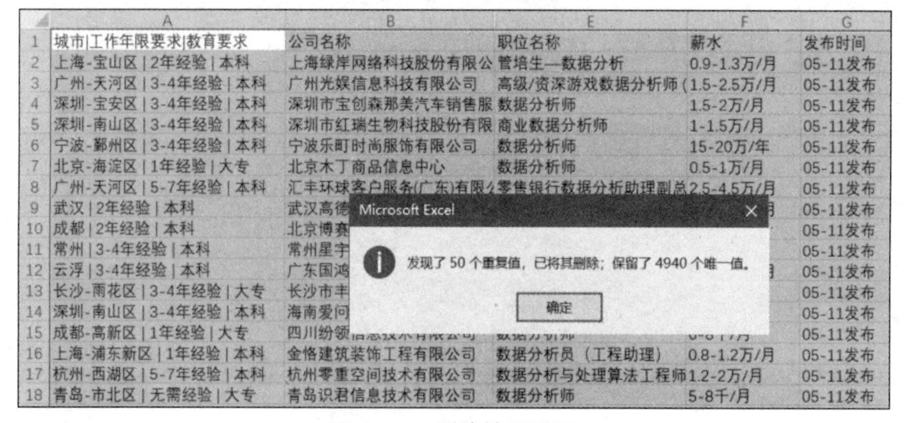

图 4-14 删除结果提示

处理了薪资缺失值和职位重复值后，我们可以进一步查看其他列是否有缺失值，并根据需要补全或删除。

（四）字段拆分

1. 拆分“城市|工作年限要求|教育要求”字段

图 4-14 中，A 列数据包含城市、工作年限要求、教育要求三项信息，这样的结构不利于使用公式和数据建模，要将三项拆分开来。观察发现，三项内容之间以符号“|”分隔，可以用 Excel 分列功能实现拆分。

【操作方法】

（1）在 A 列和 B 列之间插入两个空白列，然后选中 A 列，单击“数据”选项卡中的“分列”按钮，弹出“文本分列向导-第 1 步，共 3 步”对话框。选中“分隔符号”单选按钮，再单击“下一步”按钮，如图 4-15 所示。

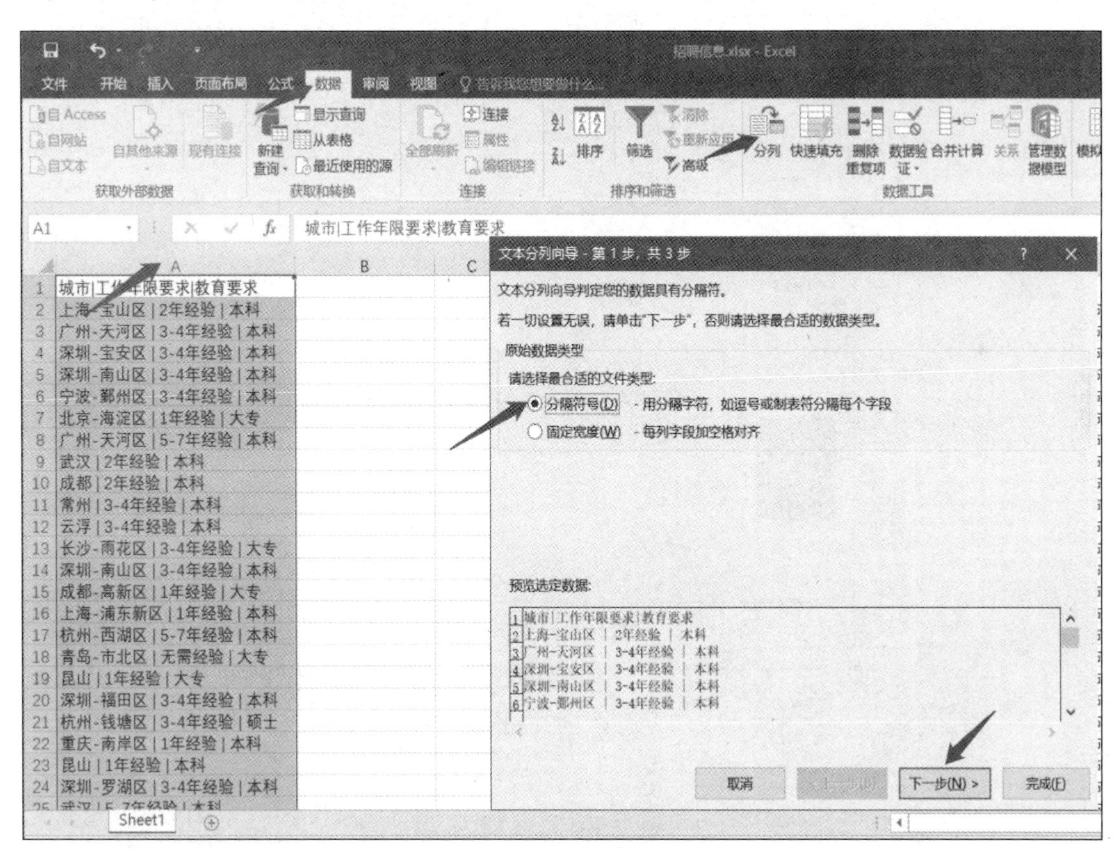

图 4-15 按分隔符号分列

（2）在打开的“文本分列向导-第 2 步，共 3 步”对话框中勾选“其他”复选框，并在文本框中输入符号“|”，单击“下一步”按钮，如图 4-16 所示。在打开的“文本分列向导-第 3 步，共 3 步”对话框中，保留默认设置，单击“完成”按钮，如图 4-17 所示。最终得到的分列结果如图 4-18 所示。

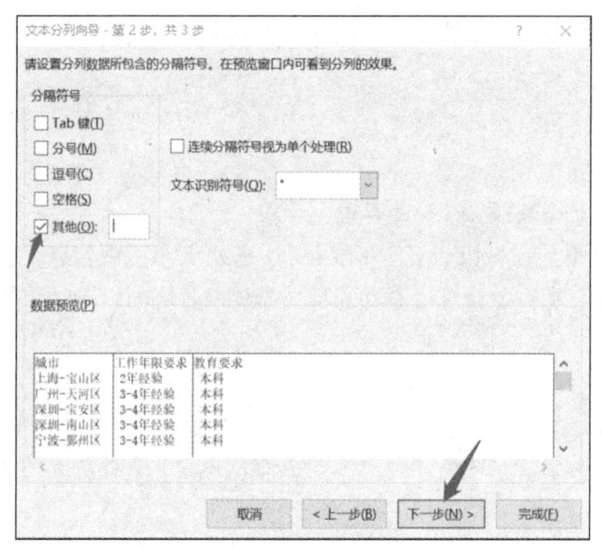

图 4–16　输入分隔符号“|”

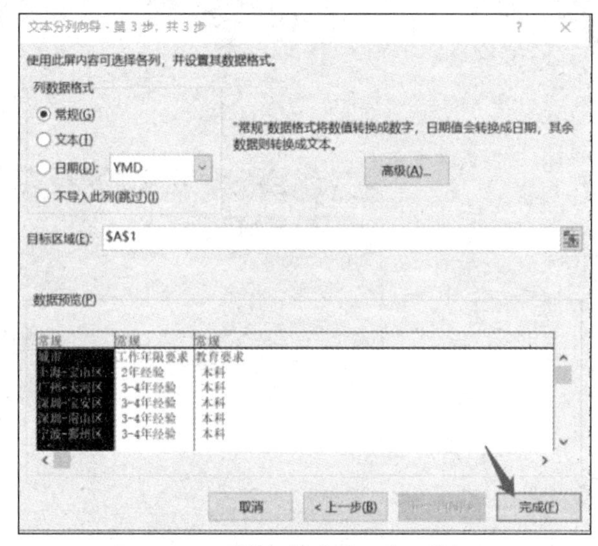

图 4–17　列数据格式默认为“常规”

	A	B	C	D	G	H	I
1	城市	工作年限要求	教育要求	公司名称	职位名称	薪水	发布时间
2	上海-宝山区	2年经验	本科	上海绿岸网络科技股份有限公	管培生—数据分析	0.9-1.3万/月	05-11发布
3	广州-天河区	3-4年经验	本科	广州光娱信息科技有限公司	高级/资深游戏数据分析师（	1.5-2.5万/月	05-11发布
4	深圳-宝安区	3-4年经验	本科	深圳市宝创森那美汽车销售服	数据分析师	1.5-2万/月	05-11发布
5	深圳-南山区	3-4年经验	本科	深圳市红瑞生物科技股份有限	商业数据分析师	1-1.5万/月	05-11发布
6	宁波-鄞州区	3-4年经验	本科	宁波乐町时尚服饰有限公司	数据分析师	15-20万/年	05-11发布
7	北京-海淀区	1年经验	大专	北京木丁商品信息中心	数据分析师	0.5-1万/月	05-11发布
8	广州-天河区	5-7年经验	本科	汇丰环球客户服务(广东)有限公	零售银行数据分析助理副总	2.5-4.5万/月	05-11发布
9	武汉	2年经验	本科	武汉高德红外股份有限公司	数据分析工程师	0.8-1.5万/月	05-11发布
10	成都	2年经验	本科	北京博赛德科技有限公司	数据分析师	15-30万/年	05-11发布
11	常州	3-4年经验	本科	常州星宇车灯股份有限公司	大数据分析师	1-2万/月	05-11发布
12	云浮	3-4年经验	本科	广东国鸿氢能科技股份有限公	售后数据分析师	0.7-1.2万/月	05-11发布
13	长沙-雨花区	3-4年经验	大专	长沙市丰彩好润佳商贸有限公	数据分析师	5-8千/月	05-11发布
14	深圳-南山区	3-4年经验	本科	海南爱问众创科技有限公司	数据分析师	1-1.5万/月	05-11发布
15	成都-高新区	1年经验	大专	四川纷领信息技术有限公司	数据分析师	6-8千/月	05-11发布
16	上海-浦东新区	1年经验	本科	金恪建筑装饰工程有限公司	数据分析员（工程助理）	0.8-1.2万/月	05-11发布
17	杭州-西湖区	5-7年经验	本科	杭州零重空间技术有限公司	数据分析与处理算法工程师	1.2-2万/月	05-11发布
18	青岛-市北区	无需经验	大专	青岛识君信息技术有限公司	数据分析师	5-8千/月	05-11发布
19	昆山	1年经验	大专	天可电讯软件服务（昆山）有	审核员-数据分析	6-8千/月	05-11发布
20	深圳-福田区	3-4年经验	本科	深圳市水务科技有限公司	数据分析师	1.5-3万/月	05-11发布
21	杭州-钱塘区	3-4年经验	硕士	觅瑞（杭州）生物科技有限公	生信数据分析工程师（测序	1.5-3万/月	05-11发布
22	重庆-南岸区	1年经验	本科	重庆央拓医药有限公司	数据分析员	6-8千/月	05-11发布

图 4–18　分列结果

2. 去掉“城市”字段中的区信息

图 4-18 中，A 列的“城市”字段，有些包含区信息，不利于后期按城市分析薪资情况。这些冗余信息可以用 Excel 的替换功能去除。

观察发现，城市和区之间以符号“-”分隔，只需将“-”及其后面的内容替换为空即可。被替换的内容可以表示为“-*”，其中“*”为通配符，代表任意长度字符串。

【操作方法】

（1）选中 A 列，单击“开始”选项卡的“查找和选择”按钮，在下拉列表中选择“替换”选项，弹出“查找和替换”对话框。在“查找内容”文本框中输入“-*”，“替换为”文本框中空白，单击“全部替换”按钮，如图 4-19 所示。

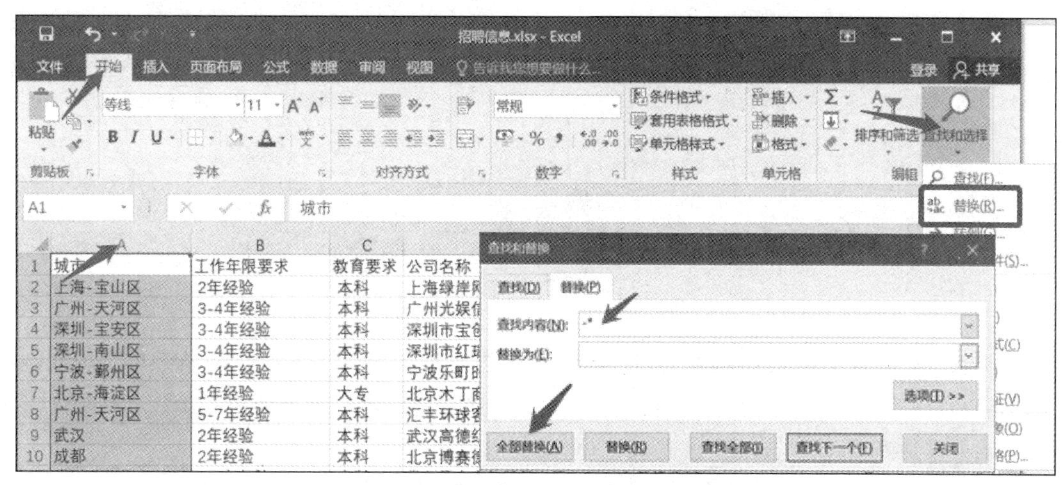

图 4-19　将“-*”替换为空

（2）完成替换后，系统会弹出提示框，单击“确定”按钮，如图 4-20 所示。这样就可以把“城市”字段的区信息去掉。

图 4-20　提示信息

（五）数据一致化处理

观察表格数据发现，“薪水”列的内容存在单位不统一、数值格式不统一等问题。为满足分析需求，要做如下处理：

- 统一单位；
- 提取出最低薪水和最高薪水；
- 处理最低薪水、最高薪水缺失值。

操作视频

1. 拆分字段，将“薪水”列拆分为“薪水”和“薪水单位”两列

【操作方法】

（1）在 H 列和 I 列之间插入新列，列标题设为“薪水单位”。选中 I2 单元格，输入公式“=RIGHT(H2,3)”后按“Enter”键，得到 I2 单元格的值为“万/月”，然后用填充功能自动填充下方单元格（选中 I2，指针在单元格右下角变成填充柄“+”后双击鼠标左键），如图 4-21 所示。

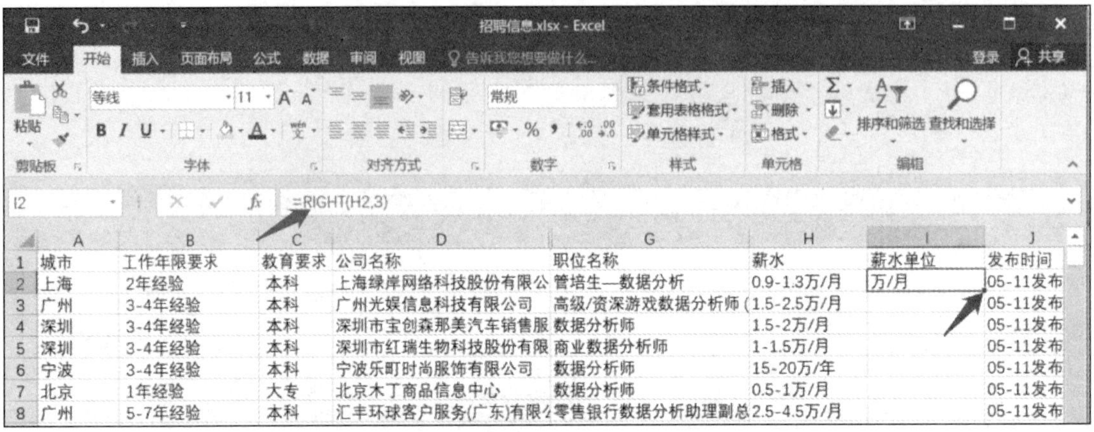

图 4-21 填充薪水单位

（2）在 H 列和 I 列之间插入新列，列标题设为“薪水范围”。选中 I2 单元格，输入公式“=SUBSTITUTE(H2,J2,"")”后按“Enter”键，得到薪水范围的值，然后用填充功能自动填充下方单元格，如图 4-22 所示。

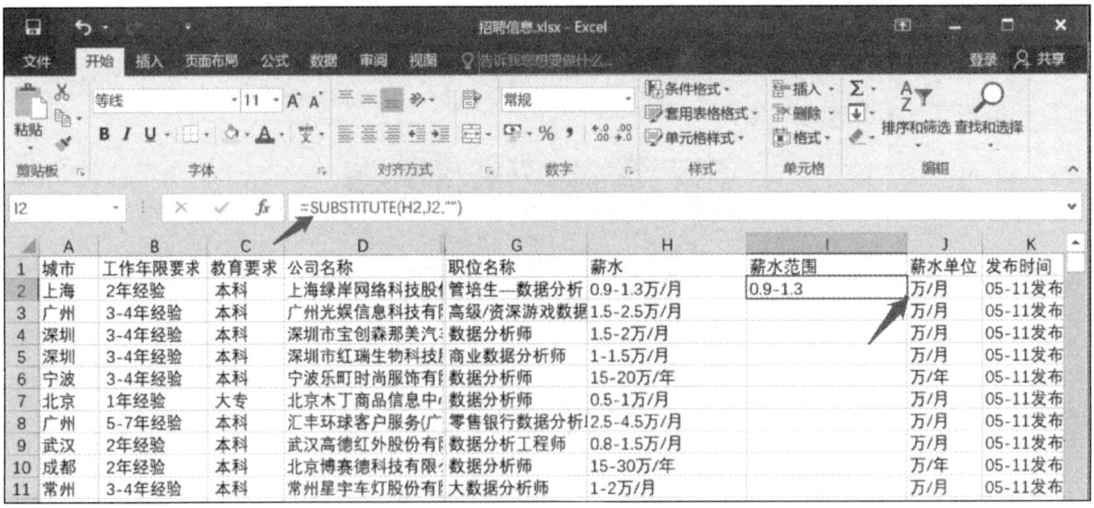

图 4-22 填充薪水范围

（3）将新增加的两列由公式转化为数值。选中 I2:J2 单元格区域，按“Ctrl+Shift+↓”组合键，选中 I 和 J 两列，如图 4-23 所示。单击鼠标右键，从弹出的快捷菜单中选择“复制”命令，然后再选中 I2 单元格并单击鼠标右键，从弹出的快捷菜单中选择“粘贴选项”中的“值”命令即可，如图 4-24 所示。

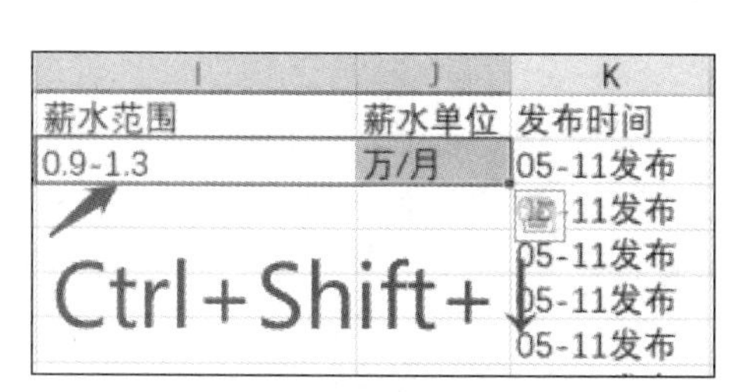

图 4–23　选中要复制的单元格区域

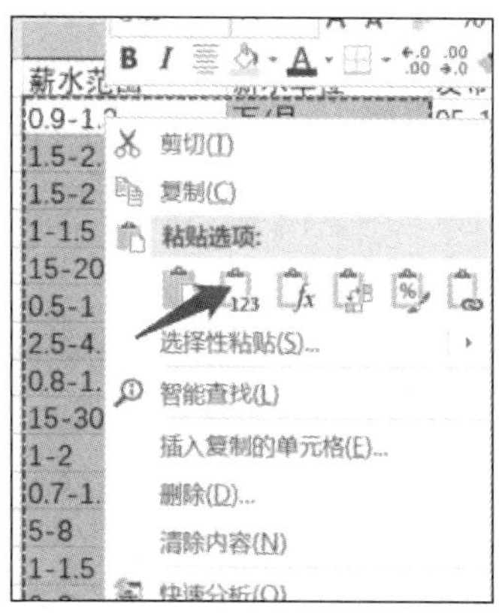

图 4–24　粘贴值

2. 利用分列功能，将“薪水范围”列拆分为“最高薪水”列和“最低薪水”列

【操作方法】

（1）在 I 列和 J 列之间插入新列，选中 I 列，单击“数据”选项卡中的“分列”按钮，通过分隔符号“-”将 I 列分成两列，操作步骤如图 4-25、图 4-26、图 4-27 所示。

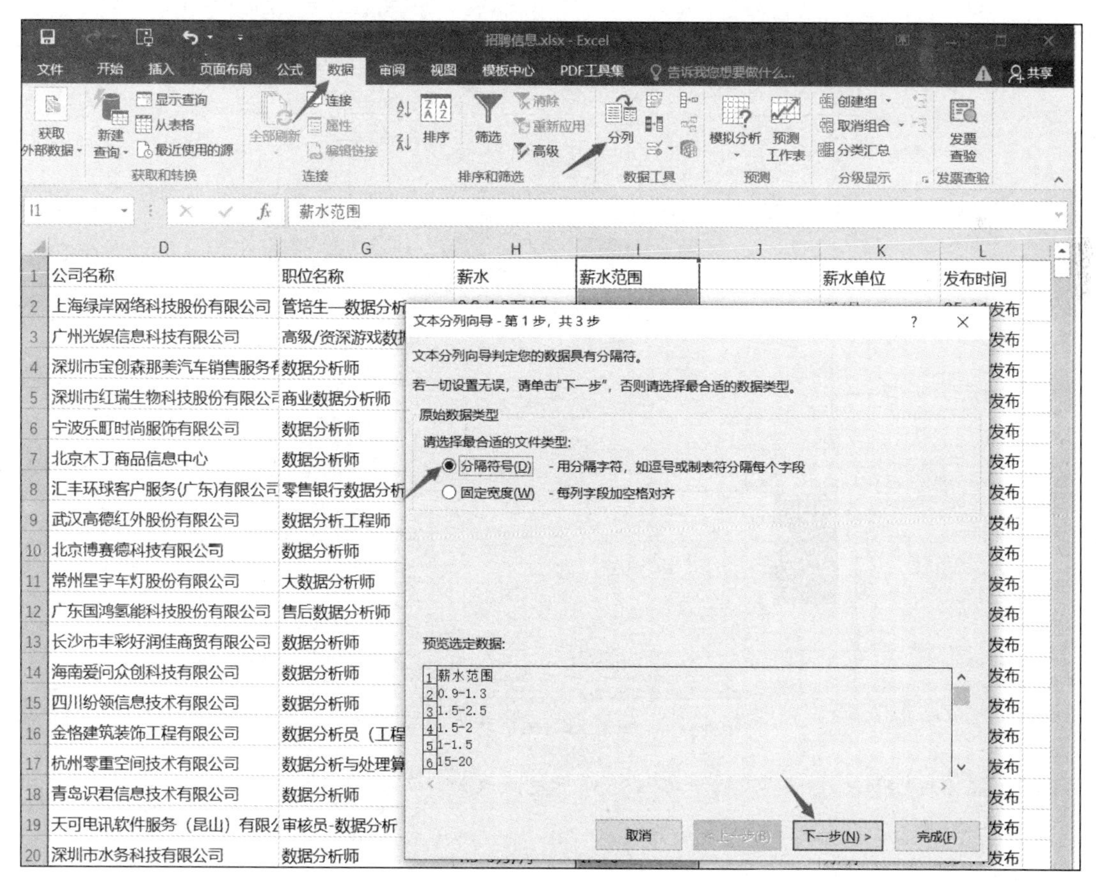

图 4–25　分列

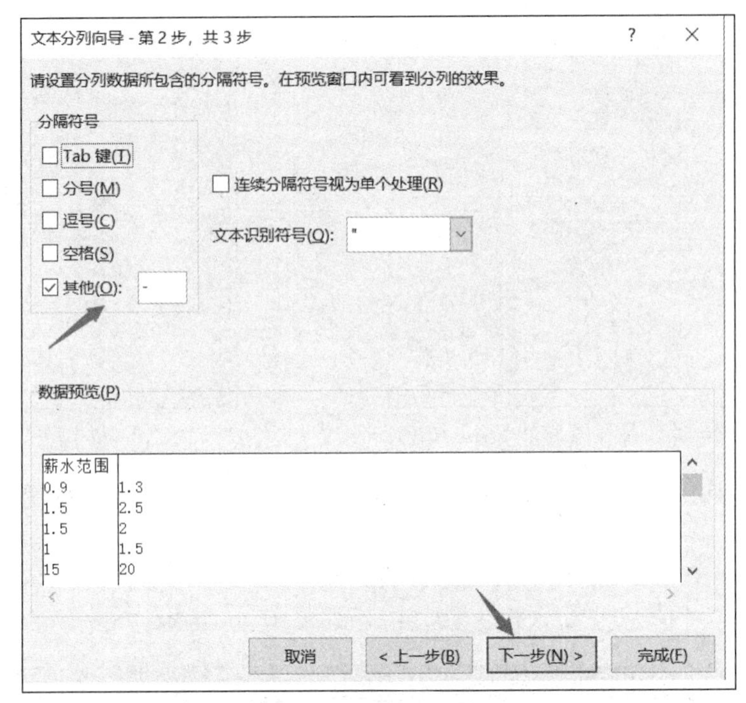

图 4–26　设置分隔符号

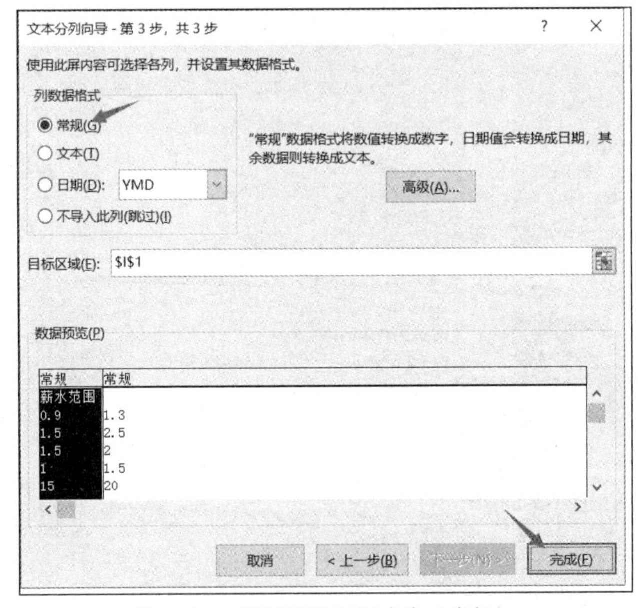

图 4–27　设置列数据格式为“常规”

（2）将 I 列标题修改为“最低薪水”，J 列标题修改为“最高薪水”。

3. 处理“最高薪水”字段缺失值

【操作方法】

（1）探查缺失值。选中 J 列，单元格下方状态栏显示计数为 4 730，少于其他字段计数 4 940，可以判断该列存在缺失值，如图 4-28 所示。

	D	G	H	I	J	K	L
1	公司名称	职位名称	薪水	最低薪水	最高薪水	薪水单位	发布时间
2	上海绿岸网络科技股份有限公	管培生—数据分析	0.9-1.3万/月	0.9	1.3	万/月	05-11发布
3	广州光娱信息科技有限公司	高级/资深游戏数据分析师（	1.5-2.5万/月	1.5	2.5	万/月	05-11发布
4	深圳市宝创森那美汽车销售服	数据分析师	1.5-2万/月	1.5	2	万/月	05-11发布
5	深圳市红瑞生物科技股份有限	商业数据分析师	1-1.5万/月	1	1.5	万/月	05-11发布
6	宁波乐町时尚服饰有限公司	数据分析师	15-20万/年	15	20	万/年	05-11发布
7	北京木丁商品信息中心	数据分析师	0.5-1万/月	0.5	1	万/月	05-11发布
8	汇丰环球客户服务(广东)有限公	零售银行数据分析助理副总	2.5-4.5万/月	2.5	4.5	万/月	05-11发布
9	武汉高德红外股份有限公司	数据分析工程师	0.8-1.5万/月	0.8	1.5	万/月	05-11发布
10	北京博赛德科技有限公司	数据分析师	15-30万/年	15	30	万/年	05-11发布
11	常州星宇车灯股份有限公司	大数据分析师	1-2万/月	1	2	万/月	05-11发布
12	广东国鸿氢能科技股份有限公	售后数据分析师	0.7-1.2万/月	0.7	1.2	万/月	05-11发布
13	长沙市丰彩好润佳商贸有限公	数据分析师	5-8千/月	5	8	千/月	05-11发布

Sheet1

就绪　平均值: 4.910107845　计数: 4730　求和: 23219.9　100%

图 4-28　探查最高薪水缺失值

（2）筛选缺失值。单击“数据”选项卡中的“筛选”按钮，如图 4-29 所示，设置“最高薪水”字段缺失值的筛选条件。单击“确定”按钮，结果如图 4-30 所示。

图 4-29　设置筛选条件

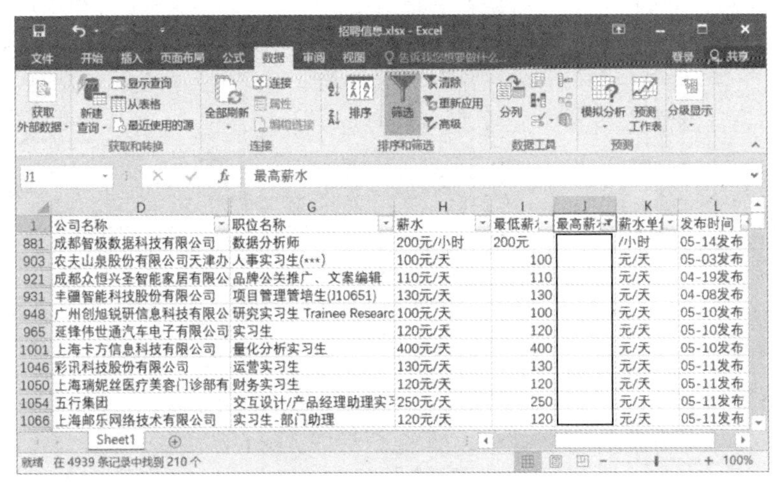

	D	G	H	I	J	K	L
1	公司名称	职位名称	薪水	最低薪水	最高薪水	薪水单位	发布时间
881	成都智极数据科技有限公司	数据分析师	200元/小时	200元		/小时	05-14发布
903	农夫山泉股份有限公司天津办	人事实习生(***)	100元/天	100		元/天	05-03发布
921	成都众恒兴圣智能家居有限公	品牌公关推广、文案编辑	110元/天	110		元/天	04-19发布
931	丰疆智能科技股份有限公司	项目管理管培生(J10651)	130元/天	130		元/天	04-08发布
948	广州创旭锐研信息科技有限公	研究实习生 Trainee Researc	100元/天	100		元/天	05-10发布
965	延锋伟世通汽车电子有限公司	实习生	120元/天	120		元/天	05-10发布
1001	上海卡方信息科技有限公司	量化分析实习生	400元/天	400		元/天	05-10发布
1046	彩讯科技股份有限公司	运营实习生	130元/天	130		元/天	05-11发布
1050	上海瑞妮丝医疗美容门诊部有	财务实习生	120元/天	120		元/天	05-11发布
1054	五行集团	交互设计/产品经理助理实	250元/天	250		元/天	05-11发布
1066	上海邮乐网络技术有限公司	实习生-部门助理	120元/天	120		元/天	05-11发布

就绪　在 4939 条记录中找到 210 个

图 4-30　缺失值记录

（3）填充缺失值。从筛选结果中“薪水单位”字段可以看出，最高薪水为空的记录是按小时或天计算的固定工资模式，可以用最低薪水值填充最高薪水缺失值。

选中最高薪水为空的所有单元格，在活动单元格中输入公式“=I881”，按“Ctrl+Enter”组合键，即可完成缺失值的填充，如图 4-31 所示。单击“数据”选项卡中的“筛选”按钮，取消数据列表筛选状态。

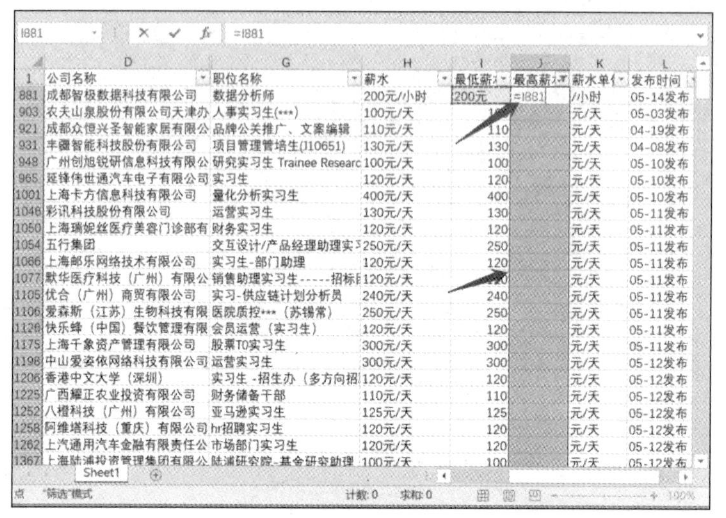

I881 =I881

	D	G	H	I	J	K	L
1	公司名称	职位名称	薪水	最低薪水	最高薪水	薪水单位	发布时间
881	成都智极数据科技有限公司	数据分析师	200元/小时	200元	=I881	/小时	05-14发布
903	农夫山泉股份有限公司天津办	人事实习生(***)	100元/天	[illegible]		元/天	05-03发布
921	成都众恒兴圣智能家居有限公	品牌公关推广、文案编辑	110元/天	110		元/天	04-19发布
931	丰疆智能科技股份有限公司	项目管理管培生(J10651)	130元/天	130		元/天	04-08发布
948	广州创旭锐研信息科技有限公	研究实习生 Trainee Researc	100元/天	100		元/天	05-10发布
965	延锋伟世通汽车电子有限公司	实习生	120元/天	120		元/天	05-10发布
1001	上海卡方信息科技有限公司	量化分析实习生	400元/天	400		元/天	05-10发布
1046	彩讯科技股份有限公司	运营实习生	130元/天	130		元/天	05-11发布
1050	上海瑞妮丝医疗美容门诊部有	财务实习生	120元/天	120		元/天	05-11发布
1054	五行集团	交互设计/产品经理助理实习	250元/天	250		元/天	05-11发布
1066	上海邮乐网络技术有限公司	实习生-部门助理	120元/天	120		元/天	05-11发布
1077	默华医疗科技（广州）有限公	销售助理实习生-----招标	120元/天	[illegible]		元/天	05-11发布
1105	优合（广州）商贸有限公司	实习-供应链计划分析员	240元/天	240		元/天	05-11发布
1106	爱森斯（江苏）生物科技有限	医院质控***（苏锡常）	250元/天	250		元/天	05-11发布
1126	快乐蜂（中国）餐饮管理有限	会员运营（实习生）	120元/天	120		元/天	05-11发布
1175	上海千象资产管理有限公司	股票T0实习生	300元/天	300		元/天	05-11发布
1198	中山爱姿依网络科技有限公司	运营实习生	300元/天	300		元/天	05-12发布
1206	香港中文大学（深圳）	实习生 -招生办（多方向招	120元/天	120		元/天	05-12发布
1225	广西耀正农业投资有限公司	财务储备干部	110元/天	110		元/天	05-12发布
1252	八橙科技（广州）有限公司	亚马逊实习生	125元/天	125		元/天	05-12发布
1258	阿维塔科技（重庆）有限公司	hr招聘实习生	120元/天	120		元/天	05-12发布
1262	上汽通用汽车金融有限责任公	市场部门实习生	120元/天	120		元/天	05-12发布
1367	上海陆浦投资管理集团有限公	陆浦研究院-基金研究助理	100元/天	100		元/天	05-12发布

Sheet1

“筛选”模式 计数: 0 求和: 0 100%

图 4-31 用公式批量填充缺失值

（4）将公式转化为数值。选中 J 列，单击鼠标右键，从弹出的快捷菜单中选择“粘贴选项”中的“值”命令，将“最高薪水”字段中含有公式的单元格转化为数值，处理后的数据（部分）如图 4-32 所示。

	D	G	H	I	J
1	公司名称	职位名称	薪水	最低薪水	最高薪水
2	上海绿岸网络科技股份有限公司	管培生—数据分析	0.9-1.3万/月	0.9	1.3
3	广州光娱信息科技有限公司	高级/资深游戏数据分析师 (MJ000186)	1.5-2.5万/月	1.5	2.5
4	深圳市宝创森那美汽车销售服务有限公司	数据分析师	1.5-2万/月	1.5	2
5	深圳市红瑞生物科技股份有限公司	商业数据分析师	1-1.5万/月	1	1.5
6	宁波乐町时尚服饰有限公司	数据分析师	15-20万/年	15	20
7	北京木丁商品信息中心	数据分析师	0.5-1万/月	0.5	1
8	汇丰环球客户服务(广东)有限公司	零售银行数据分析助理副总裁 (财富管理)	2.5-4.5万/月	2.5	4.5
9	武汉高德红外股份有限公司	数据分析工程师	0.8-1.5万/月	0.8	1.5
10	北京博赛德科技有限公司	数据分析师	15-30万/年	15	30
11	常州星宇车灯股份有限公司	大数据分析师	1-2万/月	1	2
12	广东国鸿氢能科技股份有限公司	售后数据分析师	0.7-1.2万/月	0.7	1.2
13	长沙市丰彩好润佳商贸有限公司	数据分析师	5-8千/月	5	8
14	海南爱问众创科技有限公司	数据分析师	1-1.5万/月	10	15
15	四川纷领信息技术有限公司	数据分析师	6-8千/月	6	8
16	金恪建筑装饰工程有限公司	数据分析员（工程助理）	0.8-1.2万/月	8	12
17	杭州零重空间技术有限公司	数据分析与处理算法工程师	1.2-2万/月	12	20
18	青岛识君信息技术有限公司	数据分析师	5-8千/月	5	8
19	天可电讯软件服务（昆山）有限公司	审核员-数据分析	6-8千/月	6	8
20	深圳市水务科技有限公司	数据分析师	1.5-3万/月	15	30
21	觅瑞（杭州）生物科技有限公司	生信数据分析工程师（测序方向）	1.5-3万/月	15	30
22	重庆央拓医药有限公司	数据分析员	6-8千/月	6	8
23	苏州深时数字地球研究中心	数据分析师	1-1.5万/月	10	15

Sheet1

平均值=10.166863872579 计数=4940 求和=5万0214.140666667

图 4-32 处理后的数据（部分）

4. 统一薪资单位

这时可以看到，部分“最低薪水”和“最高薪水”字段的单元格中带有“元”字，需要将其去除。

【操作方法】

（1）选中 I 列和 J 列，单击“开始”选项卡中的“查找和选择”下拉按钮，从下拉菜单中选择“替换”选项，弹出“查找和替换”对话框。在“查找内容”文本框中输入“元”，“替换为”文本框为空，单击“全部替换”按钮，如图 4-33 所示。

图 4–33　将“元”替换为空

（2）以“千/月”为单位，统一最低薪水和最高薪水的值。

① 筛选出薪水单位为“万/月”的记录。单击“数据”选项卡中的“筛选”按钮，数据列表进入筛选状态，单击“薪水单位”字段的下拉按钮，勾选“万/月”复选框，单击“确定”按钮，如图 4-34 所示。

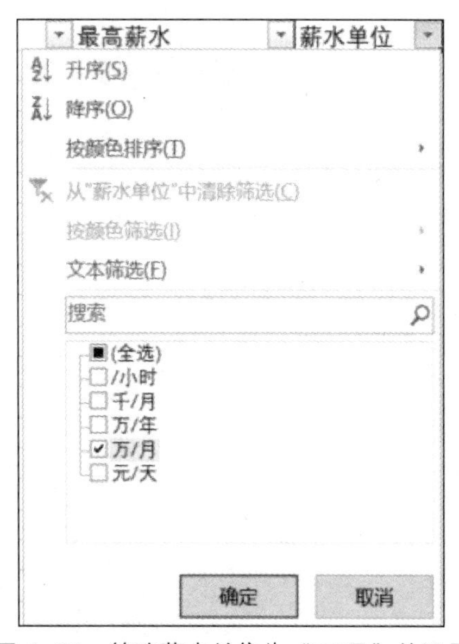

图 4–34　筛选薪水单位为“万/月”的记录

② 利用 Excel 的“选择性粘贴”功能，将筛选出的记录中最低薪水值和最高薪水值乘 10。在右侧空白列任一单元格中输入“10”后复制该单元格，选中 I 列和 J 列，按“Ctrl+G”组合键或按“F5”键，打开“定位”对话框，单击“定位条件”按钮，如图 4-35 所示。在打开的“定位条件”对话框中选中“可见单元格”单选按钮，单击“确定”按钮，如图 4-36 所示。返回“定位”对话框，单击“确定”按钮，即可选中所有薪水单位为“万/月”的最低薪水和最高薪水。

图 4–35　单击“定位条件”按钮

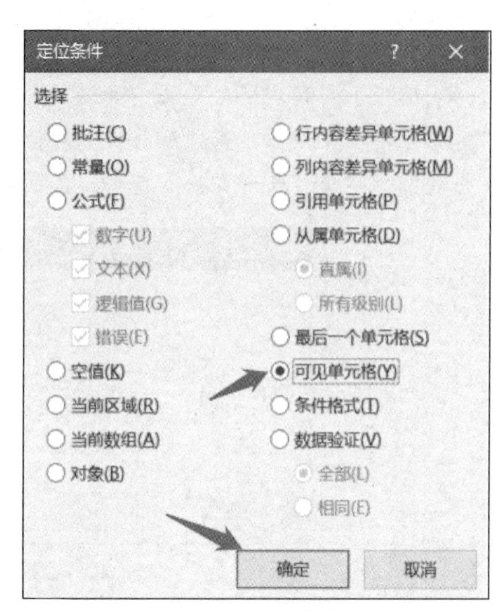

图 4–36　设置定位条件

③ 选中指定单元格，单击鼠标右键，从弹出的快捷菜单中选择“选择性粘贴”命令，如图 4-37 所示。打开“选择性粘贴”对话框，选中“乘”单选按钮，单击“确定”按钮，如图 4-38 所示。此时，所选最高薪水和最低薪水的值就扩大为原来的 10 倍，变为单位为“千/月”的数值。

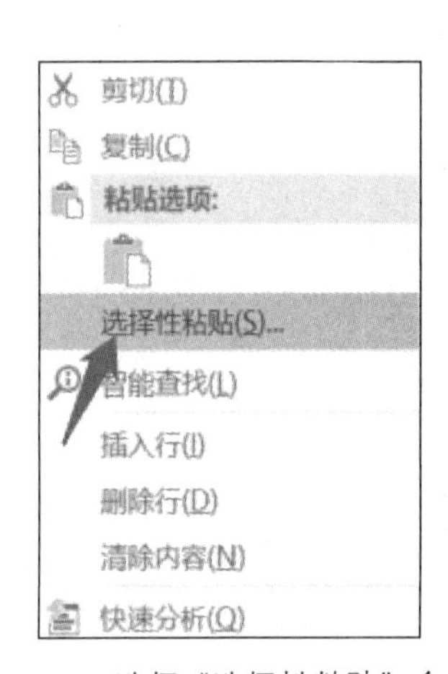

图 4–37　选择“选择性粘贴”命令

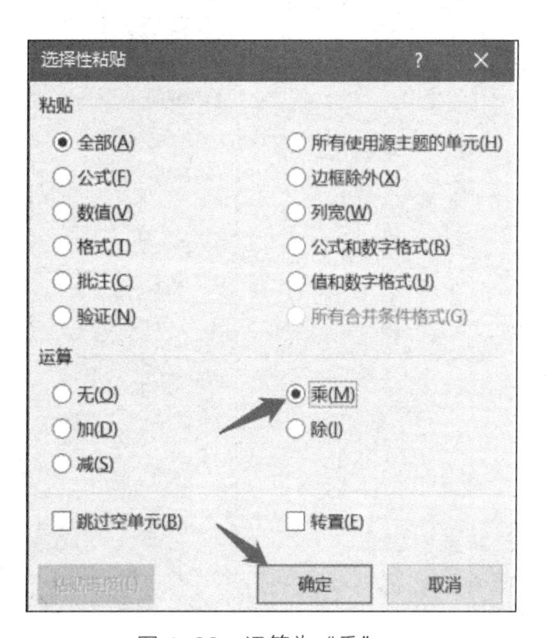

图 4–38　运算为“乘”

④ 将“薪水单位”列的值由“万/月”修改为“千/月”。选中 K 列的单元格，按“Ctrl+G”组合键或按“F5”键，打开“定位”对话框。单击“定位条件”按钮后选中“可见单元格”单选按钮，然后在活动单元格内输入“千/月”，按“Ctrl+Enter”组合键即可。处理结果（部分）如图 4-39 所示。

	C	D	G	H	I	J	K	L
1	教育要	公司名称	职位名称	薪水	最低薪	最高薪	薪水单	发布时间
2	本科	上海绿岸网络科技股份有限公	管培生—数据分析	0.9-1.3万/月	9	13	千/月	05-11发布
3	本科	广州光娱信息科技有限公司	高级/资深游戏数据分析师（	1.5-2.5万/月	15	25	千/月	05-11发布
4	本科	深圳市宝创森那美汽车销售服	数据分析师	1.5-2万/月	15	20	千/月	05-11发布
5	本科	深圳市红瑞生物科技股份有限	商业数据分析师	1-1.5万/月	10	15	千/月	05-11发布
7	大专	北京木丁商品信息中心	数据分析师	0.5-1万/月	5	10	千/月	05-11发布
8	本科	汇丰环球客户服务(广东)有限公	零售银行数据分析助理副总	2.5-4.5万/月	25	45	千/月	05-11发布
9	本科	武汉高德红外股份有限公司	数据分析工程师	0.8-1.5万/月	8	15	千/月	05-11发布
11	本科	常州星宇车灯股份有限公司	大数据分析师	1-2万/月	10	20	千/月	05-11发布
12	本科	广东国鸿氢能科技股份有限公	售后数据分析师	0.7-1.2万/月	7	12	千/月	05-11发布
14	本科	海南爱问众创科技有限公司	数据分析师	1-1.5万/月	10	15	千/月	05-11发布
16	本科	金恪建筑装饰工程有限公司	数据分析员（工程助理）	0.8-1.2万/月	8	12	千/月	05-11发布
17	本科	杭州零重空间技术有限公司	数据分析与处理算法工程师	1.2-2万/月	12	20	千/月	05-11发布
20	本科	深圳市水务科技有限公司	数据分析师	1.5-3万/月	15	30	千/月	05-11发布
21	硕士	觅瑞（杭州）生物科技有限公	生信数据分析工程师（测序	1.5-3万/月	15	30	千/月	05-11发布
23	本科	苏州深时数字地球研究中心	数据分析师	1-1.5万/月	10	15	千/月	05-11发布
24	本科	山东梦金园珠宝首饰有限公司	数据分析师	0.8-1.2万/月	8	12	千/月	05-11发布
25	本科	长江存储科技有限责任公司	数据分析工程师(J11865)	1-2万/月	10	20	千/月	05-11发布

图 4–39　将“万/月”修改为“千/月”（部分）

⑤ 用同样的方法处理薪水单位为“万/年”（实际为万元/年）、“/时”（实际为元/时）、“元/天”的记录。其中：

- “万/年”记录转换时，先乘 10 再除以 12；
- “/小时”记录转换时，先乘 8，再乘 22，最后除以 1 000；
- “元/天”记录转换时，先乘 22，再除以 1 000。

【说明】计算薪资时，按每月 22 个工作日、每天 8 小时工作制。

⑥ 完成后，取消数据列表筛选状态。

（六）删除工资异常记录

异常值，又称离群点（outlier），是指数据集中不合理的个别值，表现为该值明显偏离所属样本的其余观测值。根据目前就业实际情况，小张认为月薪超过“100 千/月”的为不真实的薪资，应将其从数据列表中删除。

【操作方法】

（1）单击“数据”选项卡中的“筛选”按钮，数据列表进入筛选状态。单击“最高薪水”字段的下拉按钮，选择“数字筛选”—“大于”选项，如图 4-40 所示。

（2）在弹出的“自定义自动筛选方式”对话框中，在“最高薪水”下拉列表中选择“大于”选项，在后面的文本框中输入“100”，单击【确定】按钮，如图 4-41 所示。

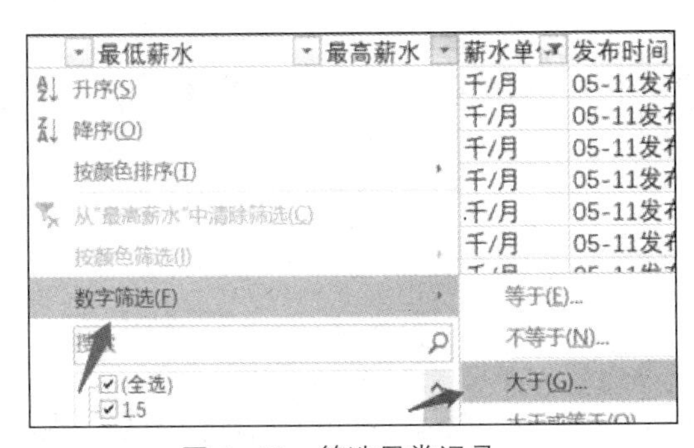

图 4–40　筛选异常记录

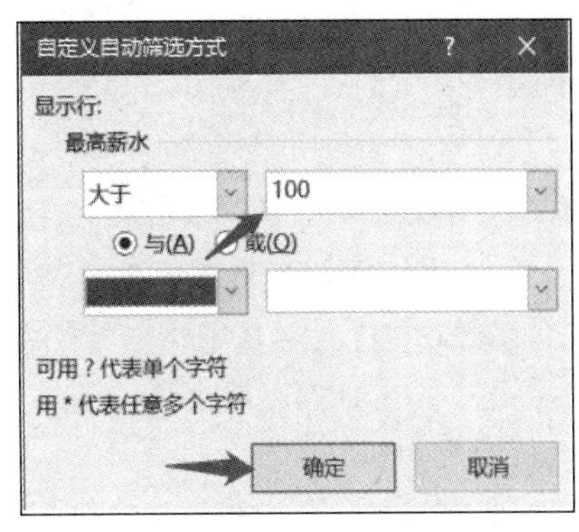

图 4–41　设置筛选条件

（3）筛选结果如图 4-42 所示。经过判断，小张认为该条记录存在异常值，执行“删除行”命令，将其删除。

	A	B	C	D	G	H	I	J	K	L
1	城市	工作年限要求	教育要:	公司名称	职位名称	薪水	最低薪	最高薪	薪水单	发布时间
4516	重庆	在校生/应届生	博士	中国汽车工程研究院股份有限	用户关联	18-35万/月	180	350	千/月	05-14发布

图 4–42　薪水异常记录

（4）单击“筛选”按钮，取消数据列表筛选状态。将原有的“薪水”字段列（H 列）隐藏，完成数据处理过程。最终结果（部分）如图 4-43 所示。

	A	B	C	D	G	I	J	K	L
1	城市	工作年限要求	教育要求	公司名称	职位名称	最低薪水	最高薪水	薪水单位	发布时间
2	上海	2年经验	本科	上海绿岸网络科技股份有限公	管培生—数据分析	9	13	千/月	05-11发布
3	广州	3-4年经验	本科	广州光娱信息科技有限公司	高级/资深游戏数据分析师（	15	25	千/月	05-11发布
4	深圳	3-4年经验	本科	深圳市宝创森那美汽车销售服	数据分析师	15	20	千/月	05-11发布
5	深圳	3-4年经验	本科	深圳市红瑞生物科技股份有限	商业数据分析师	10	15	千/月	05-11发布
6	宁波	3-4年经验	本科	宁波乐町时尚服饰有限公司	数据分析师	12.5	16.6667	千/月	05-11发布
7	北京	1年经验	大专	北京木丁商品信息中心	数据分析师	5	10	千/月	05-11发布
8	广州	5-7年经验	本科	汇丰环球客户服务(广东)有限公	零售银行数据分析助理副总	25	45	千/月	05-11发布
9	武汉	2年经验	本科	武汉高德红外股份有限公司	数据分析工程师	8	15	千/月	05-11发布
10	成都	2年经验	本科	北京博赛德科技有限公司	数据分析师	12.5	25	千/月	05-11发布
11	常州	3-4年经验	本科	常州星宇车灯股份有限公司	大数据分析师	10	20	千/月	05-11发布
12	云浮	3-4年经验	本科	广东国鸿氢能科技股份有限公	售后数据分析师	7	12	千/月	05-11发布
13	长沙	3-4年经验	大专	长沙市丰彩好润佳商贸有限公	数据分析师	5	8	千/月	05-11发布
14	深圳	3-4年经验	本科	海南爱问众创科技有限公司	数据分析师	10	15	千/月	05-11发布
15	成都	1年经验	大专	四川纷领信息技术有限公司	数据分析师	6	8	千/月	05-11发布
16	上海	1年经验	本科	金格建筑装饰工程有限公司	数据分析员（工程助理）	8	12	千/月	05-11发布
17	杭州	5-7年经验	本科	杭州零重空间技术有限公司	数据分析与处理算法工程师	12	20	千/月	05-11发布
18	青岛	无需经验	大专	青岛识君信息技术有限公司	数据分析师	5	8	千/月	05-11发布
19	昆山	1年经验	大专	天可电讯软件服务（昆山）有	审核员-数据分析	6	8	千/月	05-11发布
20	深圳	3-4年经验	本科	深圳市水务科技有限公司	数据分析师	15	30	千/月	05-11发布

图 4–43　招聘信息处理结果（部分）

三、用 Excel 统计招聘信息

Excel 具有强大的数据统计分析功能，可以通过函数、分类汇总、数据透视表等多种方式实现数据的快速处理。

（一）统计岗位及薪资情况

Excel 中常用的统计分析函数包括 COUNT、COUNTA、COUNTIF、COUNTBLANK、COUNTIFS、SUM、SUMIF、SUMIFS、AVERAGE、AVERAGEIF、AVERAGEIFS、MAX、MIN 等。统计分析函数可以用来实现某一组数据中最常见的几个统计指标的计算，如计数、求和、求最大值、求最小值、求平均值等。

1. 用 COUNTA 函数计算招聘岗位总数量

【函数功能】计算区域中不为空的单元格的个数。

【语法】COUNTA(单元格区域)。

函数说明如下。

- COUNTA 函数可对包含任何类型信息（包括错误值和空文本）的单元格进行计数。例如，如果区域中包含的公式返回一个空字符串，则 COUNTA 函数会将该值计算在内。COUNTA 函数不会对空单元格进行计数。

- 如果不需要对逻辑值、文本或错误值进行计数（即只希望对包含数字的单元格进行计数），可使用 COUNT 函数。
- 如果只希望对符合某一条件的单元格进行计数，可使用 COUNTIF 函数或 COUNTIFS 函数。

利用 COUNTA 函数，统计“职位名称”列非空单元格的个数，即招聘岗位总数量，公式为“=COUNTA(G2:G4939)”。

2. 用 AVERAGE 函数计算薪水平均值

【**函数功能**】返回参数平均值。

【**语法**】AVERAGE(number1, [number2], …)。

其中，参数 number1 是必需值，指要计算平均值的第一个数字、单元格引用或单元格区域；number2 为可选值，指要计算平均值的其他数字、单元格引用或单元格区域，最多可包含 255 个。

函数说明如下。

- 如果单元格引用或单元格区域的参数包含文本、逻辑值或空单元格，则这些值将被忽略，但包含零值的单元格将被计算在内。
- 如果参数为错误值或不能转换为数字的文本，会导致错误。
- 若只对符合某些条件的值计算平均值，可使用 AVERAGEIF 函数或 AVERAGEIFS 函数。

计算最低薪水平均值的公式为“=AVERAGE(I2:I4939)”。
计算最高薪水平均值的公式为“=AVERAGE(J2:J4939)”。

3. 用 MAX 函数计算薪水最大值

【**函数功能**】返回一组值中的最大值。

【**语法**】MAX(number1, [number2],…)。

其中，number1 为必需值，指求最大值的第一个数字或单元格区域；number2 为可选值，指求最大值的其他数字或单元格区域。

函数说明如下。

- 参数可以是数字或包含数字的名称、数组或单元格引用。
- 逻辑值和直接键入参数列表中代表数字的文本被计算在内。
- 如果参数是一个数组或单元格引用，则只使用其中的数字。数组或单元格引用中的空白单元格、逻辑值或文本将被忽略。
- 如果参数不包含任何数字，则结果返回 0。
- 如果参数为错误值或不能转换为数字的文本，会导致错误。

计算最低薪水最大值的公式为“=MAX(I2:I4939)”。
计算最高薪水最大值的公式为“=MAX(J2:J4939)”。

4. 用 MIN 函数计算薪水最小值

【**函数功能**】返回一组值中的最小值。

【**语法**】MIN(number1, [number2], …)。

其中，number1 为必需值，指求最小值的第一个数字或单元格区域；number2 为可选值，指求最小值的其他数字或单元格区域。

函数说明同 MAX 函数。

计算最低薪水最小值的公式为“=MIN(I2:I4939)”。

计算最高薪水最小值的公式为“=MIN(J2:J4939)”。

（二）分类汇总、统计各城市的岗位、薪资情况

Excel 的分类汇总功能能够快速地以某一字段为分类项，对数据列表中的字段进行计数、求和、求平均值、求最大值、求最小值等统计计算，并且分级显示汇总结果。分类汇总前，要将数据列表按照分类项字段排序。下面利用处理过的招聘数据，统计各城市岗位数量及最低薪水和最高薪水平均值。

【操作方法】

（1）复制 Sheet1 工作表。打开“招聘信息.xlsx”工作簿，选中 Sheet1 标签并单击鼠标右键，在弹出的快捷菜单中选择“移动或复制”命令，打开“移动或复制工作表”对话框。选择“(移至最后)”选项，勾选“建立副本”复选框，如图 4-44 所示，单击“确定”按钮即可复制工作表。

（2）重命名工作表。选中工作表 Sheet1(2)的标签并单击鼠标右键，在弹出的快捷菜单中选择“重命名”命令，如图 4-45 所示，然后输入新的工作表名“分城市统计岗位和薪资”。

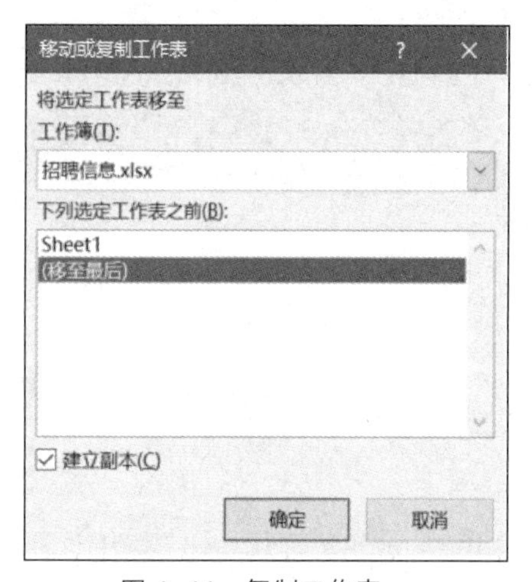

图 4-44　复制工作表

图 4-45　重命名工作表

（3）按照城市名称升序排列。在“分城市统计岗位和薪资”工作表中选中任一非空单元格，然后在“数据”选项卡的“排序和筛选”组中单击“排序”按钮，在弹出的“排序”对话框中，将主要关键字设置为“城市”、次序设置为“升序”，如图 4-46 所示。单击“确定”按钮完成排序。

（4）分类汇总、统计各城市岗位数量。在“数据”选项卡的“分级显示”组中单击“分类汇总”按钮，在弹出的“分类汇总”对话框中，分类字段选择“城市”，汇总方式选择“计数”，选定汇总项为“职位名称”，如图 4-47 所示。单击“确定”按钮，可以得到各城市的岗位数量，部分结果如图 4-48 所示。

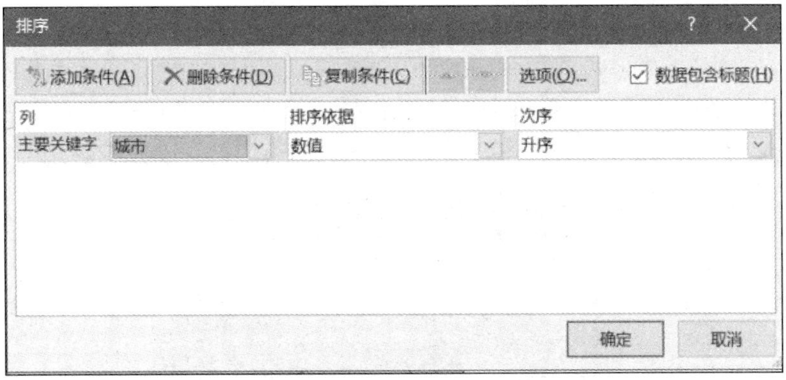

排序

添加条件(A)　删除条件(D)　复制条件(C)　选项(O)...　数据包含标题(H)

列		排序依据	次序
主要关键字	城市	数值	升序

确定　取消

图 4-46　排序

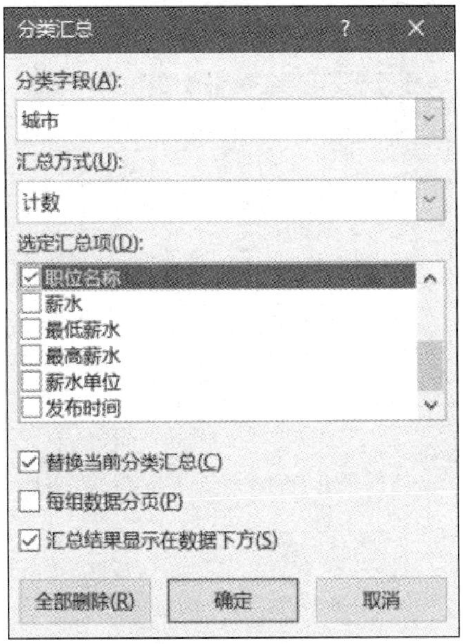

分类汇总

分类字段(A):
城市

汇总方式(U):
计数

选定汇总项(D):
职位名称
薪水
最低薪水
最高薪水
薪水单位
发布时间

替换当前分类汇总(C)
每组数据分页(P)
汇总结果显示在数据下方(S)

全部删除(R)　确定　取消

图 4-47　分类汇总

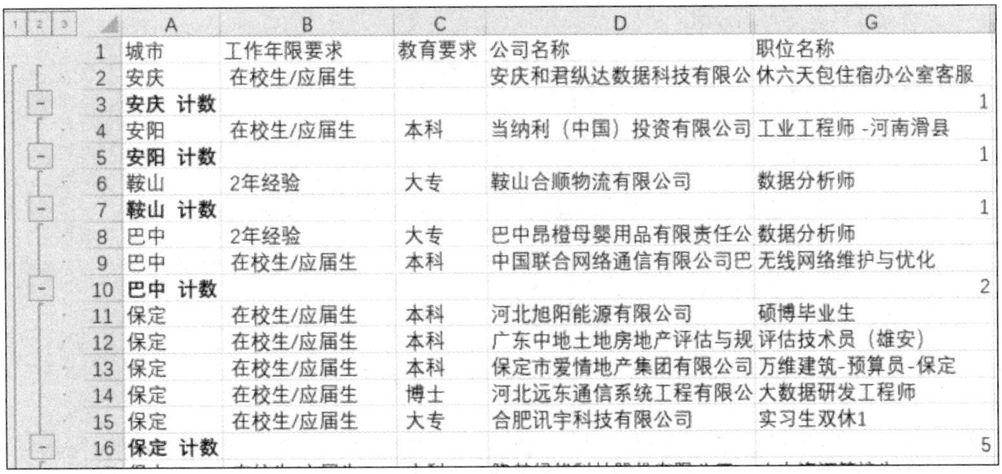

	A	B	C	D	G
1	城市	工作年限要求	教育要求	公司名称	职位名称
2	安庆	在校生/应届生		安庆和君纵达数据科技有限公	休六天包住宿办公室客服
3	**安庆 计数**				1
4	安阳	在校生/应届生	本科	当纳利（中国）投资有限公司	工业工程师 -河南滑县
5	**安阳 计数**				1
6	鞍山	2年经验	大专	鞍山合顺物流有限公司	数据分析师
7	**鞍山 计数**				1
8	巴中	2年经验	大专	巴中昂橙母婴用品有限责任公	数据分析师
9	巴中	在校生/应届生	本科	中国联合网络通信有限公司巴	无线网络维护与优化
10	**巴中 计数**				2
11	保定	在校生/应届生	本科	河北旭阳能源有限公司	硕博毕业生
12	保定	在校生/应届生	本科	广东中地土地房地产评估与规	评估技术员（雄安）
13	保定	在校生/应届生	本科	保定市爱情地产集团有限公司	万维建筑-预算员-保定
14	保定	在校生/应届生	博士	河北远东通信系统工程有限公	大数据研发工程师
15	保定	在校生/应届生	大专	合肥讯宇科技有限公司	实习生双休1
16	**保定 计数**				5

图 4-48　统计各城市岗位数量（部分结果）

（5）二次分类汇总，统计各城市薪资情况。单击“数据”选项卡的“分级显示”组中的“分类汇总”按钮，在弹出的“分类汇总”对话框中，分类字段选择“城市”，汇总方式选择“平均值”，选定汇总项为“最低薪水”“最高薪水”，取消勾选“替换当前分类汇总”复选框，如图 4-49 所示。单击“确定”按钮，可以得到各城市岗位数量及薪水平均值，部分结果如图 4-50 所示。

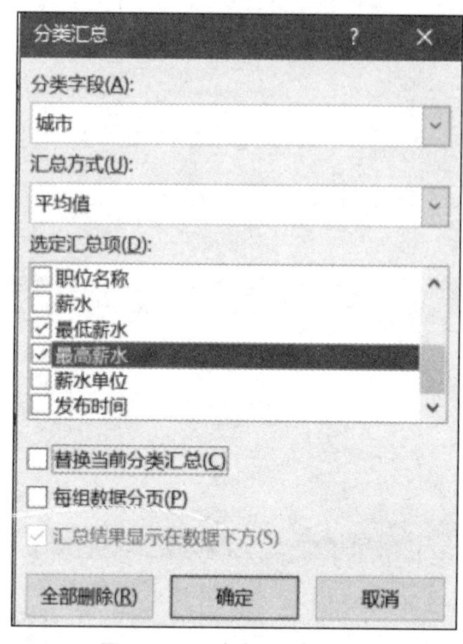

图 4–49　高级分类汇总

	A	B	C	D	G	I	J	K	L
1	城市	工作年限要求	教育要求	公司名称	职位名称	最低薪水	最高薪水	薪水单位	发布时间
2	安庆	在校生/应届生		安庆和君纵达数据科技有限公	休六天包住宿办公室客服	8	10	千/月	05-14发布
3	**安庆 平均值**					8	10		
4	**安庆 计数**				1				
5	安阳	在校生/应届生	本科	当纳利（中国）投资有限公司	工业工程师 -河南滑县	5	10	千/月	05-14发布
6	**安阳 平均值**					5	10		
7	**安阳 计数**				1				
8	鞍山	2年经验	大专	鞍山合顺物流有限公司	数据分析师	6	8	千/月	05-13发布
9	**鞍山 平均值**					6	8		
10	**鞍山 计数**				1				
11	巴中	2年经验	大专	巴中昂橙母婴用品有限责任公	数据分析师	8	10	千/月	05-13发布
12	巴中	在校生/应届生	本科	中国联合网络通信有限公司巴	无线网络维护与优化	4	8	千/月	05-14发布
13	**巴中 平均值**					6	9		
14	**巴中 计数**				2				
15	保定	在校生/应届生	本科	河北旭阳能源有限公司	硕博毕业生	6	8	千/月	05-13发布
16	保定	在校生/应届生	本科	广东中地土地房地产评估与规	评估技术员（雄安）	6.66666667	10.833333	千/月	05-13发布
17	保定	在校生/应届生	本科	保定市爱情地产集团有限公司	万维建筑-预算员-保定	6	12	千/月	05-14发布
18	保定	在校生/应届生	博士	河北远东通信系统工程有限公	大数据研发工程师	25	30	千/月	05-14发布
19	保定	在校生/应届生	大专	合肥讯宇科技有限公司	实习生双休1	2	3	千/月	05-13发布
20	**保定 平均值**					9.13333333	12.766667		
21	**保定 计数**				5				

图 4–50　各城市岗位数量及薪水平均值（部分结果）

从统计结果来看，安庆、安阳、鞍山等地对数据分析岗位需求较小，深圳、广州、杭州、上海、北京等地对数据分析岗位需求较大，且月薪在 6 000～13 000 元。

（三）用数据透视表统计不同学历的岗位数量及薪资情况

数据透视表是 Excel 中强大的数据分析工具，从功能实现上来说比函数和分类汇总更加灵活方便，用户只需要通过简单拖曳就可以实现不同维度层面的汇总、统计，便于从多角度分析数据。下面通过数据透视表统计不同学历的岗位数量及薪资情况。

【操作方法】

（1）创建数据透视表。在“招聘信息.xlsx”工作簿 Sheet1 工作表中选中任一非空单元格，然后在“插入”选项卡的“表格”组中单击“数据透视表”按钮，打开“创建数据透视表”对话框。将“选择放置数据透视表的位置”设为“现有工作表”，并将位置设为“Sheet1!O2”，如图 4-51 所示。

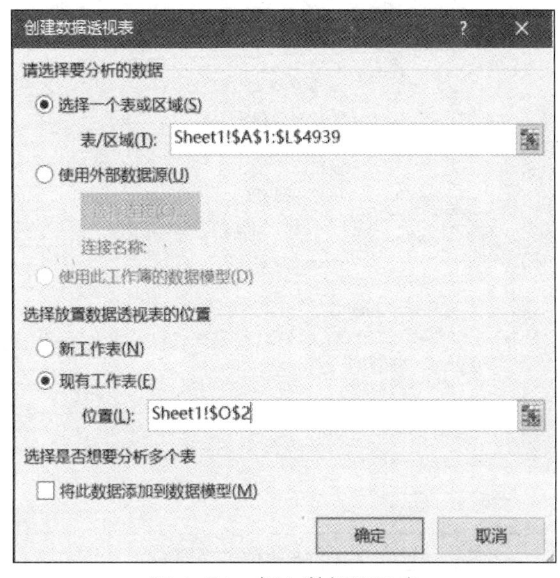

图 4-51　插入数据透视表

（2）单击“确定”按钮，弹出“数据透视表字段”对话框。该对话框包含整个数据集的所有字段，以及“筛选器”“行”“列”“值”四个区域。将“教育要求”字段拖放到“行”区域，将“职位名称”“最低薪水”“最高薪水”三个字段拖放到“值”区域，如图 4-52 所示。

行标签	计数项:职位名称	求和项:最低薪水	求和项:最高薪水
本科	2807	19602.69933	29523.88267
博士	49	968	1401.166667
大专	1472	7805.782667	11476.216
高中	33	159.6266667	227.2933333
硕士	443	4191.496667	6384.33
中技/中专	82	352.5	551.1666667
(空白)	52	297.452	449.252
总计	4938	33377.55733	50013.30733

图 4-52　设置数据透视表字段

（3）修改“最低薪水”和“最高薪水”字段值的汇总依据。“职位名称”字段类型是字符串，值汇总依据默认是计数，可统计出不同学历的岗位数量。而“最低薪水”和“最高薪水”字段类型是数值，值汇总依据默认是求和，这里将其修改为平均值，以统计不同学历的薪资情况。

（4）选中“求和项:最低薪水”字段，单击鼠标右键，从弹出的快捷菜单中选择“值汇总依据”—“平均值”命令，如图 4-53 所示。

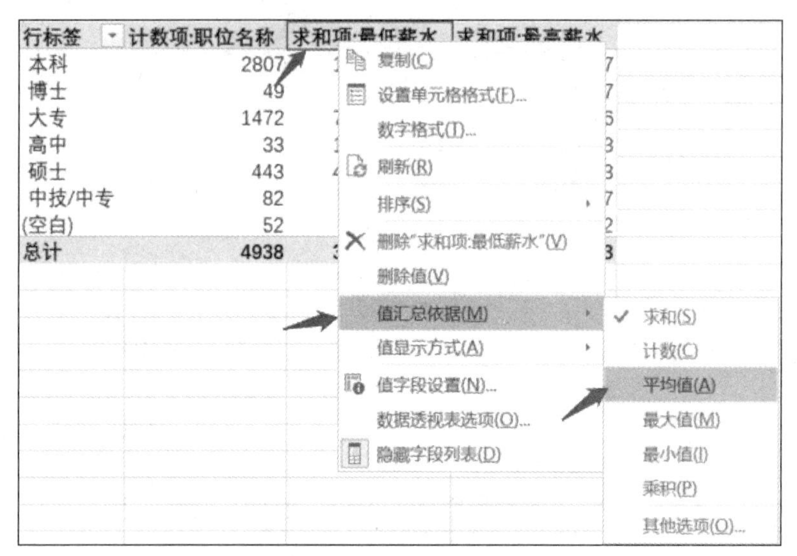

图 4–53　修改值汇总依据

（5）用同样的方法，将最高薪水值汇总依据修改为平均值，结果如图 4-54 所示。

行标签	计数项:职位名称	平均值项:最低薪水	平均值项:最高薪水
本科	2807	6.983505284	10.51794894
博士	49	19.75510204	28.5952381
大专	1472	5.302841486	7.796342391
高中	33	4.837171717	6.887676768
硕士	443	9.461617758	14.41158014
中技/中专	82	4.298780488	6.721544715
(空白)	52	5.720230769	8.639461538
总计	**4938**	**6.759327123**	**10.12825179**

图 4–54　不同学历的岗位数量及薪资情况

从统计结果来看，数据分析岗位对本科和大专学历的需求量较大；薪资方面，博士学历的待遇远远高于其他学历。另有 52 个岗位没有明确提出学历要求。

任务二　使用 MySQL 处理零售数据

小王是某企业数据分析人员，主要负责商品、客户和订单数据分析。企业采用 MySQL 数据库管理系统，部分数据表的结构及含义如下。

（1）商品表（goods）中主要存放在售商品信息，表中各字段的信息如表 4-1 所示。

表 4-1　　商品表（goods）各字段信息

字段名	类型	字段含义	说明
G_id	char	商品编号	主键
G_name	varchar	商品名称	
G_spec	varchar	单位数量	
cost_price	decimal	成本价	
price	decimal	单价	
storage	int	库存量	

（2）客户表（customer）中存放客户信息，表中各字段的信息如表 4-2 所示。

表 4-2　　客户表（customer）各字段信息

字段名	类型	字段含义	说明
c_id	char	客户编号	主键
c_name	varchar	客户名称	
region	varchar	地区	
city	varchar	城市	
address	varchar	地址	
postalcode	char	邮政编码	
linkman	varchar	联系人	
tel	varchar	联系电话	
fax_number	varchar	传真	

（3）订单表（orders）中存放客户订单信息，表中各字段的信息如表 4-3 所示。

表 4-3　　订单表（orders）各字段信息

字段名	类型	字段含义	说明
order_id	char	订单编号	主键
c_id	char	客户编号	外键
amount	decimal	订单金额	
carriage	decimal	运费	
order_date	datetime	订购日期	
ship_date	datetime	发货日期	
arrival_date	datetime	到货日期	
payment	enum	是否已付	

（4）订单明细表（order_detail）中存放订单商品明细，表中各字段的信息如表 4-4 所示。

表 4-4　　订单明细表（order_detail）各字段信息

字段名	类型	字段含义	说明
G_id	char	商品编号	主键
price	decimal	单价	
order_id	char	订单编号	主键
quantity	int	订货量	
discount	decimal	折扣	

小王的日常工作主要是根据拟定的分析指标体系完成以下任务。

（1）从数据库表中提取待分析数据。

（2）对提取的数据进行统计分析。

（3）在权限范围内对表中数据进行增加、修改、删除等操作。

下面介绍使用 MySQL 来处理、分析零售数据的方法。

一、数据库和 SQL 认知

（一）数据库的概念

数据库（Database，DB）是按照一定的数据结构来组织、存储和管理数据的仓库。随着企业数字化转型的不断推进，数据库变得无处不在：它在电子商务系统、金融系统、会计信息系统等领域被广泛应用，且成为企业管理信息系统的重要组成部分。

数据库用于记录数据。使用数据库记录数据可以得出各种数据间的联系（如客户、商品、订单、订单明细之间通过客户编号、商品编号等相互关联），也可以很方便地对所记录的数据进行增、删、改、查等操作。

（二）SQL 简介

SQL（Structured Query Language，结构化查询语言）是一种基于关系型数据库的语言，用于对数据库进行操作，主要包括存取查询、更新数据和管理关系数据库系统等。

（三）实验环境介绍

1. 软件说明

本书采用 MySQL 数据库管理系统和 Navicat 图形化管理工具。

2. 新建数据库并导入示例数据

【操作方法】

（1）创建连接 MySQL57。启动 Navicat 图形化管理工具，单击“连接”按钮，在弹出的快捷菜单中选择“MySQL”命令，如图 4-55 所示。

在弹出的“MySQL-新建连接”对话框中设置连接参数，在“连接名”文本框中输入“MySQL57”，在“密码”文本框中输入密码，其余信息保留默认设置即可，如图 4-56 所示。完成后，单击“连接测试”按钮，弹出“连接成功”提示框后单击“确定”按钮，保存创建的连接。

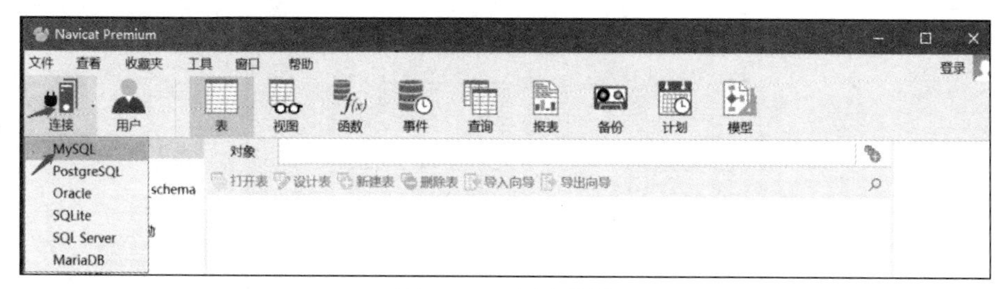

图 4-55　创建连接

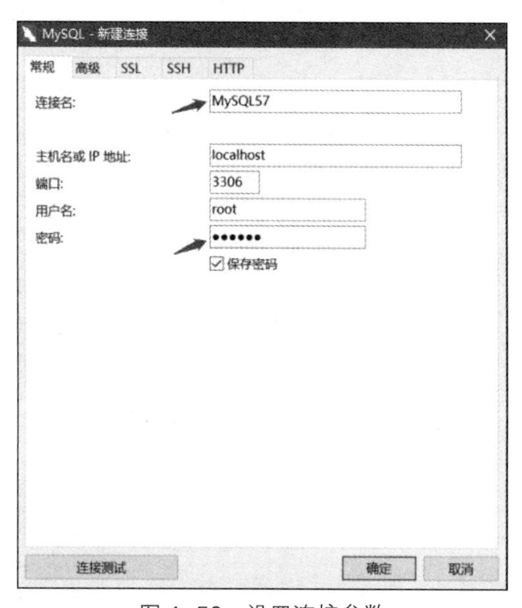

图 4-56　设置连接参数

（2）加载实验数据库 sale。选中连接名“MySQL57”并单击鼠标右键，从弹出的快捷菜单中选择“新建数据库”命令，如图 4-57 所示，弹出“新建数据库”对话框。

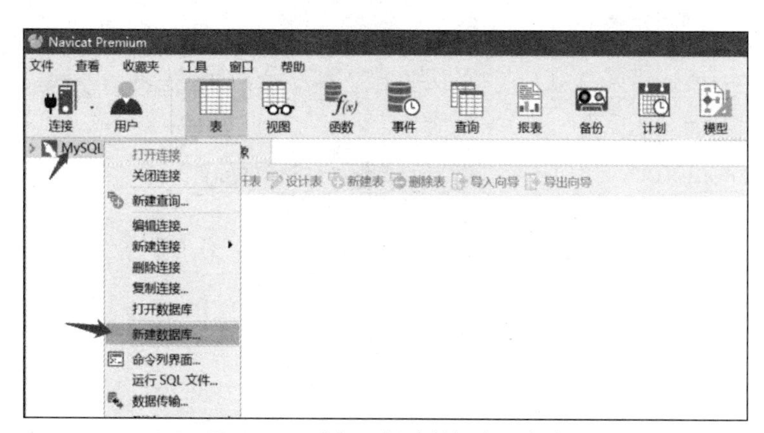

图 4-57　选择“新建数据库”命令

在“数据库名”文本框中输入“sale”，在“字符集”下拉列表框中选择“utf8 -- UTF-8 Unicode”，在“排序规则”下拉列表框中选择“utf8_general_ci”，如图 4-58 所示。单击“确定”按钮，完成数据库的创建。

图 4-58　新建数据库

（3）加载实验数据。选中已创建的数据库 sale，单击鼠标右键，从弹出的快捷菜单中选择“运行 SQL 文件”命令，如图 4-59 所示。在弹出的“运行 SQL 文件”对话框中，单击“文件”文本框后面的浏览按钮，选择本项目教学资源包中的“sale.sql”文件，然后单击“开始”按钮，如图 4-60 所示。完成后，弹出图 4-61 所示的对话框。

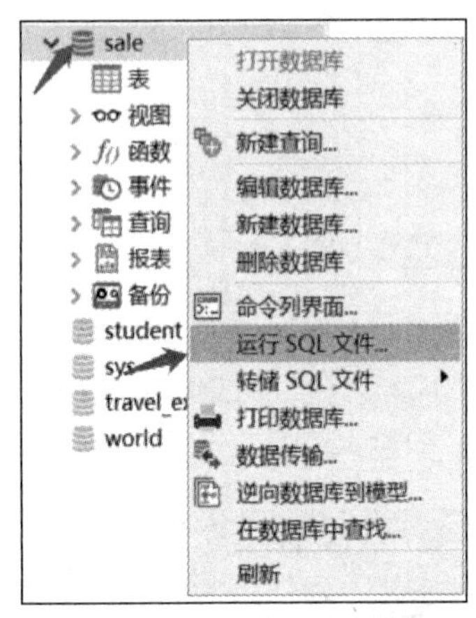

图 4-59　运行 SQL 文件

图 4-60　选择数据库文件

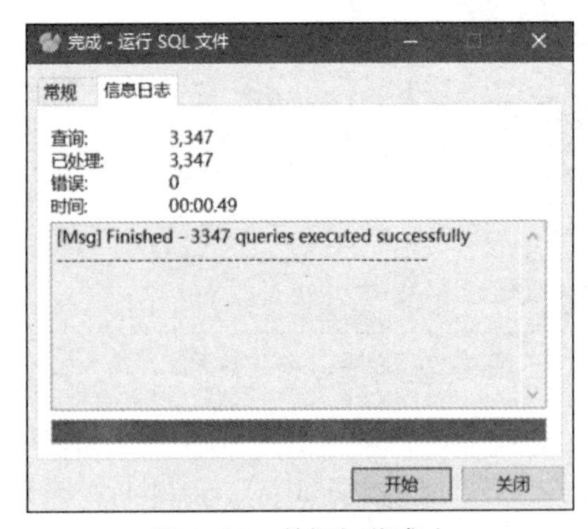

图 4-61　数据加载成功

（4）关闭对话框，可以看到，在数据库 sale 中成功加载了 customer、goods、orders、order_detail 四个数据表。

3. 新建查询

【操作方法】选中数据库 sale，再依次单击“查询”—“新建查询”按钮，如图 4-62 所示，即可显示“查询编辑器”区域，如图 4-63 所示。本任务接下来的所有代码，均在查询编辑器中完成。

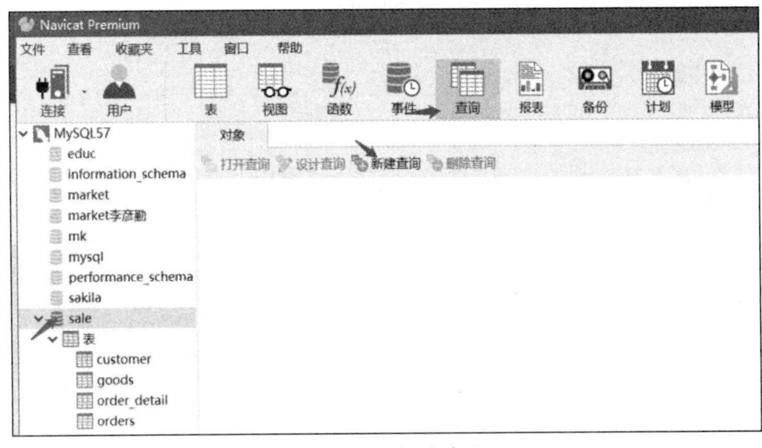

图 4-62　新建查询

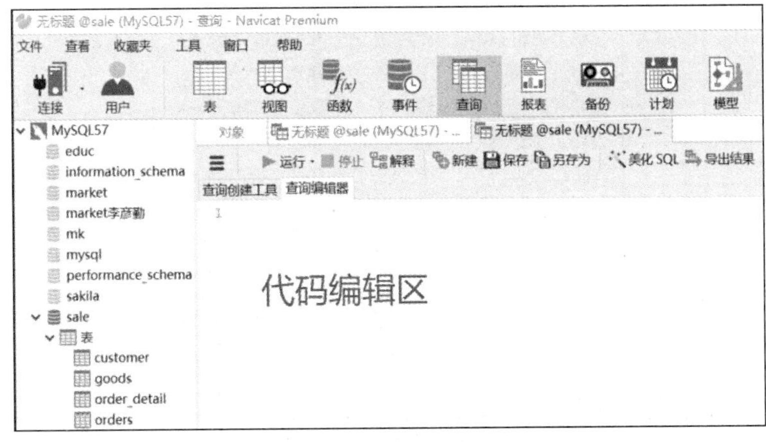

图 4-63　查询编辑器

二、SQL 查询语句

对于数据分析或数据挖掘工作者来说，从企业数据库中提取数据以查看、计算、统计及分析等是很常见的工作，即数据查询。SQL 中的 SELECT 语句可用来实现数据查询，其基本语法格式如下。

```
SELECT  [DISTINCT]  *|列名1[,列名2,……,列名n]
FROM  表名
[WHERE  条件表达式]
```

```
[GROUP  BY  列名 [HAVING  条件表达式]]
[ORDER BY 列名 ASC|DESC,……]
[LIMIT 记录数];
```

在查询框架中，SELECT 和 FROM 两个关键字是必选项，即任何查询都需要使用这两个关键字。SELECT 后面跟字段名或表达式，用来确定检索目标；FROM 后面跟数据库表名或视图名，用来指定检索目标来源。中括号内的关键字可根据查询的实际需要选择使用。下面以提取数据库 sale 中的数据为例，对几种主要的查询进行演示说明。

（一）简单查询

1. 查询指定字段

查询指定字段是指从数据源表中提取部分数据列。编写查询语句时，应将要查询的字段名依次写在 SELECT 关键字之后，并用逗号隔开。

【例 4-1】从 customer 表中查询所有客户名称（c_name）、联系人（linkman）和联系电话（tel）等信息，查询语句如下：

```
SELECT  c_name, linkman, tel FROM customer;
```

部分查询结果如图 4-64 所示。

c_name	linkman	tel
三川实业有限公司	刘小姐	020-30074321
东南实业	王先生	020-35554729
坦森行贸易	王炫皓	0311-5553932
国顶有限公司	方先生	0755-45557788
通恒机械	黄小姐	025-9123465
森通	王先生	020-30058460

图 4–64 【例 4–1】部分查询结果

2. 查询全部字段

当需要查询指定表的所有字段时，可以用星号（*）来代替所有字段名，并写在 SELECT 关键字之后。

【例 4-2】从 goods 表中查询所有商品信息，查询语句如下：

```
SELECT  *  FROM  goods;
```

部分查询结果如图 4-65 所示。可以看出，goods 表中的所有字段都显示出来了，且排列顺序与源表中顺序相同。

G_id	G_name	G_spec	cost_price	price	storage
G01	苹果汁	每箱24瓶	10	18	39
G02	牛奶	每箱24瓶	15	19	17
G03	蕃茄酱	每箱12瓶	7	10	12
G04	盐	每箱12瓶	22	53	0
G05	麻油	每箱12瓶	22.5	(Null)	0
G06	酱油	每箱12瓶	32	43	70

图 4–65 【例 4–2】部分查询结果

3. 指定字段别名

在设计数据库时，表字段的名称一般由字母、数字、下画线构成。查询数据表时，结果集显示的列标题就是源表字段的名称。在实际应用中，当希望查询结果中显示的列使用自己指定的列标题来增加可读性时，可以在 SELECT 语句中使用 AS 关键字实现。

【例 4-3】从 customer 表中查询 c_name、linkman 和 tel，并在查询结果中将字段名分别显示为“客户名称”“联系人”和“联系电话”，查询语句如下：

```
SELECT  c_name AS 客户名称, linkman AS 联系人, tel AS 联系电话 FROM customer;
```

部分查询结果如图 4-66 所示。

客户名称	联系人	联系电话
三川实业有限公司	刘小姐	020-30074321
东南实业	王先生	020-35554729
坦森行贸易	王炫皓	0311-5553932
国顶有限公司	方先生	0755-45557788
通恒机械	黄小姐	025-9123465
森通	王先生	020-30058460

图 4-66 【例 4-3】部分查询结果

4. 去掉查询结果中的重复值

SELECT 语句中的 DISTINCT 关键字用于消除查询结果中的重复值。编写 SELECT 语句时，可将该关键字放在所有检索目标前面。这一操作常用于在数据清洗过程中删除重复值。

【例 4-4】查询 customer 表中客户分布的地区（region）和城市（city），查询语句如下：

```
SELECT  DISTINCT  region, city  FROM  customer;
```

部分查询结果如图 4-67 所示。

region	city
华北	天津
华北	石家庄
华南	深圳
华东	南京
东北	大连
西北	西安

图 4-67 【例 4-4】部分查询结果

5. 查询结果排序

SELECT 语句中的 ORDER BY 关键字用于对查询结果按指定的字段进行排序。排序方式由关键字 ASC 或 DESC 决定，其中，ASC 表示升序，DESC 表示降序；当不指定排序方式时，默认为升序。当指定的排序字段不止一个时，字段名之间应用逗号隔开。其语法格式如下：

```
ORDER BY 字段名 [DESC|ASC]
```

【例 4-5】按单价（price）降序的方式在 goods 表中查询所有商品的信息，查询语句如下：

```
SELECT  *  FROM goods ORDER BY price DESC;
```

部分查询结果如图 4-68 所示。

G_id	G_name	G_spec	cost_price	price	storage
G38	绿茶	每箱24瓶	200	263.5	56
G29	鸭肉	每袋3千克	109	123.79	0
G09	鸡	每袋500克	60	97	29
G20	桂花糕	每箱30盒	71	81	40
G18	墨鱼	每袋500克	51	62.5	42
G59	光明奶酪	每箱24瓶	40	55	79

图 4–68 【例 4–5】部分查询结果

【例 4-6】按成本价（cost_price）升序、库存量（storage）降序显示 goods 表中所有商品的信息，查询语句如下：

```
SELECT *  FROM goods ORDER BY cost_price ASC,storage DESC;
```

该语句中，cost_price 后面的 ASC 关键字可以省略。需要注意的是，ORDER BY 关键字后面的字段顺序是有特定意义的，放在前面的是排序主关键字，优先排序。本例中“ORDER BY cost_price ASC,storage DESC”表示先按 cost_price 升序排列，当有多个记录的 cost_price 值相等时，再按 storage 降序排列。

部分查询结果如图 4-69 所示。

G_id	G_name	G_spec	cost_price	price	storage
G33	浪花奶酪	每箱12瓶	2	2.5	112
G24	汽水	每箱12瓶	2.5	4.5	20
G75	浓缩咖啡	每箱24瓶	4	7.75	61
G13	龙虾	每袋500克	4.5	6	24
G52	三合一麦片	每箱24包	5	7	38
G47	蛋糕	每箱24个	5	9.5	36
G77	辣椒粉	每袋3千克	5	13	32

图 4–69 【例 4–6】部分查询结果

6. 限制查询结果行数

当需要从查询结果中返回部分数据集时，可以在 SELECT 语句中使用 LIMIT 关键字来指定查询结果从哪一条记录开始，以及一共查询多少行记录。该关键字一般与 ORDER BY 关键字搭配使用，以便获得某个值最大或最小的若干条记录。其语法格式如下：

```
LIMIT  [m,]n
```

其中，参数 m 为偏移量，n 为要返回查询记录的行数。例如，LIMIT 2,5 表示从查询结果的第三条记录开始，共显示 5 条记录。m 为可选项，省略时默认为 0，表示从第一条记录开始查询 n 条记录。

【例 4-7】检索出 goods 表中单价（price）最贵的 5 种商品信息，查询语句如下：

```
SELECT  *  FROM goods  ORDER BY  price DESC  LIMIT 5;
```

查询结果如图 4-70 所示。

G_id	G_name	G_spec	cost_price	price	storage
G38	绿茶	每箱24瓶	200	263.5	56
G29	鸭肉	每袋3千克	109	123.79	0
G09	鸡	每袋500克	60	97	29
G20	桂花糕	每箱30盒	71	81	40
G18	墨鱼	每袋500克	51	62.5	42

图 4–70 【例 4–7】查询结果

（二）条件查询

实际应用中，查询数据时通常会指定查询条件，以筛选出满足指定条件的数据。在 SELECT 语句中，查询条件由 WHERE 关键字指定。其语法格式如下：

```
WHERE  条件表达式
```

其中，条件表达式是通过运算符将字段名、函数、常量等连接起来的式子。常用的运算符有比较运算符、逻辑运算符、范围运算符、空值运算符等。

1. 单条件查询（比较运算符）

比较运算符是检索条件中常用的运算符，用于比较两个表达式的大小。其语法格式如下：

```
WHERE 表达式 1  比较运算符  表达式 2
```

常用的比较运算符如表 4-5 所示。

表 4-5　　比较运算符

运算符	含义	运算符	含义
=	等于	<>、!=	不等于
>	大于	<	小于
>=	大于等于	<=	小于等于

【例 4-8】检索 orders 表中订单金额超过 10 000 元的订单信息，查询语句如下：

```
SELECT * FROM orders WHERE amount>10000;
```

部分查询结果如图 4-71 所示。

order_id	c_id	amount	carriage	order_date	ship_date	arrival_date	payment
D00204	KH059	10741.6	360.63	0000-00-00 00:0	0000-00-00 00:0	0000-00-00 00:0	true
D00223	KH062	11515.2	890.78	0000-00-00 00:0	0000-00-00 00:0	0000-00-00 00:0	false
D00268	KH073	13985.5	70.29	0000-00-00 00:0	0000-00-00 00:0	0000-00-00 00:0	false
D00275	KH051	11493.2	370.61	0000-00-00 00:0	0000-00-00 00:0	0000-00-00 00:0	true
D00330	KH065	13120.9	708.95	0000-00-00 00:0	0000-00-00 00:0	0000-00-00 00:0	false
D00391	KH063	10191.7	1007.64	0000-00-00 00:0	0000-00-00 00:0	0000-00-00 00:0	true
D00542	KH063	10716.8	810.05	0000-00-00 00:0	0000-00-00 00:0	0000-00-00 00:0	true
D00668	KH039	10952.84	306.07	0000-00-00 00:0	0000-00-00 00:0	0000-00-00 00:0	true
D00716	KH063	16387.5	348.14	0000-00-00 00:0	0000-00-00 00:0	0000-00-00 00:0	true

图 4-71 【例 4-8】部分查询结果

2. 多条件查询（逻辑运算符 AND、OR）

当 WHERE 关键字后面有多个查询条件时，可以使用逻辑运算符 AND 或 OR。其语法格式如下：

```
WHERE 表达式 1 逻辑运算符  表达式 2
```

- AND：逻辑与，用来连接两个或多个查询条件，只有当所有参与运算的表达式的值都为 TRUE 时，结果才为 TRUE。
- OR：逻辑或，用来连接两个或多个查询条件，参与运算的表达式只要有一个值为 TRUE，结果就为 TRUE。

AND 运算符的优先级高于 OR。

【例 4-9】检索出 orders 表中订单金额超过 10 000 元且未付款的订单编号（order-id）、客户编号（c-id）、订单金额（amount）信息，查询语句如下：

```
SELECT order_id,c_id,amount FROM orders WHERE amount>10000 AND payment=
'false';
```

检索结果如图 4-72 所示。

order_id	c_id	amount	payment
D00223	KH062	11515.2	false
D00268	KH073	13985.5	false
D00330	KH065	13120.9	false
D00832	KH034	15810	false
D00881	KH071	11120.55	false

图 4–72 【例 4–9】检索结果

【例 4-10】检索出库存量为 0 或者超过 1 000 的商品信息，查询语句如下：

```
SELECT * FROM goods WHERE storage=0 OR storage>1000;
```

检索结果如图 4-73 所示。

G_id	G_name	G_spec	cost_price	price	storage
G04	盐	每箱12瓶	22	53	0
G05	麻油	每箱12瓶	22.5	(Null)	0
G12	德国奶酪	每箱12瓶	30	38	44444
G17	猪肉	每袋500克	20	39	0
G29	鸭肉	每袋3千克	109	123.79	0
G31	温馨奶酪	每箱12瓶	10	12.5	0
G53	盐水鸭	每袋3千克	29	32.8	0

图 4–73 【例 4–10】检索结果

3. 指定范围查询（IN、NOT IN、BETWEEN AND、NOT BETWEEN AND）

（1）WHERE 子句中，可以使用 in、not in 运算符来限制数值查询的范围。其语法格式如下：

```
WHERE 表达式 [NOT] IN (值 1, 值 2, ……, 值 n)
```

- IN：只要表达式的值等于值列表中的任意一个值，即返回 TRUE，否则返回 FALSE。
- NOT IN：IN 的否定形式，表达式的值不在值列表中时返回 TRUE，否则返回 FALSE。

【例 4-11】检索出所在城市为直辖市（北京、天津、上海、重庆）的客户信息，查询语句如下：

```
SELECT * FROM customer WHERE city IN ('北京', '天津', '上海', '重庆');
```

部分查询结果如图 4-74 所示。

c_id	c_name	region	city	address	postalcode	linkman	tel	fax_number
KH015	同恒	华北	天津	七一路 37 号	453466	刘先生	020-35557647	
KH019	中通	华北	天津	光复北路 895 号	809784	林小姐	020-35550297	020-35553373
KH022	嘉元实业	华北	天津	东湖大街 28 号	458965	刘小姐	020-25559444	020-25555593
KH031	业兴	华东	上海	淮河路 348 号	241008	李柏麟	021-85559482	
KH032	仪和贸易	华北	北京	经三纬四路 18 号	120475	王先生	010-65557555	
KH033	光远商贸	华北	天津	成川东街 951 号	122096	陈先生	020-32832951	020-32833397
KH037	师大贸易	华北	天津	黄岗北路 73 号	683045	苏先生	020-29672542	020-29673333
KH039	永业房屋	西南	重庆	东园大路 78 号	101057	谢丽秋	023-55509876	

图 4–74 【例 4–11】部分查询结果

（2）BETWEEN AND 运算符可以判断某个字段的值是否在指定的连续范围内。其语法格式如下：

```
WHERE 表达式 [NOT] BETWEEN 值1 AND 值2
```

- 值 1：指定范围的起始值。
- 值 2：指定范围的终止值。

【例 4-12】检索出单价在 20～25 元的商品信息，查询语句如下：

```
SELECT * FROM goods WHERE price BETWEEN 20 AND 25;
```

查询结果如图 4-75 所示。

G_id	G_name	G_spec	cost_price	price	storage
G11	大众奶酪	每袋6包	10	21	555
G14	沙茶	每箱12瓶	19	23.25	35
G15	味精	每箱30盒	10	20.5	29
G22	糯米	每袋3千克	17	21	104
G49	薯条	每箱24包	10	20	10
G55	鸭肉	每袋3千克	18	24	115
G71	意大利奶酪	每箱2个	19	21.5	26

图 4–75 【例 4–12】查询结果

4. 模糊查询（LIKE）

WHERE 子句中可以用 LIKE 运算符实现字符串的模糊查询。语法格式如下：

```
WHERE 表达式 [NOT] LIKE '字符串'
```

在字符串中，配合通配符“%”“_”实现查询条件的编写。“%”表示任意字符串，“_”表示任意单个字符。

【例 4-13】检索出 goods 表中 G_spec 列第二个字为“箱”的商品信息。查询语句如下：

```
SELECT * FROM goods WHERE G_spec LIKE '_箱%';
```

查询结果如图 4-76 所示。

G_id	G_name	G_spec	cost_price	price	storage
G01	苹果汁	每箱24瓶	10	18	39
G02	牛奶	每箱24瓶	15	19	17
G03	蕃茄酱	每箱12瓶	7	10	12
G04	盐	每箱12瓶	22	53	0
G05	麻油	每箱12瓶	22.5	(Null)	0
G06	酱油	每箱12瓶	32	43	70
G07	海鲜粉	每箱30盒	26.1	30	15

图 4–76 【例 4–13】查询结果

【例 4-14】检索出所有商品名称中含“奶酪”的商品信息，查询语句如下：

```
SELECT * FROM goods WHERE G_name LIKE '%奶酪%';
```

查询结果如图 4-77 所示。

G_id	G_name	G_spec	cost_price	price	storage
G11	大众奶酪	每袋6包	10	21	555
G12	德国奶酪	每箱12瓶	30	38	44444
G31	温馨奶酪	每箱12瓶	10	12.5	0
G32	白奶酪	每箱12瓶	29	32	9
G33	浪花奶酪	每箱12瓶	2	2.5	112
G59	光明奶酪	每箱24瓶	40	55	79
G60	花奶酪	每箱24瓶	28	34	19
G69	黑奶酪	每盒24个	28	36	26
G71	意大利奶酪	每箱2个	19	21.5	26

图 4-77 【例 4-14】查询结果

5. 空值查询（is null、is not null）

数据库中的空值一般表示数据未知或将在以后添加的数据，在表中显示为“(Null)”。对空值的判断不能用“=”，要使用 IS NULL 运算符，其语法格式如下：

```
WHERE 字段名 IS [NOT] NULL
```

【例 4-15】检索出暂未定价的商品信息，查询语句如下：

```
SELECT * FROM goods WHERE price IS NULL;
```

查询结果如图 4-78 所示。

G_id	G_name	G_spec	cost_price	price	storage
G05	麻油	每箱12瓶	22.5	(Null)	0

图 4-78 【例 4-15】查询结果

（三）统计计算查询

SELECT 语句不仅可以查询数据库表中现有的字段，也可以将表达式或统计函数作为查询的结果列，从而实现对数据库中数据的统计计算、汇总分析。其中常用的统计函数有 SUM(求和)、AVG(平均值)、MAX(最大值)、MIN(最小值)、COUNT(计数)等。

1. 计算列值查询

计算列值查询的语法格式如下：

```
SELECT 计算表达式 [AS 列名] FROM 表名
```

【例 4-16】检索 orders 表中订单编号、订单金额、运费、订单总金额信息，其中，订单总金额=订单金额+运费。查询语句如下：

```
SELECT order_id ,amount,carriage,amount+carriage AS 订单总金额 FROM orders;
```

查询结果如图 4-79 所示。

order_id	amount	carriage	订单总金额
D00001	468	32.38	500.38
D00002	140	11.61	151.61
D00003	174	65.83	239.83
D00004	209.25	41.34	250.59
D00005	2120	51.3	2171.3
D00006	96.5	58.17	154.67
D00007	1669.5	22.98	1692.48

图 4–79 【例 4–16】查询结果

【例 4-17】统计 orders 表中订单数量、订单总金额、订单最高金额、订单最低金额、订单平均金额信息，查询语句如下：

```
SELECT  COUNT(*) 订单数量,SUM(amount) 订单总金额,MAX(amount) 订单最高金额,MIN(amount) 订单最低金额,AVG(amount) 订单平均金额 FROM orders;
```

查询结果如图 4-80 所示。

订单数量	订单总金额	订单最高金额	订单最低金额	订单平均金额
926	1464465.54	16387.5	9.2	1581.496263

图 4–80 【例 4–17】查询结果

2. 分组统计查询

SELECT 语句中的 GROUP BY 关键字用于实现分组统计功能，语法格式如下：

```
SELECT 字段名, 统计函数[,……]  FROM  表名
GROUP  BY  字段名  [HAVING  条件表达式];
```

其中，GROUP BY 关键字用于指定分组字段，该字段名必须同时写在 SELECT 关键字后面；HAVING 关键字用于对分组后的结果集进行筛选。

【例 4-18】统计各个地区的客户数量，查询语句如下：

```
SELECT region 地区,COUNT(*) 客户数量  FROM customer GROUP BY region;
```

查询结果如图 4-81 所示。

地区	客户数量
东北	5
华东	16
华北	41
华南	20
西北	2
西南	7

图 4–81 【例 4–18】查询结果

【例 4-19】统计 order_detail 表中订货总数量超过 1 000 的商品编号及订货总数量，查询语句如下：

```
SELECT G_id 商品编号,SUM(quantity) 订货总数量 FROM order_detail GROUP
BY G_id HAVING 订货总数量>1000;
```

部分查询结果如图 4-82 所示。

商品编号	订货总数量
G02	1162
G16	1253
G17	1047
G21	1046
G24	1198
G31	1472
G40	1213

图 4–82 【例 4–19】部分查询结果

（四）多表查询

我们经常需要从企业数据库的多张表中查询数据（如查询订单信息的时候需要同时查询客户地址和电话）。在关系数据库中，可以通过连接查询方式从多张数据表中提取数据。SQL 中连接查询可使用 JOIN 关键字。较常见的有以下三种连接方式。

（1）内连接 INNER JOJN。INNER 关键字可以省略。使用内连接查询时，只有满足连接条件的数据才会出现在结果集中。

（2）左连接 LEFT JOIN。左连接以左侧表为基础表，结果集中包含左侧表中的所有行，以及右侧表中符合连接条件的行。右侧表没有符合条件的记录时，相应字段补 NULL 值。

（3）右连接 RIGHT JOIN。右连接以右侧表为基础表，结果集中包含右侧表中的所有行，以及左侧表中符合连接条件的行。左侧表没有符合条件的记录时，相应字段补 NULL 值。

连接查询的基本语法格式如下：

```
SELECT 字段列表 FROM 表 1 [INNER/LEFT/RIGHT]JOIN 表 2 ON 连接条件
```

【例 4-20】检索订单明细信息，包括商品编号、商品名称、单位数量、订单编号、订货量，查询语句如下：

```
SELECT order_detail.G_id,G_name,G_spec, order_id, quantity FROM
order_detail JOIN goods ON order_detail.G_id=goods.G_id;
```

部分查询结果如图 4-83 所示。

G_id	G_name	G_spec	order_id	quantity
G17	猪肉	每袋500克	D00001	12
G42	糙米	每袋3千克	D00002	10
G72	酸奶酪	每箱2个	D00003	5
G14	沙茶	每箱12瓶	D00004	9
G51	猪肉干	每箱24包	D00005	40
G41	虾子	每袋3千克	D00006	10
G51	猪肉干	每箱24包	D00007	35

图 4–83 【例 4–20】部分查询结果

【例 4-21】检索所有客户订单信息，包括客户编号、客户名称、城市、地址、联系电话、订单编号、商品金额及订购日期。如客户无订单，相应的订单信息显示空值。查询语句如下。

左连接方式：

```
SELECT customer.c_id,c_name,city,address,tel,order_id,amount,order_date FROM customer LEFT JOIN orders ON customer.c_id=orders.c_id;
```

右连接方式：

```
SELECT customer.c_id,c_name,city,address,tel,order_id,amount,order_date FROM orders RIGHT JOIN customer ON customer.c_id=orders.c_id;
```

部分查询结果如图 4-84 所示。

c_id	c_name	city	address	tel	order_id	amount	order_date
KH001	三川实业有限公司	天津	大崇明路 50 号	020-30074321	D00803	792.3	0000-00-00 00:0
KH002	东南实业	天津	承德西路 80 号	020-35554729	D00061	1150	0000-00-00 00:0
KH002	东南实业	天津	承德西路 80 号	020-35554729	D00159	111	0000-00-00 00:0
KH002	东南实业	天津	承德西路 80 号	020-35554729	D00476	479.75	0000-00-00 00:0
KH002	东南实业	天津	承德西路 80 号	020-35554729	D00553	330	0000-00-00 00:0
KH002	东南实业	天津	承德西路 80 号	020-35554729	D00610	320	0000-00-00 00:0
KH002	东南实业	天津	承德西路 80 号	020-35554729	D00686	849	0000-00-00 00:0
KH002	东南实业	天津	承德西路 80 号	020-35554729	D00777	514.4	0000-00-00 00:0

图 4-84 【例 4-21】部分查询结果

三、更新数据

SQL 中的 UPDATE 语句用于修改数据表中的数据，其语法格式如下：

```
UPDATE  表名
SET 字段名 1=值 1[,字段名 2=值 2,……]
[WHERE  条件表达式];
```

其中，字段名表示需要修改的字段名称，值为修改后的新值。

【例 4-22】将 orders 表中订单金额超过 10 000 元的运费修改为 0，语句如下：

```
UPDATE  orders SET carriage=0  WHERE  amount>10000;
```

运行后，order 表中有 13 条记录被修改。

四、删除数据

SQL 中的 DELETE 语句用于删除数据表中的数据，其语法格式如下：

```
DELETE  FROM  表名  [WHERE  条件表达式]
```

其中，条件表达式指定要删除的记录满足的条件。

【例 4-23】删除 order_detail 表中商品编号为 G17 的所有订单明细信息，语句如下：

```
DELETE  FROM  order_detail  WHERE G_id='G17';
```

运行后，order_detail 表中有 41 条记录被删除。

任务三　常用数据分析方法

采集到的数据经过处理后，即进入分析阶段。数据分析是指为提取有用信息和形成结论而对数据加以详细研究和概括总结的过程。数据分析常用的方法有哪些？它们的原理有何不同？不同的数据分析方法适合什么样的应用情景？面对诸如此类的问题，下面我们一起来了解常用的几种数据分析方法。

一、对比分析法

对比分析法是指将两个或两个以上的数据进行比较，分析它们的差异，从而揭示这些数据所代表的事物发展变化情况和规律。

1. 对比分析法的标准

（1）时间标准。时间标准即选择不同时间的指标数据作为对比标准，常用的指标有与上一年同一时期相比（即“同比”），现在的统计周期与上一个统计周期相比（即“环比”）。此外，分析人员还可以选择与达到历史最好水平的时期或历史上一些关键时期做对比。

（2）空间标准。空间标准即选择不同空间的指标数据进行比较。

① 与相似的空间比较，如本市与某些条件相似的城市比较。

② 与先进空间比较，如本市与一线城市比较。

③ 与扩大的空间标准比较，如本市水平与全国平均水平比较。

（3）经验或理论标准。经验标准是通过对大量历史资料的归纳总结而得到的标准，如衡量生活质量水平的恩格尔系数。理论标准则是对已知理论进行推理得到的依据。

（4）计划标准。计划标准即设定一个计划、定额或目标数值，将现实的数值与其对比。

2. 对比分析法的原则

在实际操作的过程中，使用对比分析法需要遵循的原则有：指标的内涵和外延可比；指标的时间范围可比；指标的计算方法可比；总体性质可比。将两个完全不具有可比性的对象摆在一起进行对比分析是徒劳无功的。

二、分组分析法

分组分析法是根据数据分析对象的性质、特征，按照一定的指标，把分析对象划分为不同的部分和类型来进行比较研究，以揭示其内在的联系和规律。分组的目的是便于对比，因此分组分析法通常与对比分析法结合使用。

根据指标的性质，分组分析法分为属性指标分组和数量指标分组。属性指标所代表的数据不能进行运算，只能说明事物的性质、特征，主要用于分类数据，如姓名、所属部门、性别、文化程度等指标。数量指标所代表的数据能够进行加减乘除运算，说明事物的数量特征，主要用于数值型数据，如年龄、工资水平、企业的资产总值等指标。

分组分析法的关键在于确定组数与组距，再根据组距大小对数据进行分析整理，划归到相应组内。

1. 属性指标分组

按属性指标分组一般较简单，分组指标一旦确定，组数、组名、组与组之间的界限也就确定。

例如，人口按性别分为男、女两组，具体到每个人应该分在哪一组是一目了然的。

2. 数量指标分组

数量指标分组是指选择数量指标作为分组依据，将数据总体划分为若干个性质不同的部分，进而分析数据的分布特征和内部联系。数量指标分组的常用方法包括以下步骤。

（1）根据数据的本身特点来确定组数。

（2）确定各组的组距。

组距=（最大值-最小值）/组数

（3）根据组距的大小，对数据进行分组整理，划归至相应组内。

上面介绍的为等距分组，也可进行不等距分组。数据变动比较均匀的适合等距分组，数据变动很不均匀的适合不等距分组。数据分析人员可根据需要进行选择。

三、平均分析法

平均分析法是利用平均数指标来分析某一特征数据总体在一定时间、地点条件下某一数量特征的一般水平。平均指标可用于同一现象的不同地区、不同部门或单位间的对比，还可用于同一现象在不同时间的对比。

在数据集合中，所有数据都参与计算得到的平均数称为数值平均数，包括算术平均数、几何平均数等。在数据集合中，按照数据的大小顺序或出现的频率，选出一个代表值，称为位置平均数，包括中位数和众数等。

1. 算术平均数

算术平均数是非常重要的基础性指标。平均数是综合指标，其特点是将总体内各单位的数量差异抽象化，只能代表总体的一般水平，掩盖了在平均数后各单位的差异，容易受极端值影响。其计算公式为：

算术平均数=总体各单位数值的总和/总体单位个数

2. 几何平均数

在分析商品合格率、银行利率等指标时，数据之间的关系是乘除关系，适合运用几何平均数分析。假设一个数据集合的数据分别为 $K_1,K_2,\cdots,K_n$，且所有数值均大于 0，那么该数据集合的几何平均数 $\overline{K}$ 的计算公式为：

$$\overline{K}=\sqrt[n]{K_1\times K_2\times\cdots\times K_n}$$

3. 中位数

将数据集合中所有数据按大小进行排序，如果数据个数为奇数，最中间位置的数据称为该数据集合的中位数；如果数据个数为偶数，那么中间两个数据的算术平均数称为该数据集合的中位数。

例如：数据集合｛1，4，6，7，9，11，13｝的中位数为 7；数据集合｛6，9，12，14，15，18，20，23｝的中位数为（14+15）÷2 = 14.5。

当数据集合中存在极大值或极小值时，一般运用中位数来代表该数据集合的集中趋势测度值。

4. 众数

众数是指数据集合中出现次数最多的数据，具有不唯一性。如果有多个数值出现次数相同且最多，那么这几个数据都是该数据集合的众数。如果数据集合中所有数据的出现次数相等，那么这个数据集合就没有众数。

例如：数据集合｛4，5，6，7，9，9｝的众数为 9，数据集合｛3，3，6，8，9，11，11｝的众数是 3 和 11。

当一个数据集合中数据量较多且某个数据出现的频率较高时，适合运用众数来代表数据集合的集中趋势测度值。

四、交叉分析法

交叉分析法通常用于分析两个变量（字段）之间的关系，即同时将两个有一定联系的变量及其值交叉排列在一张表格内，使各变量值成为不同变量的交叉结点，形成交叉表，从而分析交叉表中变量之间的关系，所以也叫交叉表分析法。交叉分析法使用最多的是二维交叉表。

例如：对图 4-85 所示的表格进行交叉变换，得到的结果如图 4-86 所示。

姓名	科目	成绩
刘备	语文	68
关羽	语文	83
张飞	语文	66
刘备	数学	86
关羽	数学	77
张飞	数学	82
刘备	英语	71
关羽	英语	74
张飞	英语	70

图 4-85　一维表

科目	刘备	关羽	张飞	行小计
语文	68	83	66	217
数学	86	77	82	245
英语	71	74	70	215
列小计	225	234	218	677

图 4-86　二维交叉表

通过交叉表分析，很容易了解：

（1）刘备、关羽、张飞语文、数学、英语三科的总成绩；

（2）语文、数学、英语单科的总成绩。

交叉分析法在市场调研项目中应用比较广泛，它可以让复杂的数据关系简单化，对于调研数据的整理比较有用。

五、综合评价分析法

综合评价分析法是运用多个指标对多个参评单位进行多变量综合评价的一种分析方法。

应用综合评价分析法一般包括以下五个步骤。

（1）确定综合评价指标体系，即包含哪些指标。这一步是综合评价的基础和依据。

（2）收集数据，并对不同计量单位的指标数据进行标准化处理。

（3）确定指标体系中各指标的权重，以保证评价的科学性。

（4）汇总经过处理后的指标，计算出综合评价指数或综合评价分值。

（5）根据评价指数或分值对参评单位进行排序，并得出结论。

综合评价分析方法具有以下特点。

（1）评价过程不是逐个指标依次完成的，而是通过一些特殊方法对多个指标同时完成评价。

（2）在综合评价过程中，一般要根据指标的重要性进行加权处理。

（3）评价结果不再是具有具体含义的统计指标，而是以指数或分值表示参评单位综合状况的排序。

六、杜邦分析法

杜邦分析法是由美国杜邦公司创造并最先采用的一种综合分析方法，又称杜邦财务分析体系，简称杜邦体系。它是利用各主要财务指标的内在联系，对企业财务状况及经济效益进行综合分析评价的方法。

杜邦分析体系的特点是将若干个用以评价企业经营效率和财务状况的比率按其内在联系有机结合起来，形成一个完整的指标体系，并最终通过权益收益率来综合反映。

杜邦分析法的基本思路如下。

（1）权益净利率是一个综合性非常强的财务分析指标，是杜邦分析法的核心。

（2）资产净利率是影响权益净利率的重要指标，具有很强的综合性。资产净利率取决于总资产周转率和销售净利率。总资产周转率反映总资产的周转速度。对总资产周转率进行分析时，需要对影响资金周转的各因素进行分析，以判明影响企业资金周转的主要问题在哪里。销售净利率反映销售收入的收益水平。扩大销售收入、降低成本费用是提高企业销售利润率的根本途径，而扩大销售，同时也是提高总资产周转率的必要条件和途径。

（3）权益乘数表示企业的负债程度，反映了企业利用财务杠杆进行经营活动的程度。资产负债率越高，权益乘数越大，说明企业负债程度越高，企业的杠杆利益越多，但风险也更高；反之，资产负债率越低，权益乘数越小，说明企业负债程度越低，企业的杠杆利益越低，但相应所承担的风险也更低。

七、高级数据分析法

高级数据分析法可以归纳为以下七个研究方向，其数据分析方法分别如下。

（1）数据分析方法按产品研究方向分为相关分析、对应分析、判别分析、结合分析、多维尺度分析等。

（2）数据分析方法按品牌研究方向分为相关分析、聚类分析、判别分析、因子分析、对应分析、多维尺度分析等。

（3）数据分析方法按价格研究方向分为相关分析、PSM 价格分析等。

（4）数据分析方法按市场细分方向分为聚类分析、判别分析、因子分析、对应分析、多维尺度分析、Logistic 回归、决策树等。

（5）数据分析方法按满意度研究方向分为相关分析、回归分析、主成分分析、因子分析、结构方程等。

（6）数据分析方法按用户研究方向分为相关分析、聚类分析、判别分析、因子分析、对应分析、Logistic 回归、决策树、关联规则等。

（7）数据分析方法按决策研究方向分为回归分析、决策树、神经网络、时间序列、Logistic回归等。

📖拓展阅读

认识数据处理的重要性

俗话说："行百里者半九十。"在数据分析中，近80%的时间都用于处理数据。干净的数据源是一切分析工作的前提，不干净的数据源可能会使计算或分析结果产生极大偏差，造成严重后果。

1998年，火星气候探测者号发射，用于研究火星气候和大气结构。但是，在发射后不久，地面上的宇航局团队与该航天器的通信信号就消失了，原因是火星气候探测者号上的飞行系统软件使用公制单位牛顿计算推进器动力，而地面人员输入的方向校正量和推进器参数则使用英制单位磅力，导致该航天器误闯入了火星大气层的低空位置而解体。

对于很多企业来讲，有效处理并分析大数据已成为日常经营中十分重要的一环，数据已成为企业重要的资产。在数据处理过程中，一定要有严谨、认真、负责的态度，重视缺失值、重复值、异常值、不一致数据等的处理工作，为后续决策分析提供可靠数据源。

项目实训

查找销冠商品

本项目实训主要是从给定的数据库文件"sale.sql"中找出总销量排名第一的商品信息。

【分步解析】

（1）对销售明细表（order_detail）中的数据进行统计，分组汇总每种商品的总销量（total_quantity）。语句如下：

```
    SELECT G_id,SUM(quantity) as total_quantity  FROM order_detail GROUP
BY G_id;
```

（2）对统计后的数据按总销量（total_quantity）降序排列，并查询排序后第一条记录对应的商品编号（G_id）和总销量（total_quantity）。语句如下：

```
    SELECT G_id,SUM(quantity) AS total_quantity  FROM order_detail GROUP
BY G_id  ORDER BY total_quantity DESC  LIMIT 1;
```

（3）将查询结果与商品表（goods）进行内连接，将商品编号（G_id）相同作为连接条件，查询总销量第一的商品名称。语句如下：

```
    SELECT G_name,total_quantity FROM goods JOIN
    (SELECT G_id,SUM(quantity) AS total_quantity  FROM order_detail GROUP
BY G_id  ORDER BY total_quantity DESC  LIMIT 1) a
    ON goods.G_id=a.G_id;
```

其中，语句中的"a"是括号中查询语句对应的查询结果的别名。

运行上面的语句，得到的结果如图4-87所示。

G_name	total_quantity
花奶酪	1652

图4-87　项目实训查询结果

可以看出，销量最好的商品是花奶酪，总销量为1 652箱。

课后习题

一、单选题

1. 分组分析法是根据数据分析对象的特征，按照一定的指标，把数据分析对象划分为不同的部分和类型来进行研究，以揭示其内在的联系和规律性。分组分析法的关键在于（　　）。

A. 确定属性和数量　　B. 确定组数与组距

C. 确定属性和组数　　D. 确定数量与组距

2. 将两个有一定联系的变量及其值交叉排列在一张表格内，用于分析两个变量（字段）之间关系的分析方法是（　　）。

A. 交叉分析法　　B. 对比分析法　　C. 分组分析法　　D. 平均分析法

二、多选题

1. 对比分析法通过对两个或两个以上的数据进行比较，以揭示这些数据所代表的事物发展变化情况和规律性。对比分析法需遵循的原则是（　　）。

A. 指标的内涵和外延可比　　B. 指标的时间范围可比

C. 指标的计算方法可比　　D. 总体性质可比

2. 平均分析法是利用平均数指标来分析某一特征数据总体的一般水平。在数据集合中，属于平均数的包括（　　）。

A. 几何平均数　　B. 均方差　　C. 中位数　　D. 众数

三、判断题

1. 高级数据分析方法按品牌研究方向分类，可分为相关分析、聚类分析、判别分析、因子分析、对应分析、多维尺度分析等。（　　）

2. 杜邦分析中，资产负债率越高，权益乘数越大，说明企业的负债越低，杠杆利益越少，承担的风险也越低。（　　）

3. 在综合评价分析过程中，一般要根据指标的重要性进行加权处理，评价结果是具有具体含义的统计指标。（　　）

四、实训题

根据自己的职业规划，选择一到两个感兴趣的岗位，获取主要招聘网站上该岗位相关的招聘信息进行处理，分析该岗位的发展前景。

项目五

数据呈现——一图胜千言

知识目标

1. 了解数据可视化的基本概念
2. 掌握数据可视化的设计思路
3. 了解数据可视化的工具
4. 掌握不同数据可视化工具的特点

能力目标

1. 能够结合分析目的选择适当的图表形式呈现数据
2. 能够将数据进行可视化呈现

素养目标

1. 注重细节，树立全局意识和创新意识
2. 具备良好的沟通协调能力

任务一　常见的数据可视化呈现方法

一、数据可视化

视觉是人类获取信息的重要通道，人脑超过 50%的功能用于视觉感知。数据可视化，是关于数据视觉表现形式的科学技术研究，是数据处理和分析的一部分，可以帮助人们更直观地读懂并理解数据。

（一）数据可视化的基本概念

数据可视化就是利用人眼的感知能力，对数据进行交互的可视表达，旨在借助图形，清晰有效地传达与沟通信息。为了有效地传达数据的内涵和思想观念，还需要设计适当的图形与美学形式，将难以理解的抽象数据转换成人们容易理解的图形、符号、颜色等不同形式，实现数据信息和价值的传递。

（二）数据可视化历史

数据的可视化呈现有数百年的历史，最初是以手工形式呈现。1853 年，历史上著名的英国护理人员弗洛伦斯·南丁格尔，在提交给上级的报告中加入了大量手绘的表格、图形和地图，让人们意识到了当时医疗状况的严峻性。非常知名的是图 5-1 所示的“南丁格尔玫瑰图”。

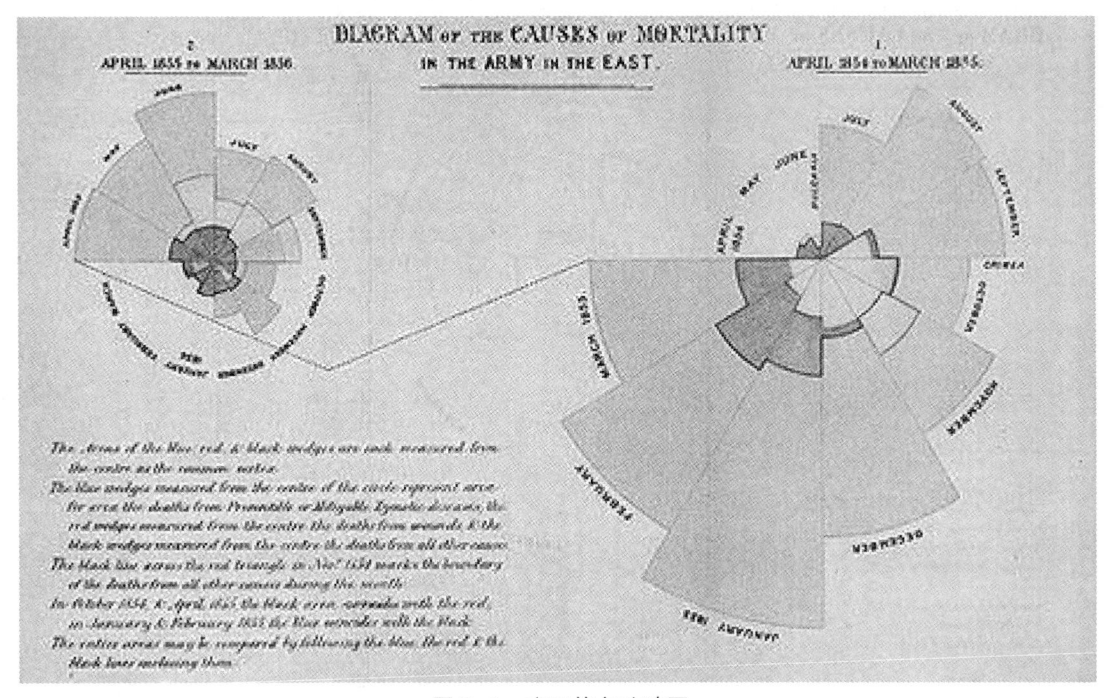

图 5–1　南丁格尔玫瑰图

随着计算机硬件和计算机图形学技术的发展，数据可视化的应用领域不断增加，表现形式更加灵活多样，诸如实时动态效果、用户交互等功能更加丰富，数据可视化像所有新兴概念一样，边界不断向外延伸。

数据可视化过程一般包括数据的采集、分析、治理、管理、挖掘在内的一系列复杂的数据处理。

大型的数据可视化项目，需要多领域专业人士的协同工作才能完成。

二、常见的图表类型

1. 折线图

折线图一般用来反映一段时间内数据的变化趋势，因此非常适合呈现在相同时间间隔内的数据趋势，例如某产品各月的销售额变化情况，或者某上市公司不同年份的资产负债率与行业平均值的变动趋势及对比等。

某公司销售 A、B 两款产品，使用折线图可以清楚地看到这两款产品在 2022 年各月销售额的变化趋势及对比情况，如图 5-2 所示。

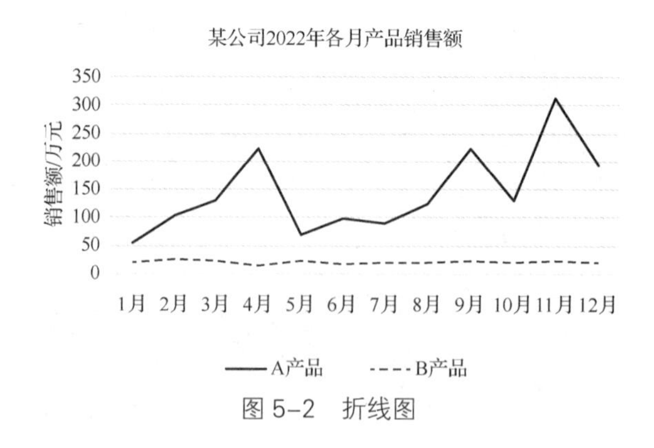

图 5-2　折线图

2. 柱形图

柱形图是最常用的图表类型之一，主要用于显示一段时间内的数据变化或显示各项数据之间的比较。以某公司 2022 年费用汇总数据为例，选择柱形图进行呈现，可看到各月费用的对比情况，如图 5-3 所示。

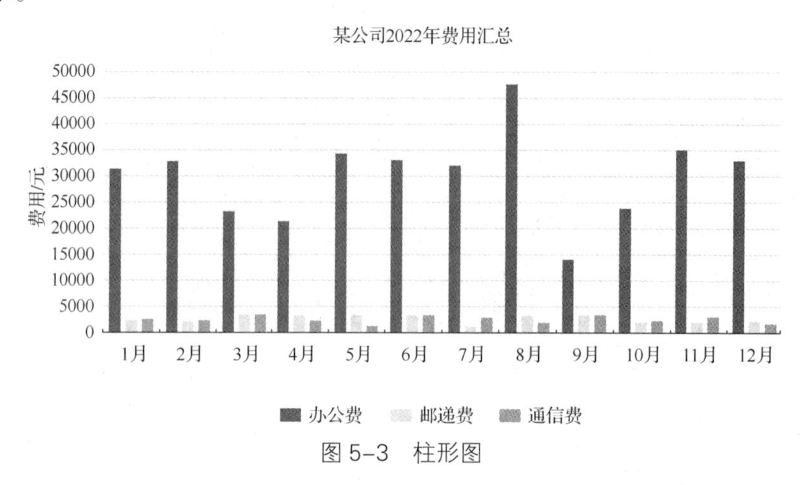

图 5-3　柱形图

3. 饼图

饼图常用于反映部分与整体的关系，显示一个数据系列中各项的大小及其占总体的比例。饼图在统计领域中应用较多。以某班学生英语考试分数为例，饼图可以呈现出不同分数段学生的占比情况，如图 5-4 所示。

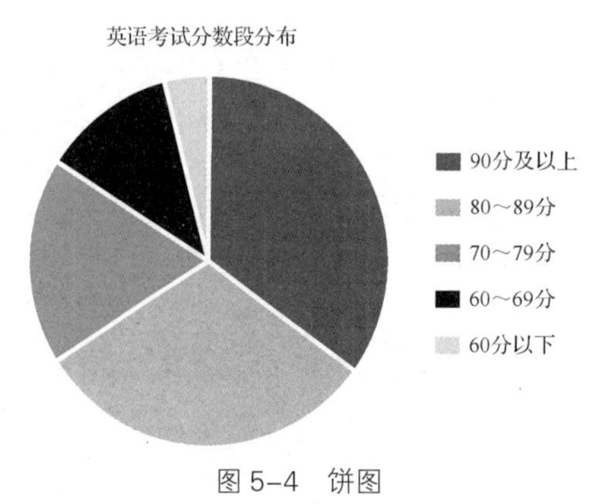

图 5-4　饼图

4. **散点图**

散点图用来反映数据相关性和分布关系，通常用两组数据构成多个坐标点，观察坐标点的分布，判断两变量之间是否存在某种关联，或总结坐标点的分布模式。散点图将序列显示为一组点。数值由点在图表中的位置表示。类别由图表中的不同标记表示。

散点图通常用于比较跨类别的聚合数据。即使自变量为连续变量，仍然可以使用散点图。也就是说，散点图通过散点的疏密程度和变化趋势反映两个连续变量的数量关系。如果有三个变量，并且自变量为分类变量，散点图通过对点的形状或者点的颜色来区分，即可反映这些变量之间的关系。以某公司 2022 年各项费用数据为例设计的散点图如图 5-5 所示。

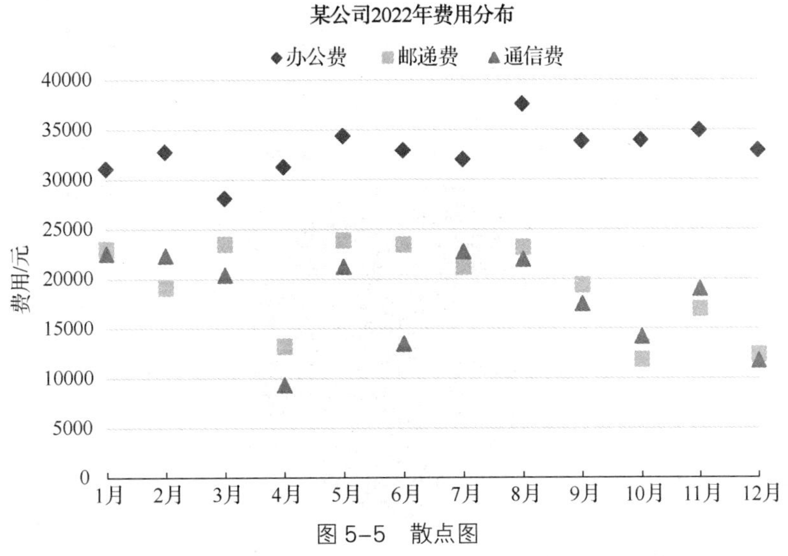

图 5-5　散点图

5. **地图**

地图用来反映区域数据之间的分类比较，用于分析和展示与地理位置相关的数据。例如，可以将某公司在北京、上海、广州三地办公费用的数据在地图上进行着色显示，以展示不同地理区域的费用支出情况。

三、如何选择合适的图表

【想一想】某公司计划对未来几年的产品出口额趋势做一个预测。根据公司 2013—2022 年的销售数据，数据分析员小李对公司 2023—2025 年的出口额进行预测，并做了图 5-6、图 5-7 和图 5-8 所示的三个统计图。

根据下面三个图，请回答以下问题。

（1）从哪幅图能直观地看出公司出口额未来几年的变化情况？

（2）2025 年该公司对欧洲的出口额大约是多少万元？从哪幅图可以明显看出来？

（3）2025 年该公司对欧洲的出口额比对其他各洲出口额的总和还要多，从哪幅图可以得出这个结论？

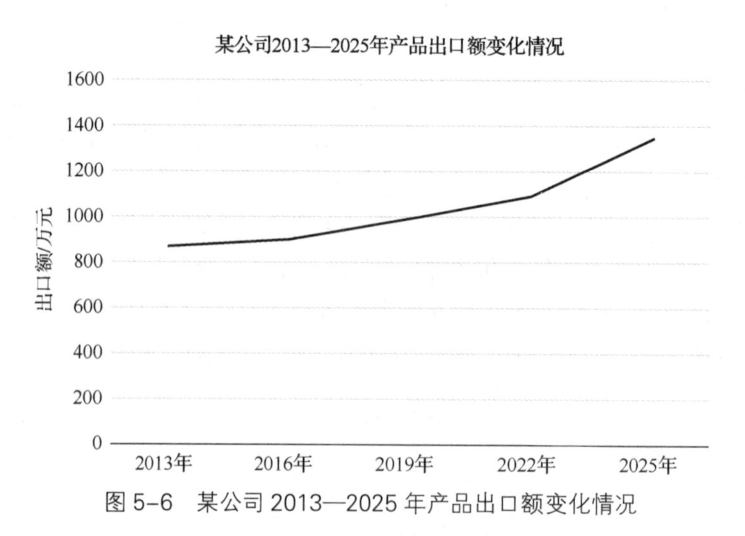

图 5-6　某公司 2013—2025 年产品出口额变化情况

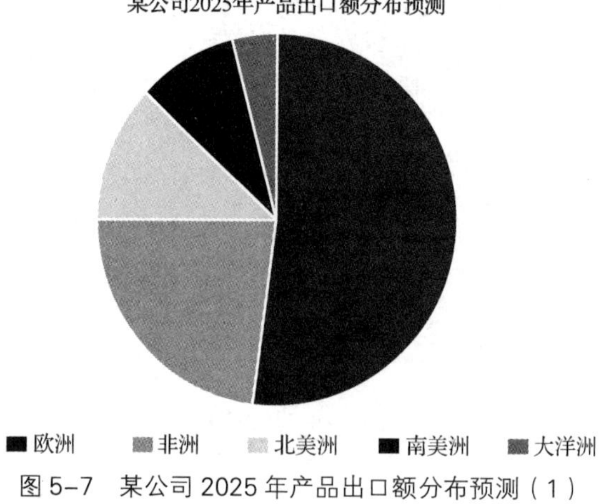

图 5-7　某公司 2025 年产品出口额分布预测（1）

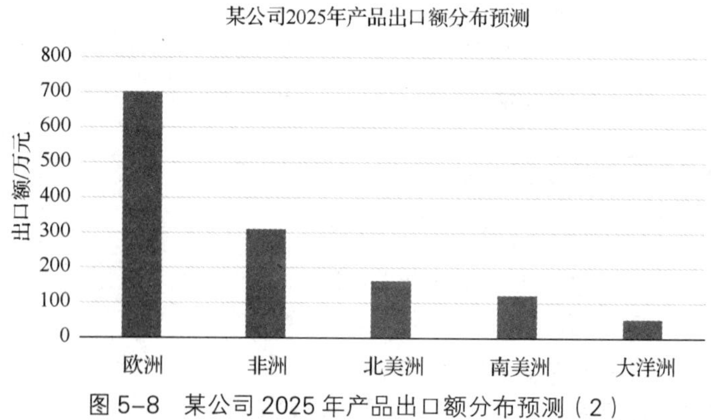

图 5-8　某公司 2025 年产品出口额分布预测（2）

（一）占比类型

占比类型主要用来显示部分与整体的关系，即每一部分占总体的百分比。比如，某产品在 A 省的销量超过全国总销量的 30%，某公司具有大专学历的员工占比最高。

只要主题词中含有“占比”“百分比”等字样，便可以优先选择饼图（见图5-9）、圆环图（见图5-10）、百分比柱形图（见图5-11）、百分比面积图（见图5-12）等进行数据展示。

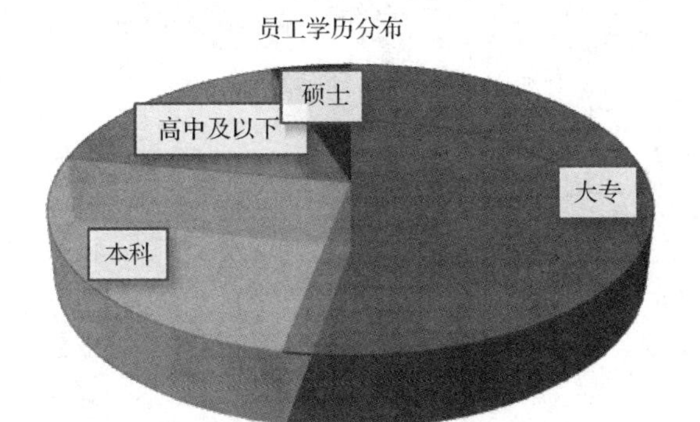

图5-9　员工学历分布饼图

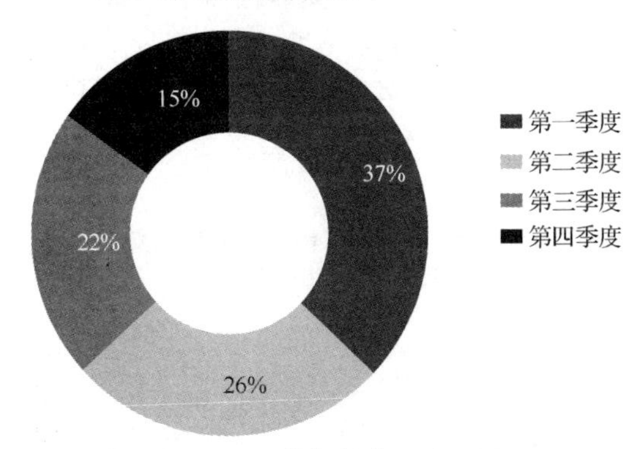

图5-10　销售额占比圆环图

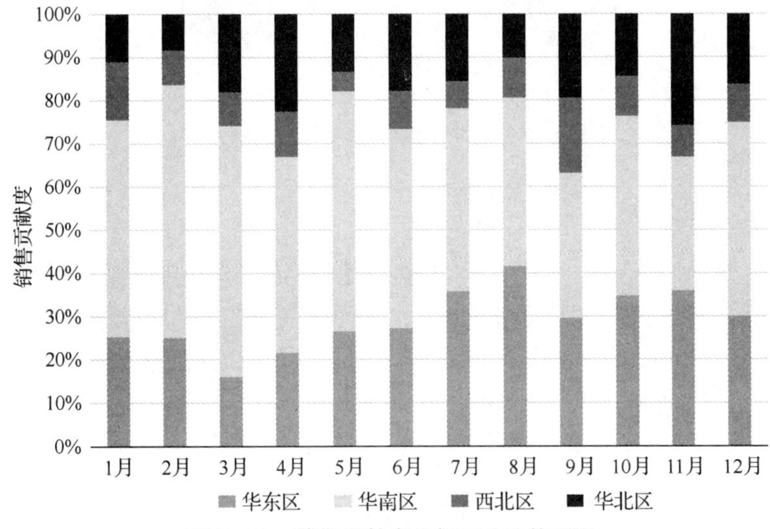

图5-11　销售贡献度分析百分比柱形图

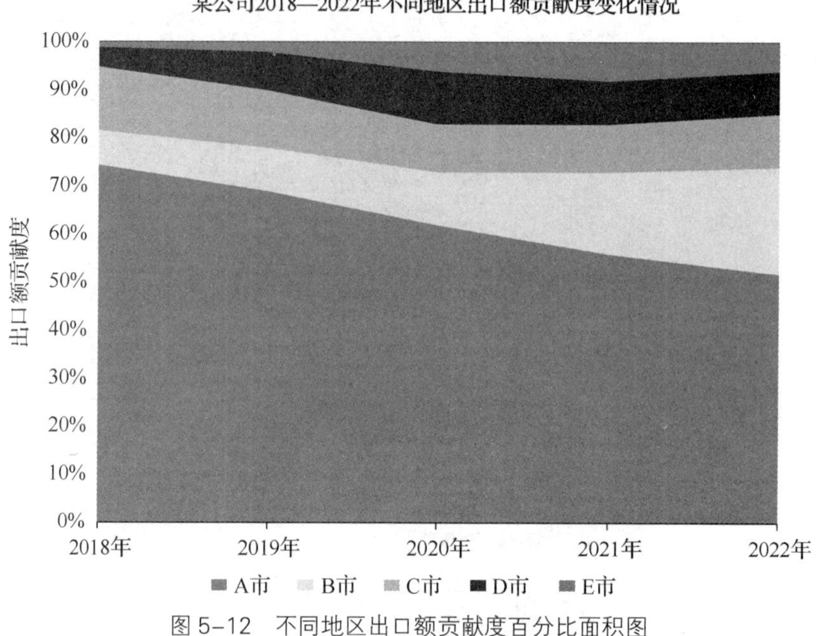

图 5-12　不同地区出口额贡献度百分比面积图

注意

绘制饼图时需要将份额最大的那部分放在 12 点方向，顺时针放置份额第二大的部分，如图 5-13 所示，以此类推。

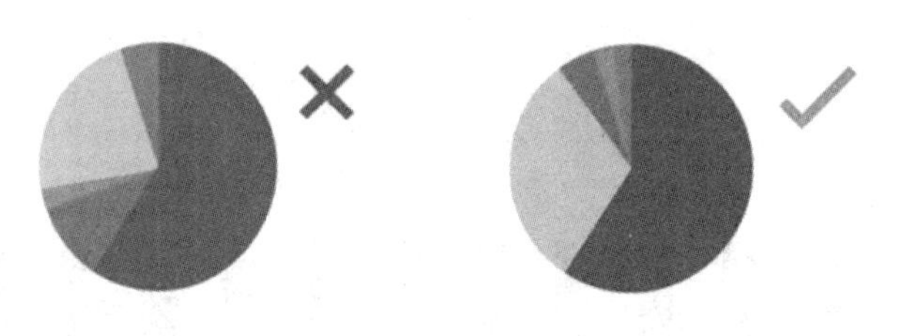

图 5-13　顺时针从大到小放置份额的饼图

（二）比较与排序类型

我们在分析数据时，经常需要对不同对象进行比较。例如，某班语文成绩的排名，某公司本季度草莓味奶茶和蜜桃味奶茶的销量高低，甲省 GDP 增速与乙省 GDP 增速的对比等。

当我们遇见比较与排序的数据分析类型时，选择柱形图是比较合适的。图 5-14 所示为某网站 2017—2022 年手机端综合搜索用户规模。

除了基础柱形图之外，分组柱形图、分面柱形图和人口金字塔等也能满足数据比较或排序需求。

（1）分组柱形图：若每个数据大分类下有相同的小分类，利用该图可以把小分类编成组，进行跨组（即大分类）比较，如图 5-15 所示。

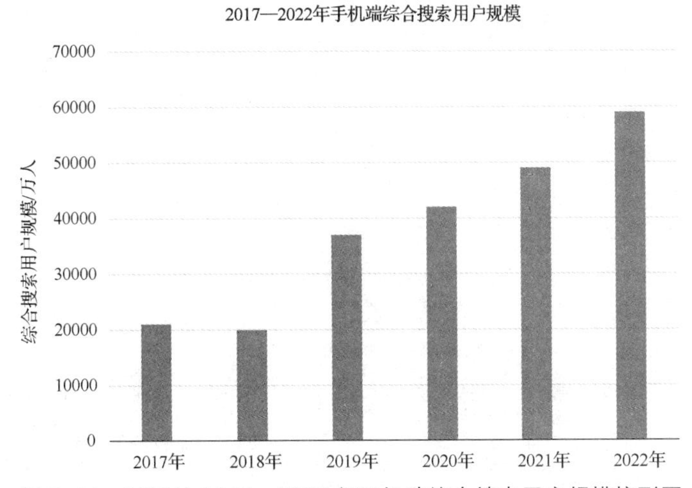

图 5-14　某网站 2017—2022 年手机端综合搜索用户规模柱形图

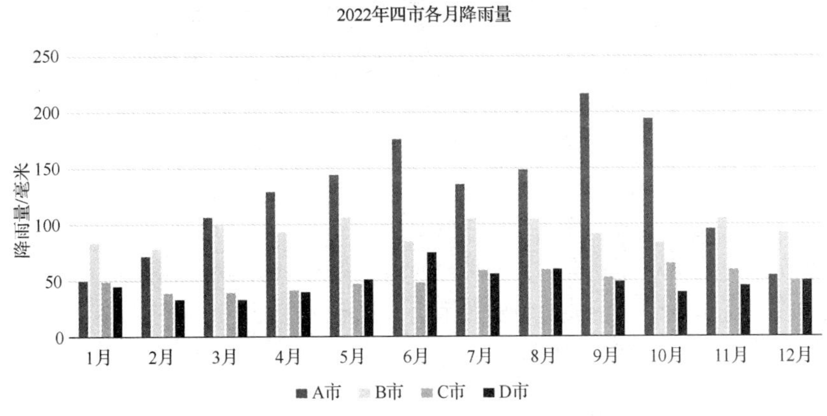

图 5-15　2022 年四市各月降雨量分组柱形图

（2）分面柱形图：基于同一个维度（例如时间），将多个柱形图组合起来，既可以在单个柱形图中进行横向比较，也可以跨柱形图进行纵向比较，如图 5-16 所示。

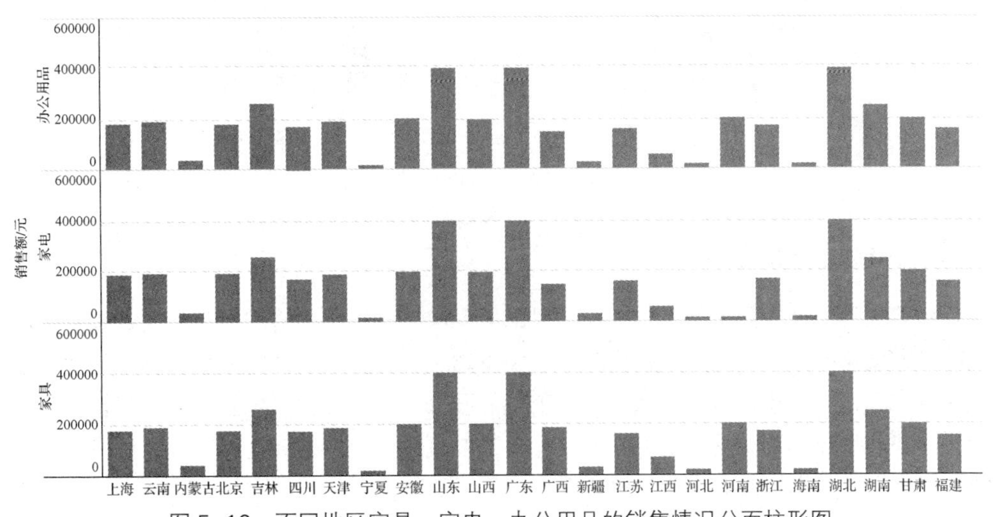

图 5-16　不同地区家具、家电、办公用品的销售情况分面柱形图

（3）人口金字塔：常用于不同年龄段的人口分布对比，展现人口结构情况，如图 5-17 所示。

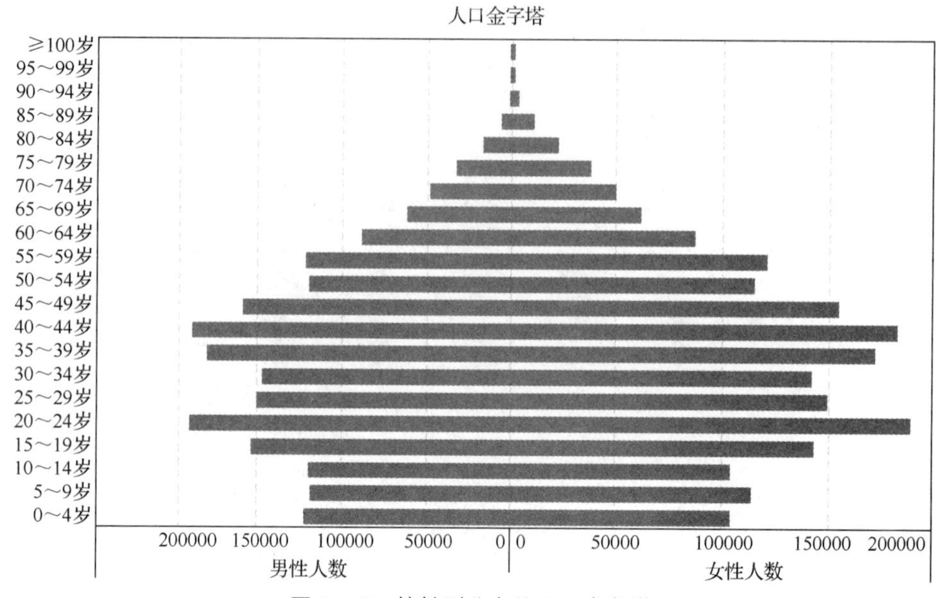

图 5-17　按性别分布的人口金字塔

注意

在绘制柱形图时：第一，分类数据如果没有顺序关系，最好按照数值大小排序；第二，分类数据不能过多，否则会影响图形的观感；第三，柱形的宽度不能过窄或过宽，柱形的间隔最好调整为柱形宽度的 1/2，如图 5-18 所示。

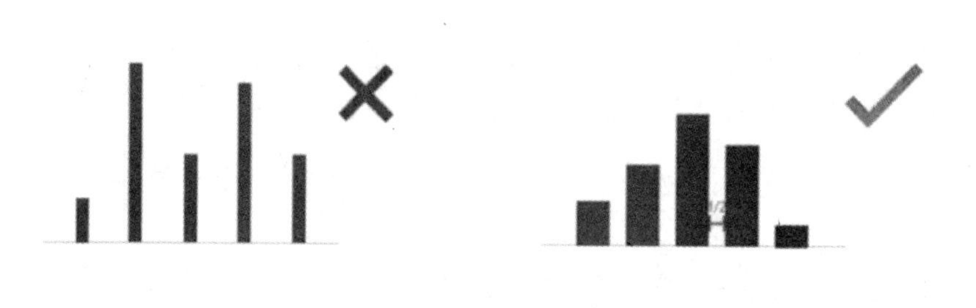

图 5-18　柱形的宽度

（三）变化趋势类型

变化趋势类型大多涉及时间序列数据。时间序列数据是在不同时间点收集到的数据，用于描述数据随时间变化的情况。这类数据反映了某一事物、现象等随时间的变化状态或程度。如我国的贫困人口占总人口的比例持续降低，近 6 个月的股价变动，过去 5 年公司的盈利状况等。

变化趋势类型数据常见的关键词有变化、增长、下降、减少、波动等，常见模式如下。

（1）趋势性：数据随时间变化呈整体上升或下降的趋势。

（2）季节性：数据在每年的特定季度、月份、周、日有波动。

（3）周期性：数据存在不固定频率的上升和下降时，表明该序列数据有周期性，通常与商业活动有关。

针对时间序列变化趋势的数据类型，选择折线图进行可视化处理更为合适，如图 5-19 所示。

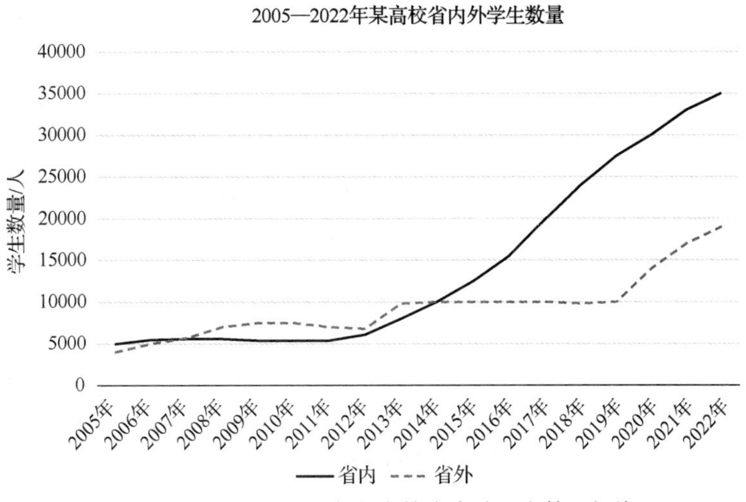

图 5-19　2005—2022 年某高校省内外学生数量折线图

注意

绘制折线图时：一方面，对比的数据不能过多；另一方面，选择的数据最好有一定的差异。当数值大小差不多时，折线会“黏”在一起。同时，尽量不要使用虚线，因为虚线不易区分且会分散注意力。折线图虚线和实线呈现效果比较如图 5-20 所示。

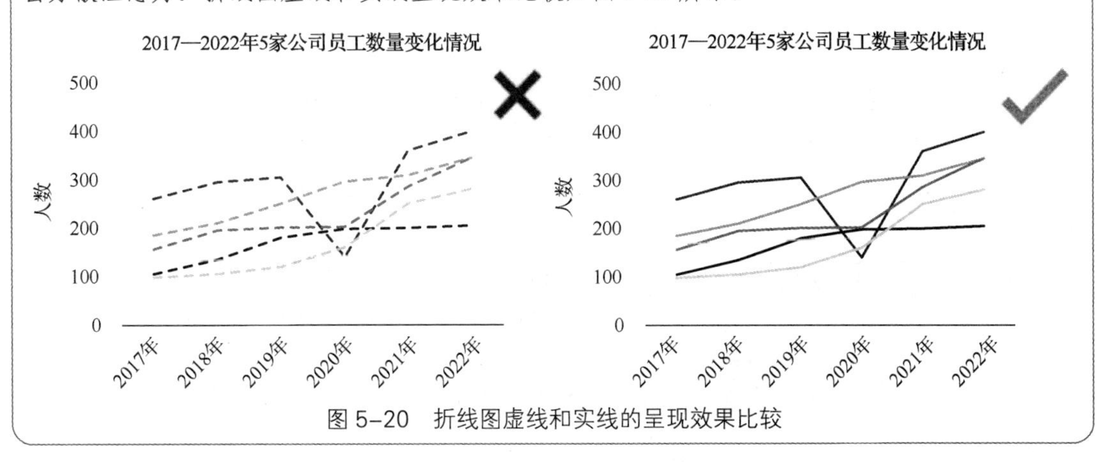

图 5-20　折线图虚线和实线的呈现效果比较

除了折线图之外，柱形图、面积图等也能在一定程度上反映数据的变化趋势。

（四）相关性类型

相关性是指两个变量的关联程度。相关性分析也是人们分析数据时常用的方法。例如，人的身高和体重之间的关系，天气和冰淇淋的销量之间的关系等。

当分析主题中包括与什么相关、随什么增长、随什么减少、根据什么变化，或者不随什么增长等，那么就可以断定数据是相关性对比关系。当分析相关性问题时，选择散点图是比较合适的，如图 5-21 所示为某社区居民身高和体重之间关系的散点图。

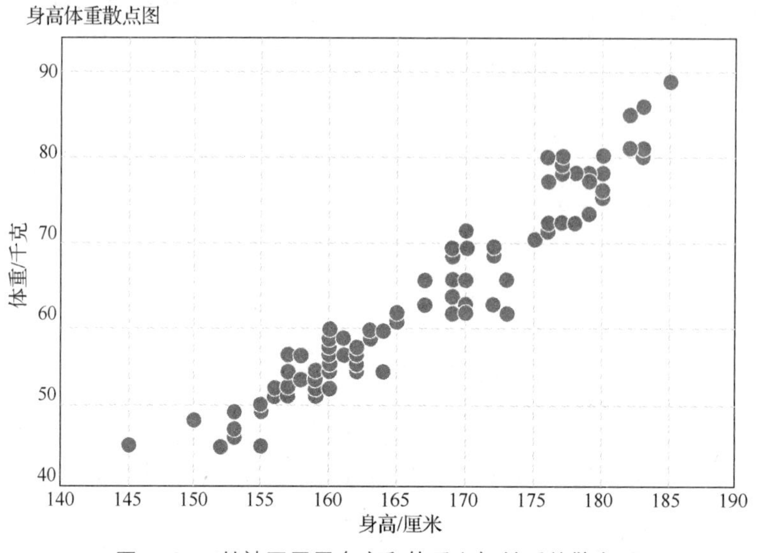

图 5–21　某社区居民身高和体重之间关系的散点图

散点图适用于数据比较多的情况，不仅可以显示趋势，还能显示集群的形状，以及在数据云团中各数据点的关系——这在大数据应用中是极为重要的一点。无论是探寻学生体重与身高之间的关系，肺活量与自由潜水深度之间的关系，地震强度与持续时间之间的关联，还是对比不同部门利润与支出的数据，我们都可以用散点图来进行展示。

（五）位置分布类型

位置分布是根据地理位置数据，通过地图展示不同的分布特征。比如，中国 500 强企业的地区分布，某省不同地市的房价情况，某公司在全国各省区的销售额情况等。

地图多应用于区际贸易、交通流向、人口迁移、消费行为、航空线路等场景。

任务二　常用的数据可视化工具

可视化工具可以提供多种数据呈现形式、多样的图形渲染形式和丰富的人机交互方式。市面上支持数据可视化的软件及平台较多，下面介绍几种常用的数据可视化工具以及常用的数据呈现方法。

一、Excel

Excel 具有直观的界面、丰富的数据计算功能和强大的图形处理能力，可用于个人或商业数据的计算、加工、分析和图形展示。

1. 标准图表

以 Excel 2016 为例，其中提供了 14 种标准图表类型，其中的柱形图、条形图、折线图、饼图、散点图、直方图和箱线图等比较常用。

【操作方法】打开 Excel 表格，选定数据区域，单击“插入”选项卡中“图表”组的各种图表按钮，如图 5-22 所示，即可创建不同的可视化图形。用户也可以单击“推荐的图表”按钮，打开“插入图表”对话框，根据需求选择适当的图表。假如用户要展示不同月份办公费用和销售费用的对比情况，则可以选择“柱形图”，如图 5-23 所示。

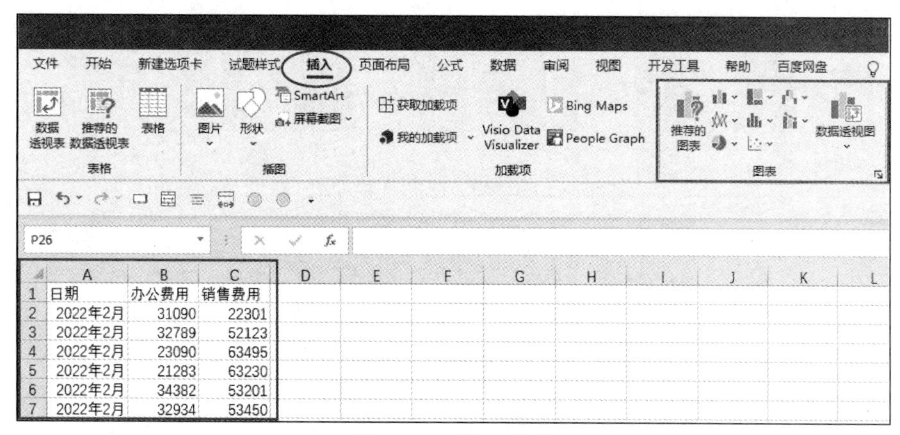

图 5-22　插入图表

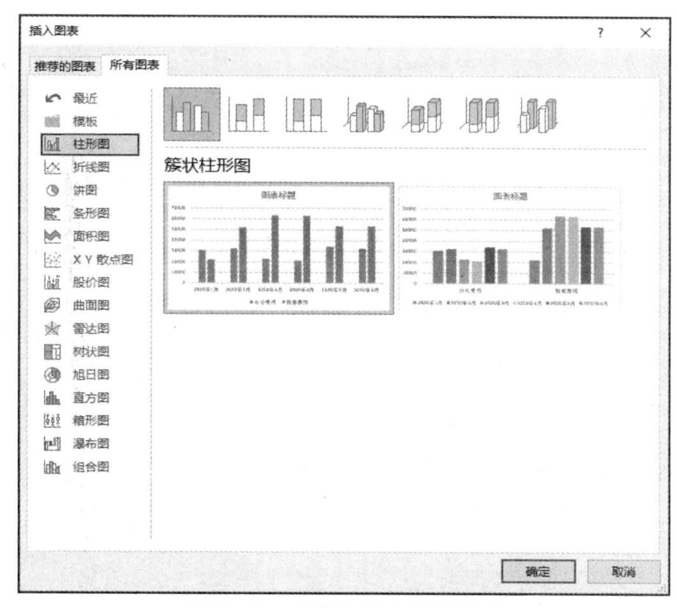

图 5-23　选择合适的图表样式

下面以某公司 2022 年上半年的办公费用和销售费用支出情况为例，通过绘制柱形图来介绍图表的基础知识。

（1）图表区是指图表的全部范围，绘图区是指图表区内的图形表示区域，如图 5-24 所示。

单击图表区的空白处，在右侧的“设置图表区格式”面板中可以对图表区的大小、填充、边框等进行设置，如图 5-25 所示。单击绘图区的空白处，在右侧的“设置绘图区格式”面板中可以对绘图区的填充、边框等进行设置，如图 5-26 所示。

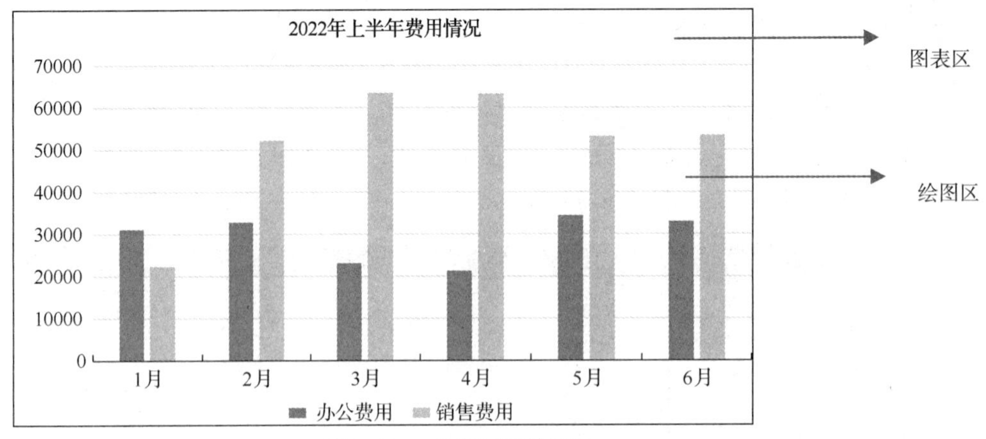

图 5-24　图表区和绘图区

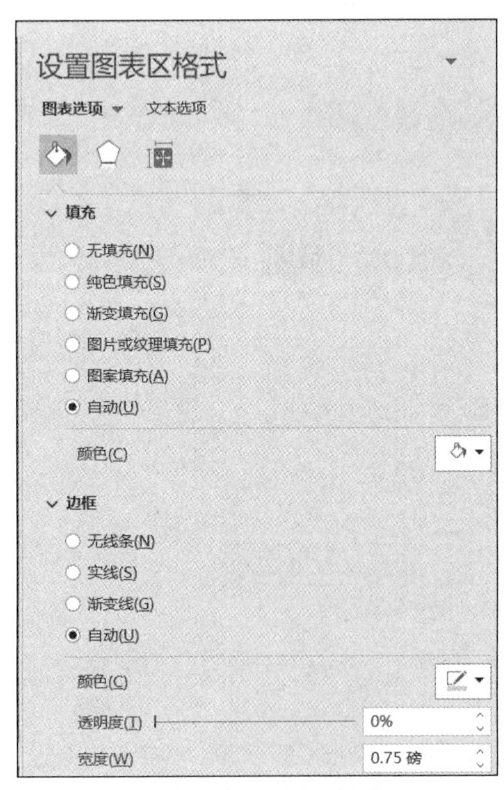

图 5-25　设置图表区格式

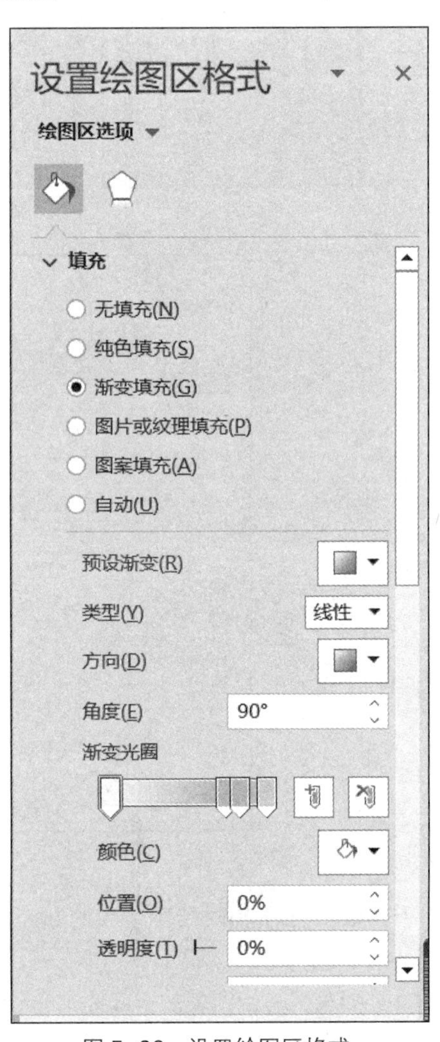

图 5-26　设置绘图区格式

（2）单击图表右上角的第一个按钮可以根据需要添加不同的图表元素，如坐标轴、轴标题、图表标题、数据标签、数据表、误差线、网格线、图例、趋势线等，如图 5-27 所示。

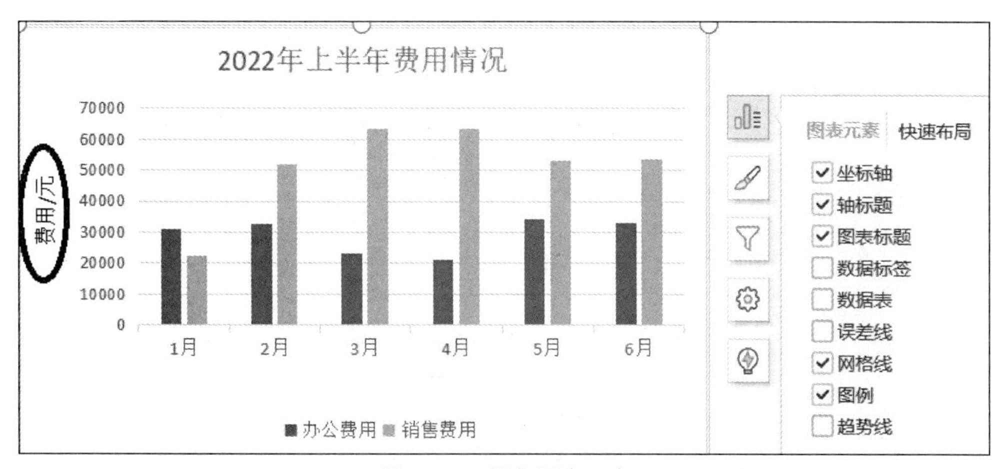

图 5-27　添加图表元素

（3）坐标轴包括横坐标轴和纵坐标轴。当图表中包含多个数据系列时，我们还可以添加相应的次坐标轴。选中坐标轴，可以在右侧的“设置坐标轴格式”面板中对坐标轴的填充、线条、类型、位置、刻度线、数字、标签等进行设置，如图 5-28 所示。

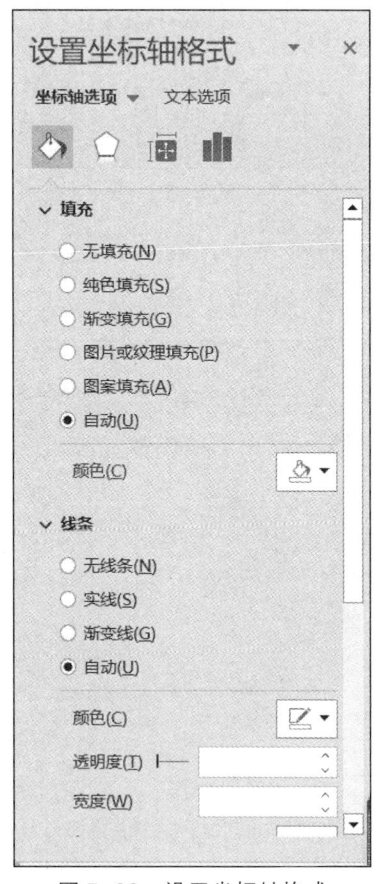

图 5-28　设置坐标轴格式

（4）标题包括图表标题和坐标轴标题。图表标题只有一个，而坐标轴标题最多允许有 4 个。

选中图表标题，可在右侧的“设置图表标题格式”面板中设置标题的格式，如图 5-29 所示。坐标轴标题的设置方法与此类似。

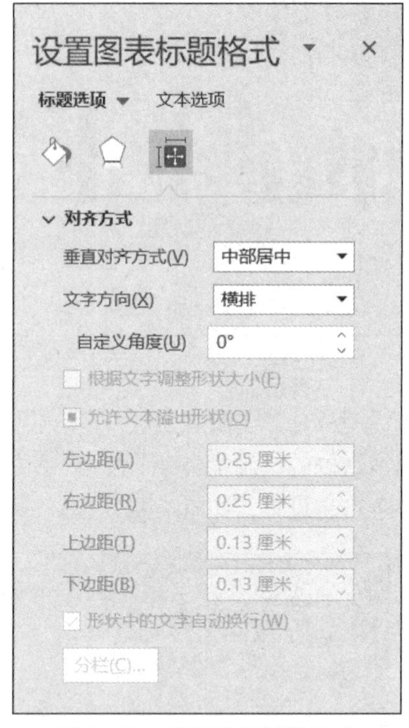

图 5-29　设置图表标题格式

（5）图例是对数据系列名称的标识。选中图例，可以在右侧的“设置图例格式”面板中对图例的各种格式进行设置，如图 5-30 所示。

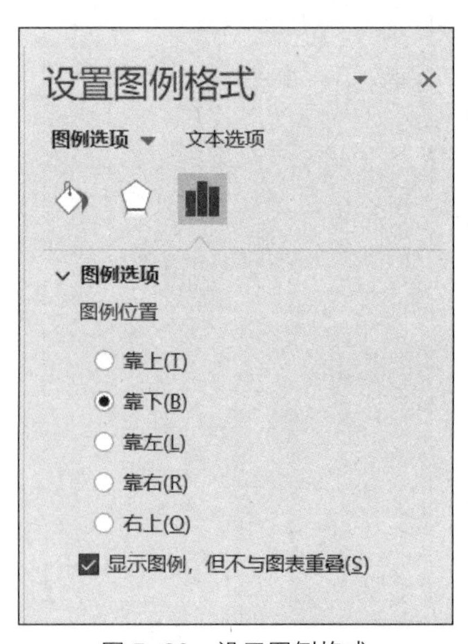

图 5-30　设置图例格式

（6）数据系列是由数据点构成的，每个数据点对应工作表中某个单元格内的数据。在图 5-31 所示的柱形图中，包括“办公费用”和“销售费用”两个数据系列。单击数据系列中的某一个数据点，可选中整个数据系列，然后对其进行格式设置。双击某个数据点，则可单独选中该数据点，对其进行格式设置。

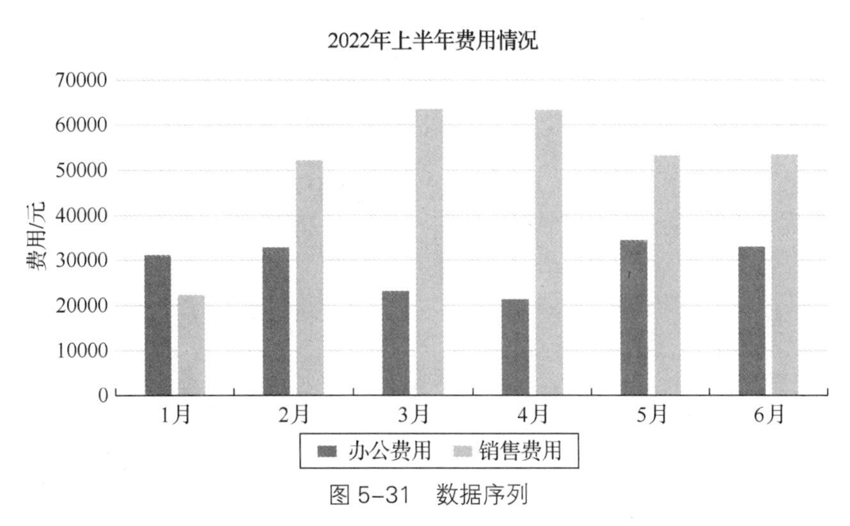

图 5-31 数据序列

（7）数据标签。数据标签是一种用来描述实体特征的数据形式。以某班学生数学考试成绩分布图为例，勾选图表元素下的“数据标签”选项，可以为饼图中各扇形区域添加数据标签，展示各分数段的分布人数，同时可以通过其二级菜单设置数据标签的显示位置，如图 5-32 所示。

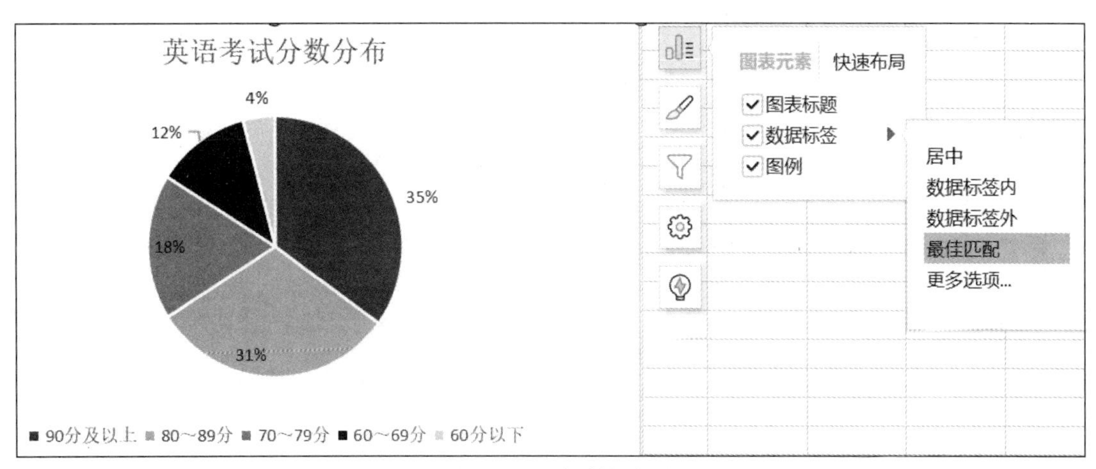

图 5-32 添加数据标签

2. 数据透视图

Excel 还提供了数据透视图功能。数据透视图是一种交互式的图表，可以进行计算，如求和与计数等。下面以某企业 2020 年的费用情况为例，介绍创建数据透视图的方法。

【操作方法】

（1）选择数据区域，如图 5-33 所示。

	A	B	C	D	E
1	日期	办公费	邮递费	通信费	
2	2020年1月	31090	2301	2538	
3	2020年2月	32789	2123	2345	
4	2020年3月	23090	3495	3400	
5	2020年4月	21283	3230	2348	
6	2020年5月	34382	3201	1238	
7	2020年6月	32934	3450	3485	
8	2020年7月	32034	1203	2758	
9	2020年8月	47580	3200	1985	
10	2020年9月	13849	3400	3495	
11	2020年10月	23945	1857	2184	
12	2020年11月	34950	1985	3009	
13	2020年12月	32934	2384	1758	
14					

图 5-33　选择数据区域

（2）单击“插入”选项卡中的“数据透视图”按钮，如图 5-34 所示。

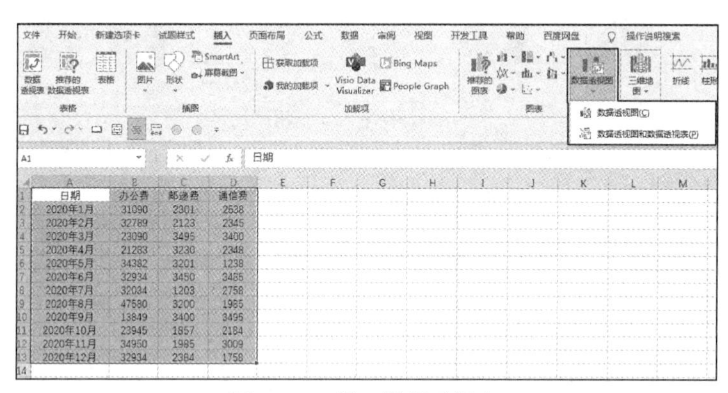

图 5-34　插入数据透视表

（3）在弹出的“创建数据透视图”对话框中，选中“选择一个表或区域”单选按钮，设置表/区域范围，然后单击“确定”按钮，如图 5-35 所示。

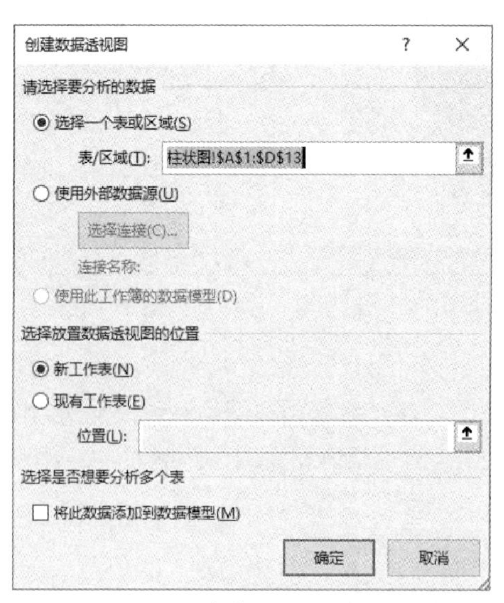

图 5-35　“创建数据透视图”对话框

（4）在“数据透视图”框中，勾选需要进行数据透视显示的字段，如图 5-36 所示。

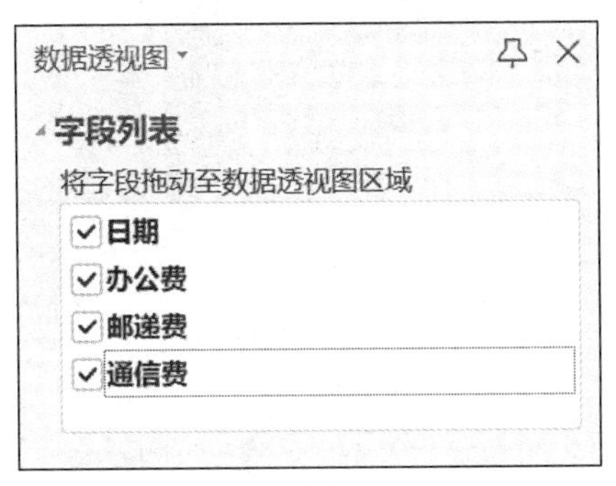

图 5-36 选择数据透视显示字段

（5）选择字段后，即可自动生成数据透视图，如图 5-37 所示。用户通过数据透视图中的“月”“日期”等下拉列表框即可进行数据筛选。例如，选择 6 月的费用情况，如图 5-38 所示，可以看到只有 6 月数据在数据透视图中呈现，如图 5-39 所示。

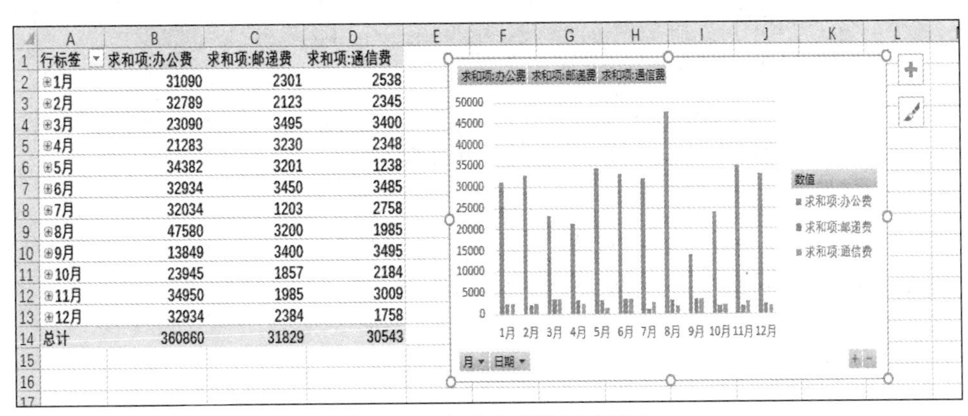

行标签	求和项:办公费	求和项:邮递费	求和项:通信费
1月	31090	2301	2538
2月	32789	2123	2345
3月	23090	3495	3400
4月	21283	3230	2348
5月	34382	3201	1238
6月	32934	3450	3485
7月	32034	1203	2758
8月	47580	3200	1985
9月	13849	3400	3495
10月	23945	1857	2184
11月	34950	1985	3009
12月	32934	2384	1758
总计	360860	31829	30543

图 5-37 自动生成数据透视图

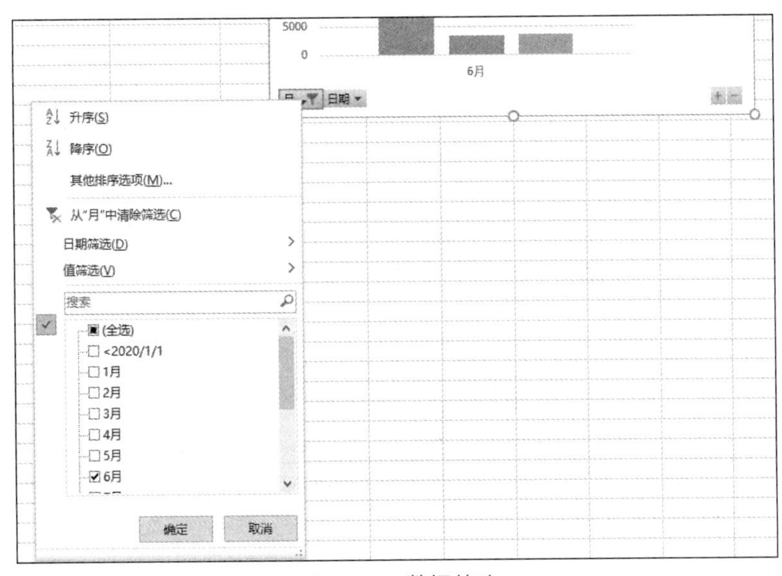

图 5-38 数据筛选

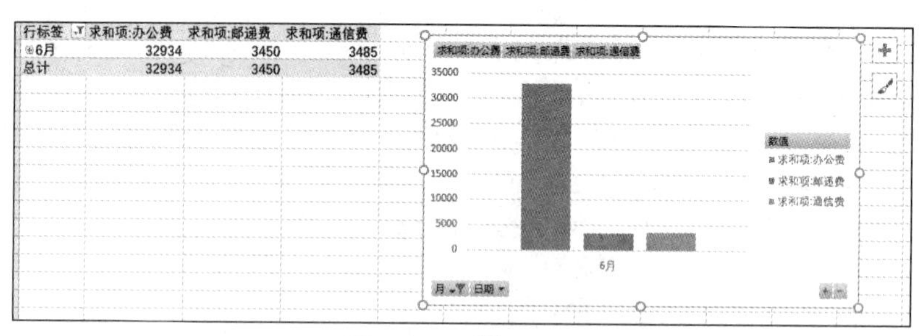

行标签	求和项:办公费	求和项:邮递费	求和项:通信费
6月	32934	3450	3485
总计	32934	3450	3485

图 5-39　数据呈现

二、Power BI

当下数据可视化主流的应用方向是商务智能（Business Intelligence，BI），即利用数据仓库、数据挖掘和数据展示，辅助进行商业决策，以最大化预期商业价值。在商务智能领域有多种不同的软件可实现数据可视化呈现，较为主流的有Power BI、Tableau 等。下面我们来一起学习如何使用 Power BI 进行可视化呈现。

Power BI 是一款用于自助服务和企业商务智能的统一、可扩展平台，可以连接到任何数据并对数据进行可视化展示。

某公司在 2022 年同时上市了 A 产品和 B 产品，现要利用 Power BI 分析这两种产品的销售额及其波动趋势，从而对 2023 年的产品研发和生产做出规划，具体操作如下。

【操作方法】

（1）在“主页”选项卡的“数据”组中，单击“获取数据”按钮，选择数据源文件“图形.xlsx”，即可导入数据，并在右侧窗口中呈现出来，如图 5-40 所示。

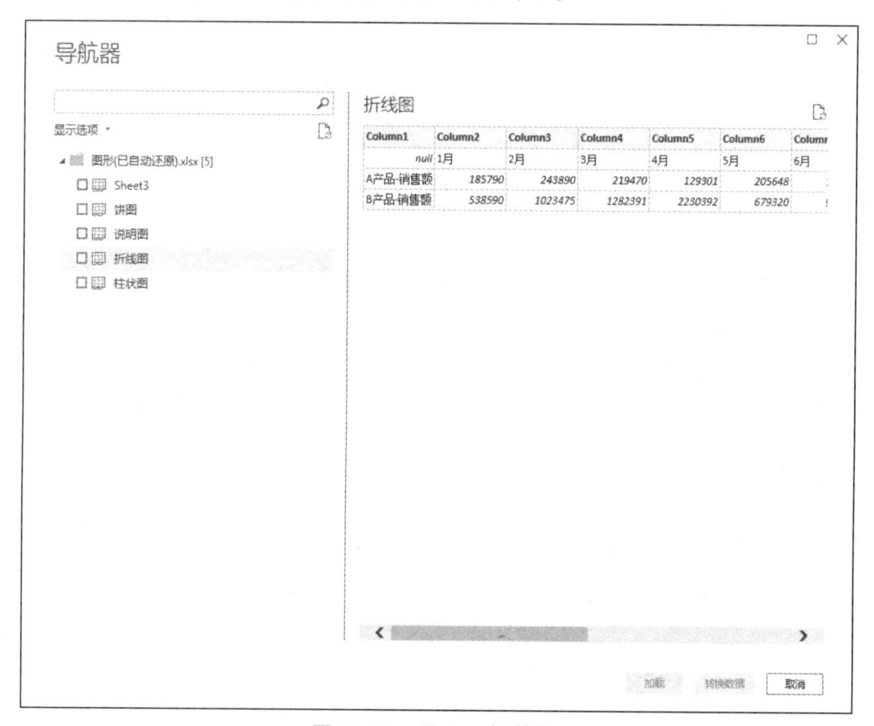

Column1	Column2	Column3	Column4	Column5	Column6	Columr
null	1月	2月	3月	4月	5月	6月
A产品-销售额	185790	243890	219470	129301	205648	
B产品-销售额	538590	1023475	1282391	2230392	679320	

图 5-40　导入目标数据

（2）勾选目标数据，单击“转换数据”按钮，进入 Power Query 编辑器进行数据处理，结果如图 5-41 所示。

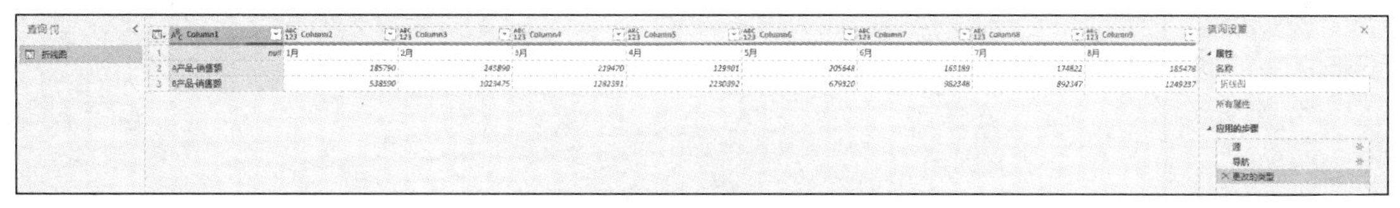

图 5–41　数据处理

（3）单击“转置”按钮，将行列进行转置，方便以时间序列维度进行图形展示，如图 5-42 所示。

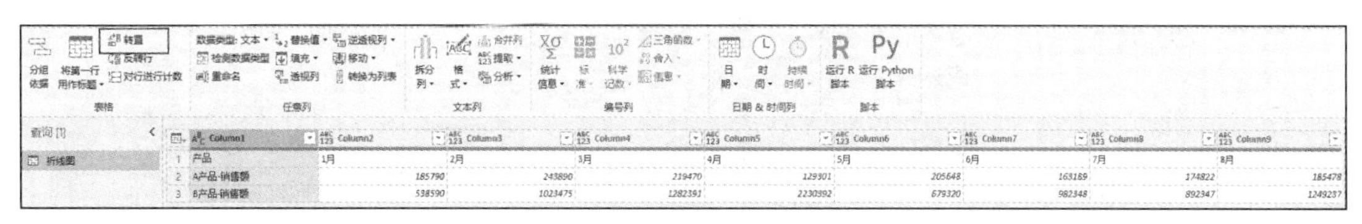

图 5–42　行列转置

（4）完成转置处理后，单击“将第一行用作标题”按钮，将第一行内容作为标题，结果如图 5-43 所示。

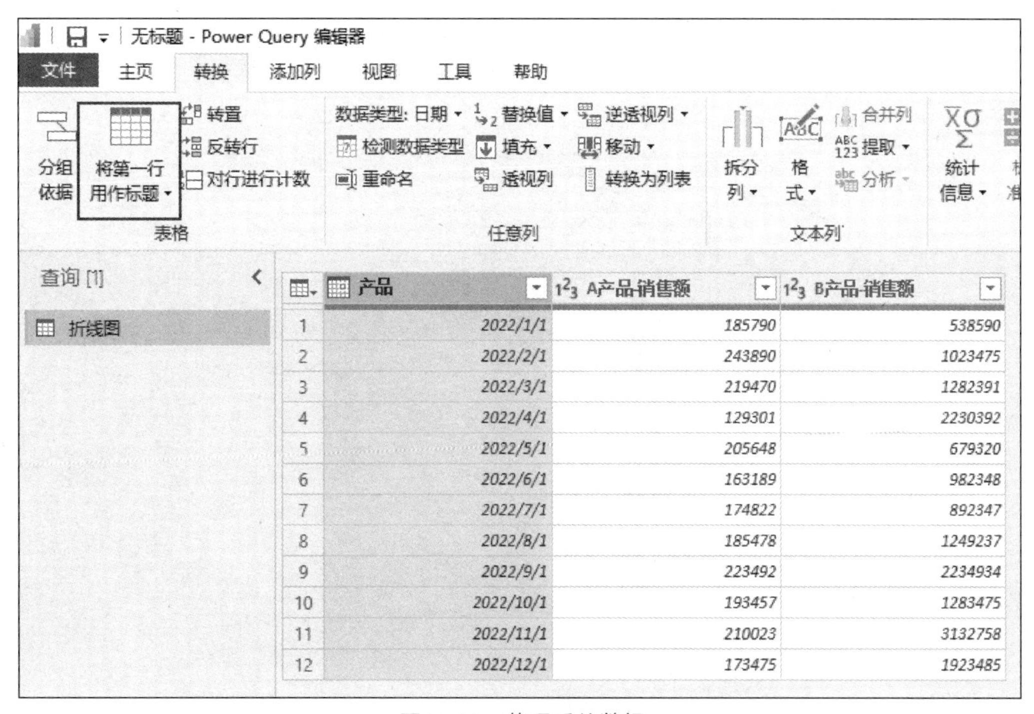

	产品	A产品销售额	B产品销售额
1	2022/1/1	185790	538590
2	2022/2/1	243890	1023475
3	2022/3/1	219470	1282391
4	2022/4/1	129301	2230392
5	2022/5/1	205648	679320
6	2022/6/1	163189	982348
7	2022/7/1	174822	892347
8	2022/8/1	185478	1249237
9	2022/9/1	223492	2234934
10	2022/10/1	193457	1283475
11	2022/11/1	210023	3132758
12	2022/12/1	173475	1923485

图 5–43　整理后的数据

（5）单击“关闭并应用”按钮，进入图表编辑区。在右侧可视化面板中选择合适的可视化图形，这里选择“簇状柱形图”，结果如图 5-44 所示。

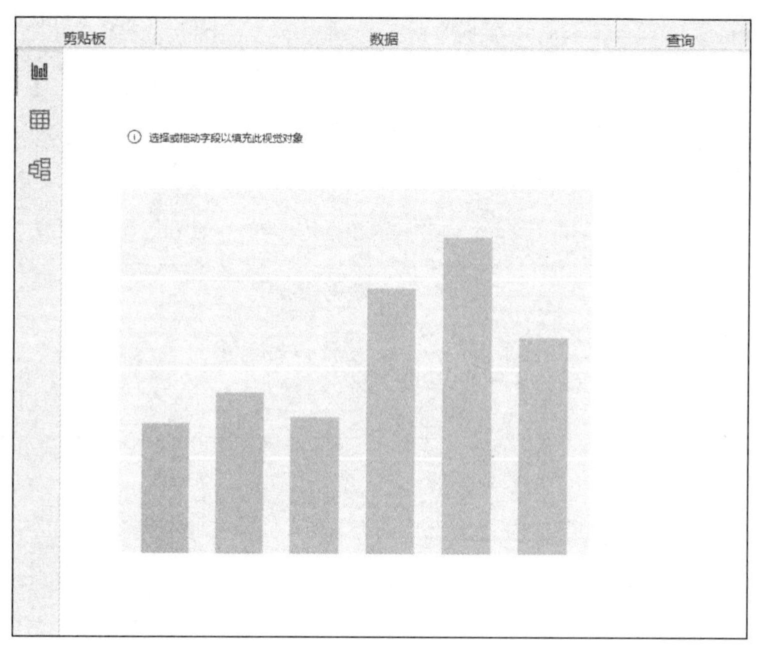

图 5–44　选择可视化图形

可视化面板分为图形选择区、字段区和格式区，如图 5-45 所示。在图形选择区可以根据数据分析和呈现要求，选择合适的图形进行展示。在字段区可以设置轴、值以及进行表间钻取。在格式区可以针对图例、颜色、详细信息标签、标题、背景、锁定纵横比、边框、阴影等图形格式进行设置。

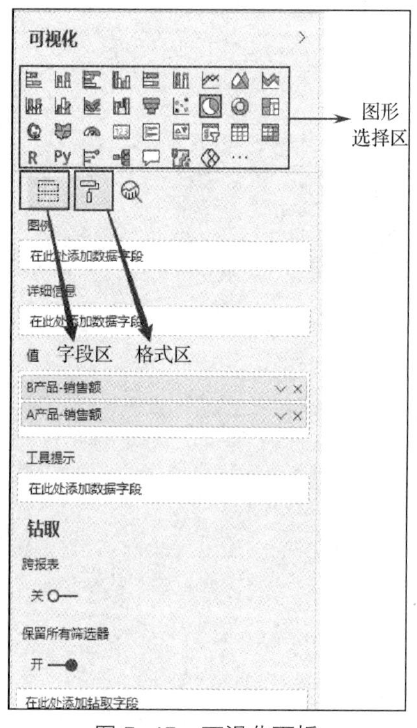

图 5–45　可视化面板

（6）在左侧视图区选择视图，展现目标维度和指标值，完成柱形图的初步设计，如图 5-46 所示。

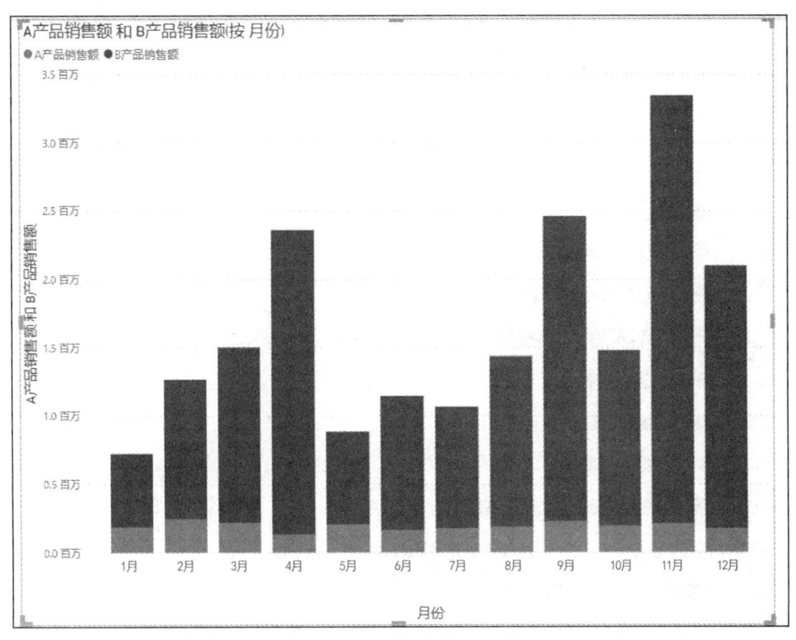

图 5-46　柱形图初步设计

（7）对相关图形指标进行选择设计。在“字段”面板的“日期层次”选项下，选择横轴显示的日期，这里选择“季度”，结果如图 5-47 所示。

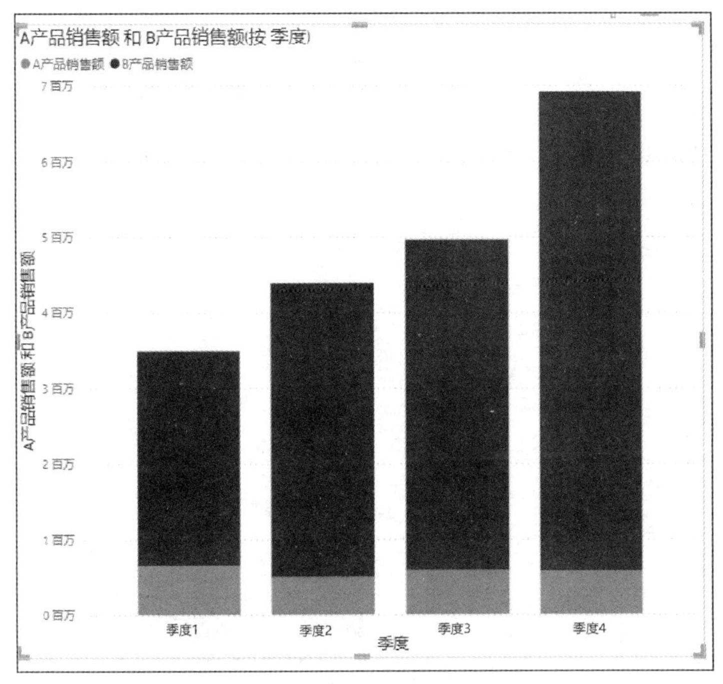

图 5-47　柱形图相关图形指标设计

（8）也可以选择添加其他图形来展示数据，如条形图、折线图和饼图等。

① 条形图：选择条形图，将月份拖到“轴”区域，将A产品销售额、B产品销售额拖到“值”区域，结果如图5-48所示。通过条形图，我们可以直观地观测到两款产品在不同月份的销售额对比情况。

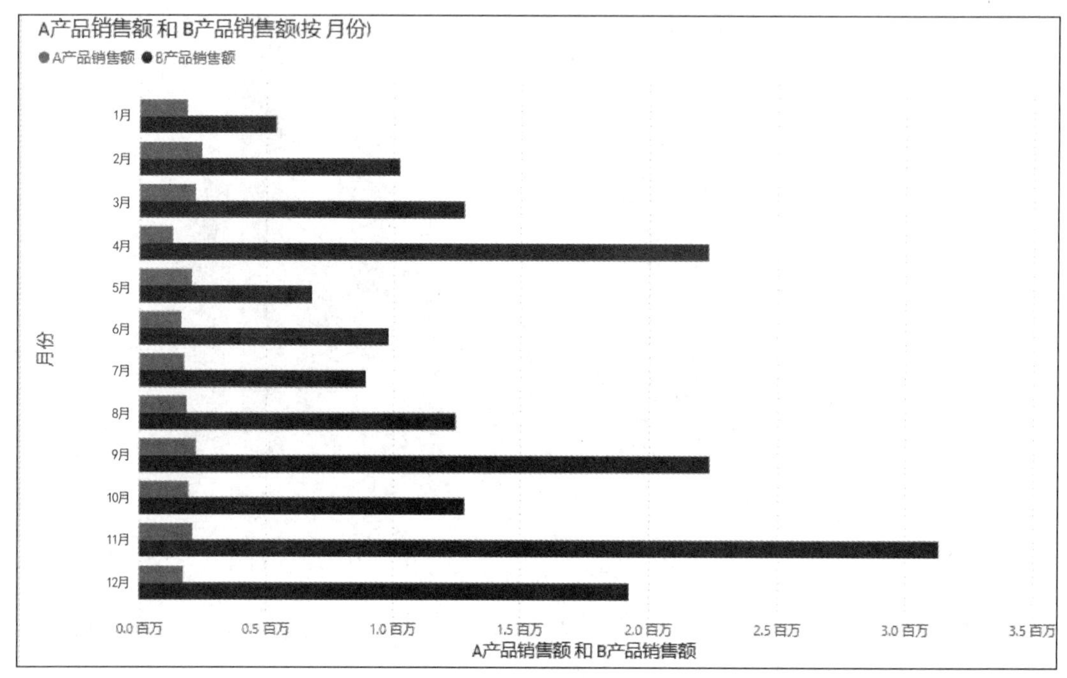

图5-48　条形图

② 折线图：选择折线图，将月份拖到“轴”区域，将A产品销售额、B产品销售额拖到“值”区域，结果如图5-49所示。通过折线图，我们可以观测到两款产品随月份变化的销售额趋势。

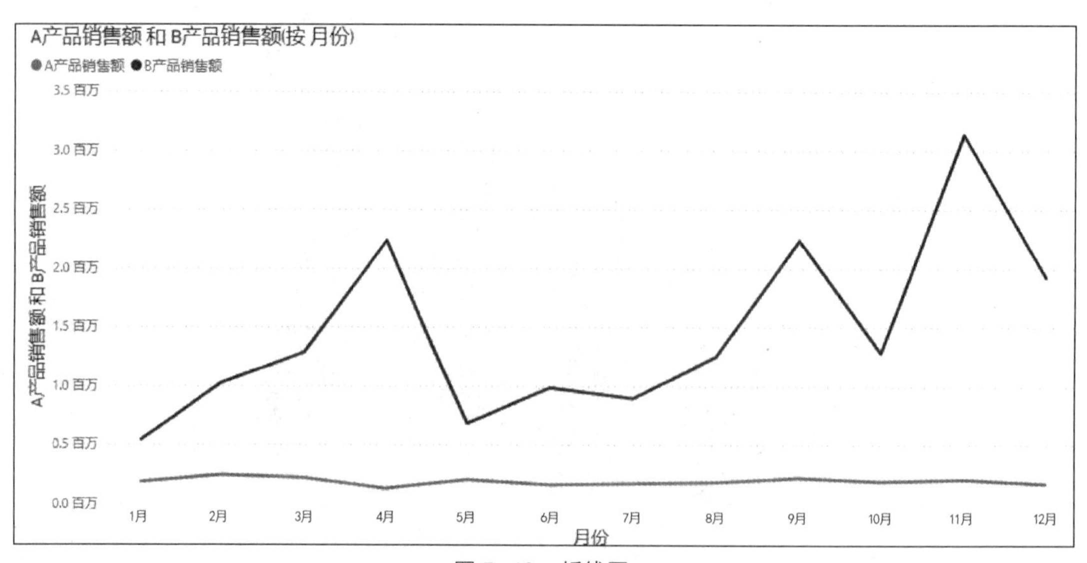

图5-49　折线图

③ 饼图：选择饼图，将 A 产品销售额、B 产品销售额拖到“值”区域，即可展现 2022 年全年销售额中两款产品的占比，如图 5-50 所示。

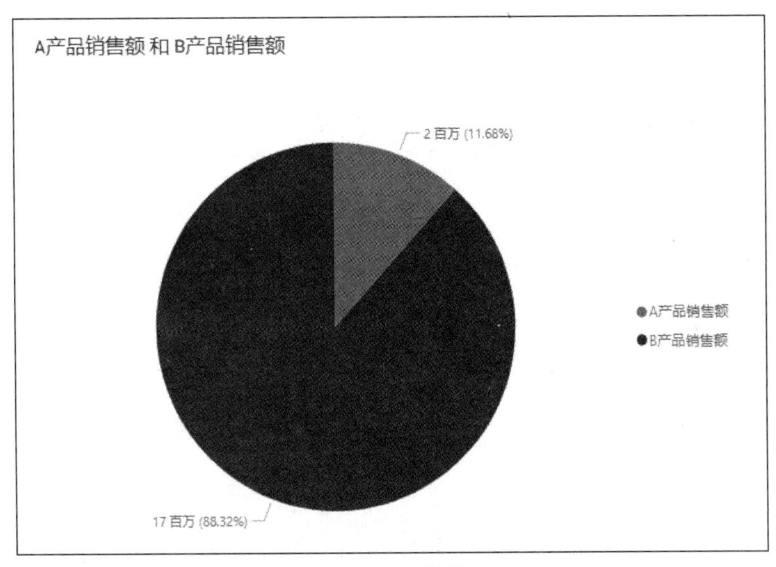

图 5-50　饼图

（9）完成图形选择后，可以对一些图形格式进行设置。这里以饼图为例介绍图形格式的设置方法。选中饼图，可在右侧可视化面板中“格式”区的“常规”栏设定饼图的坐标，如图 5-51 所示。打开图例开关，可以显示图例，并对图例的颜色和文字进行设置，如图 5-52 所示。图形中的颜色可以通过“格式”下的“数据颜色”进行设置，如图 5-53 所示。

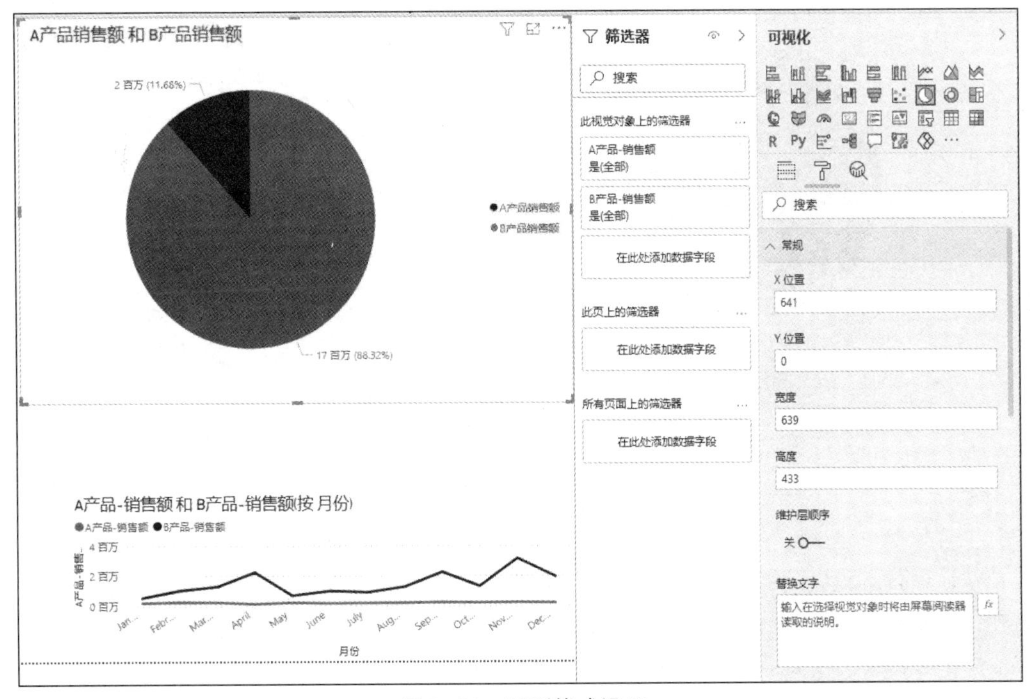

图 5-51　图形格式设置

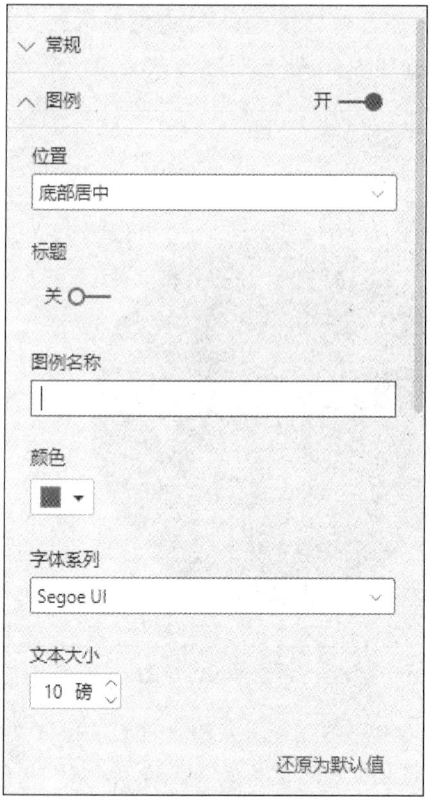

常规

图例 开

位置

底部居中

标题

关

图例名称

颜色

字体系列

Segoe UI

文本大小

10 磅

还原为默认值

图 5-52　图例设置

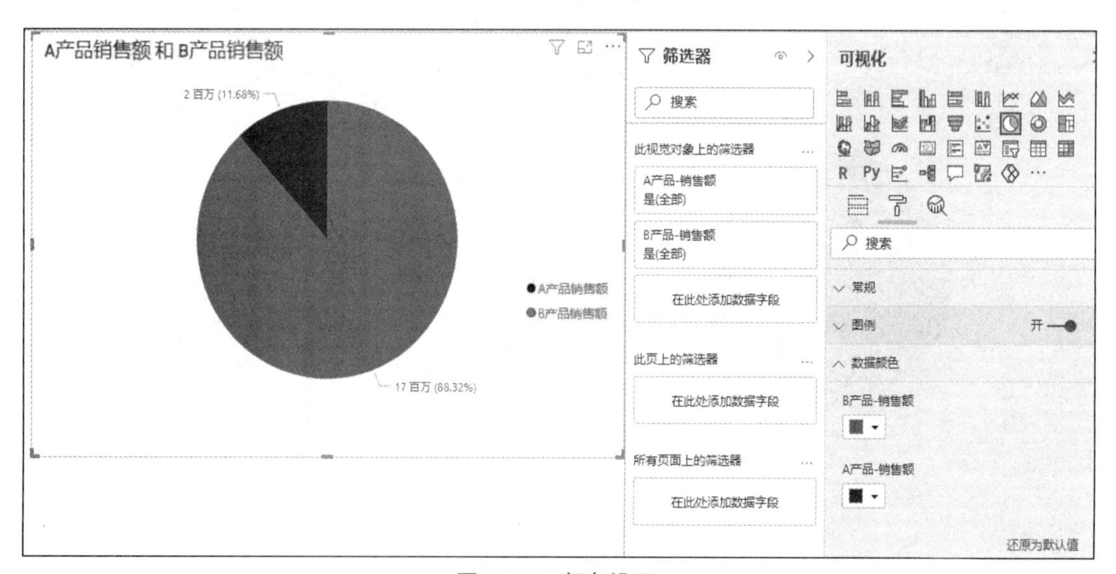

图 5-53　颜色设置

在“详细信息标签”下，“标签样式”包括 7 种不同的选项，如图 5-54 所示，用户可根据具体的可视化需求进行选择。“显示单位”包括 6 种不同的选项，如图 5-55 所示。此外，还可以设置数值的小数位、文本大小、字体、标签在图形中的位置等。

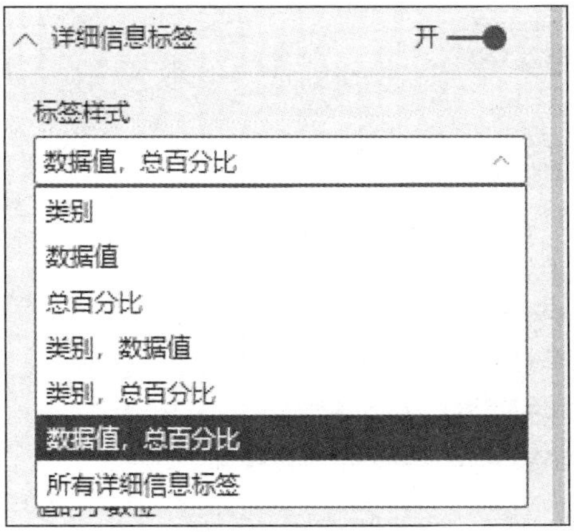

详细信息标签 开
标签样式
数据值，总百分比
类别
数据值
总百分比
类别，数据值
类别，总百分比
数据值，总百分比
所有详细信息标签

图 5-54 标签样式设置

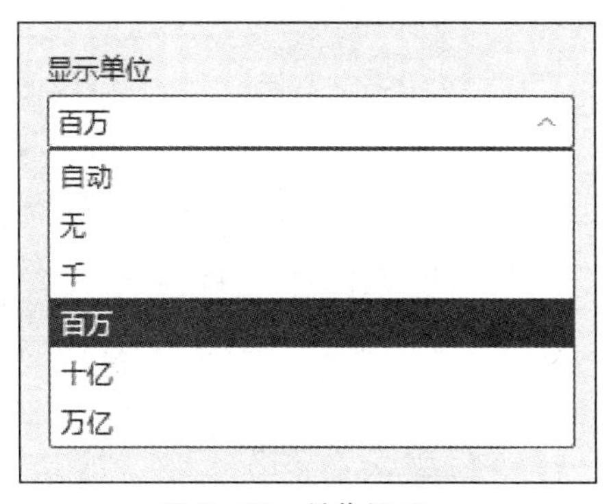

图 5-55 单位设置

可通过格式区的“标题”，设置标题相关属性，包括标题文本、自动换行、字体颜色、背景色、对齐方式、文本大小、字体系列等，如图 5-56 所示。

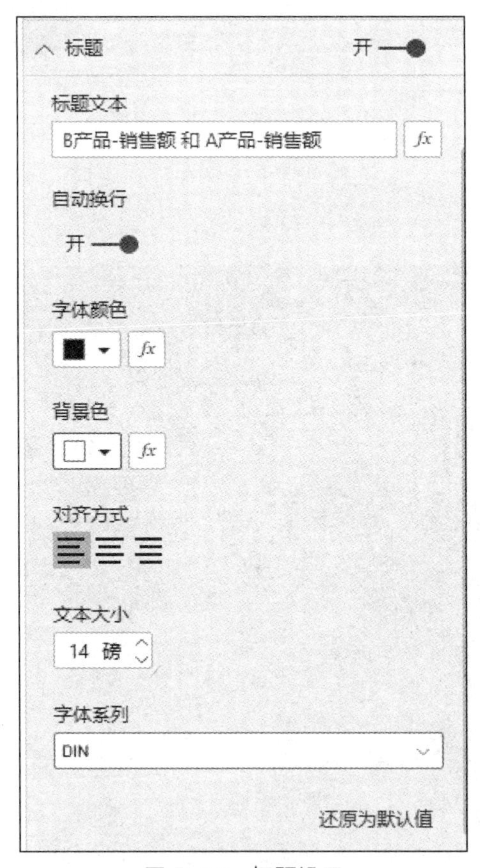

图 5-56 标题设置

（10）在完成图形的选择及设计后，单击“插入”选项卡中的“文本框”按钮，进行可视化标题设置，如图 5-57 所示。

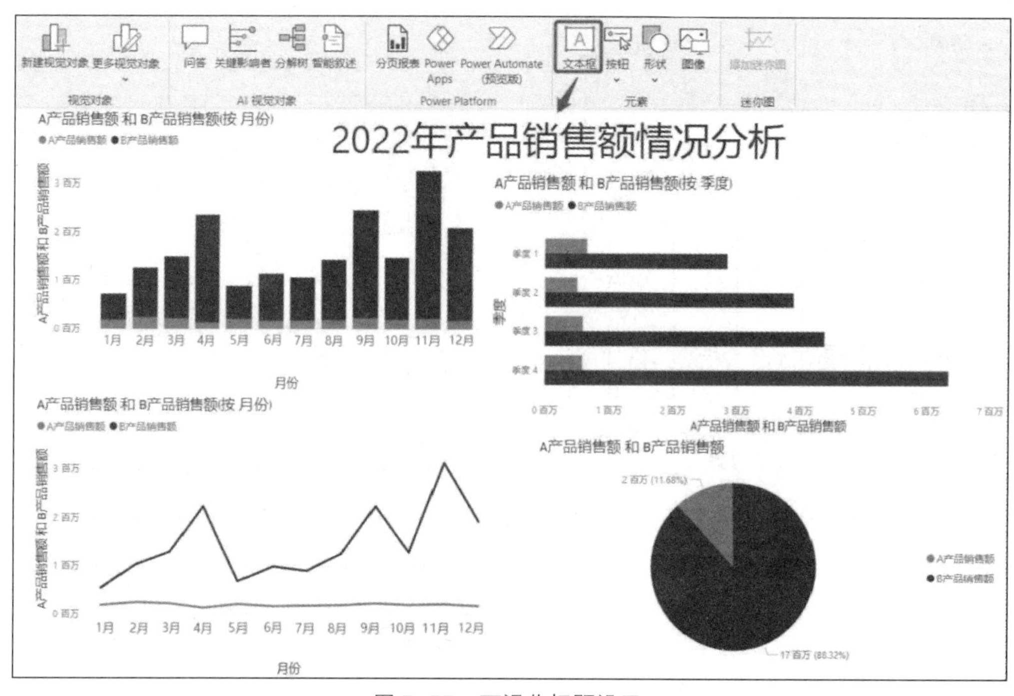

图 5–57　可视化标题设置

（11）单击“视图”选项卡，在“主题”组中选择合适的主题，并根据图形情况进行布局排布，结果如图 5-58 所示。

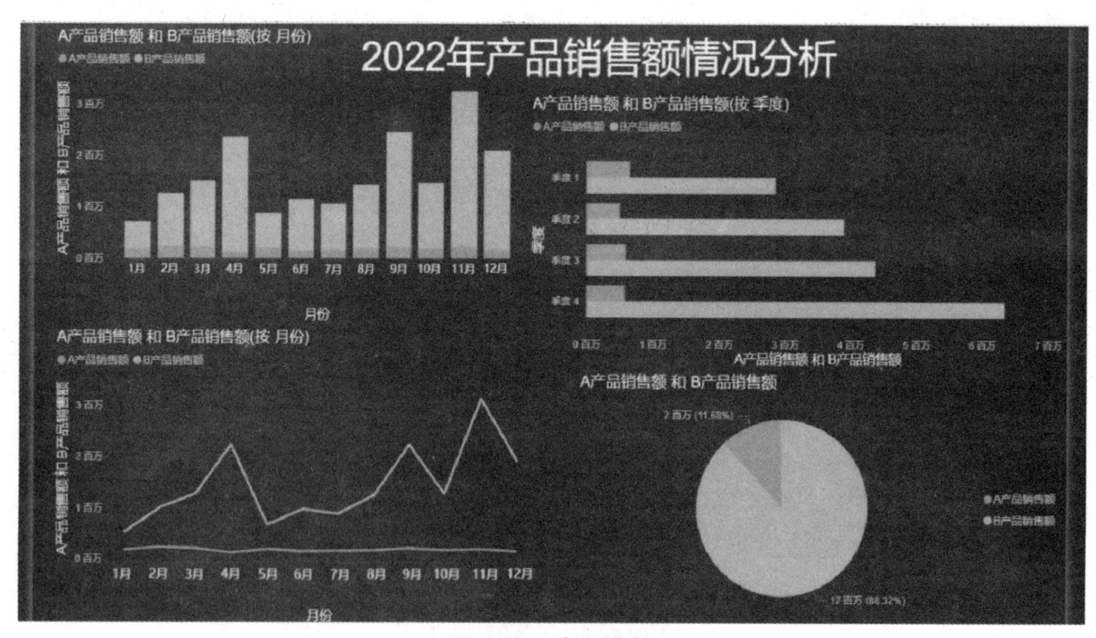

图 5–58　布局排布

（12）执行“导出”—“导出为 PDF”命令，可以将完成的视图导出为 PDF 文件，如图 5-59 所示。

图 5-59　选择导出方式

三、Tableau

Tableau 是一种应用广泛的端到端数据分析平台，基于其强大的可扩展功能，能够提供从数据连接、准备和探索，到见解、决策和行动的整个生命周期解决方案，帮助用户更好地查看、分析和理解数据。

某咖啡店主营咖啡、茶饮、冰饮零售业务。店长打算在 2023 年更新饮品种类和机器设备，现要使用 Tableau 分析 2022 年各月的销量、畅销产品种类以及这些产品的营养成品，从而做好 2023 年的产品规划。

【操作方法】

（1）连接数据。如图 5-60 所示，选择“连接”功能卡，可以在“到文件”栏看到很多不同格式的文件，选择“更多”选项，可以与 Excel 等文件建立连接。

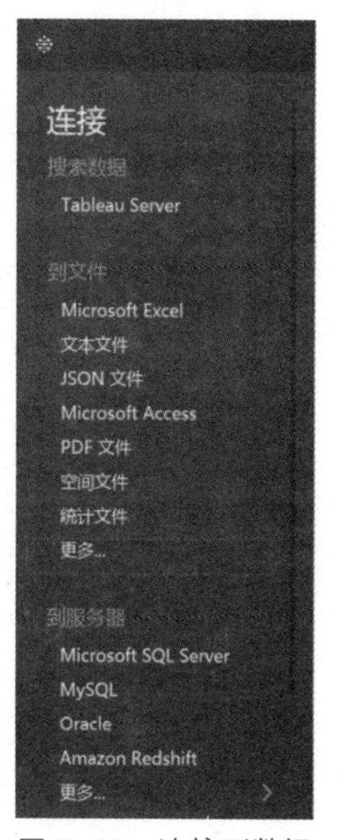

图 5-60　连接到数据

（2）展示咖啡店月销量变化趋势。在操作界面，将“月（月份）”变量拖入“列”区域，将“总和（销量/杯）”拖入“行”区域，便初步形成了月销量折线图，如图 5-61 所示。选中“工作表 1”，单击鼠标右键，在弹出的“编辑标题”对话框中输入要修改的标题，单击“确定”按钮，如图 5-62 所示。操作结束后，折线图的名称即修改为“2022 年某咖啡店各月销量变化趋势”，最终效果如图 5-63 所示。

（3）饮品营养成分分析。将“饮品种类”和“总和（咖啡因/mg）”分别拖入“列”和“行”区域，如图 5-64 所示，即生成咖啡因含量对比图，如图 5-65 所示。采取同样的方法，可以生成饮品热量对比图，如图 5-66 所示。

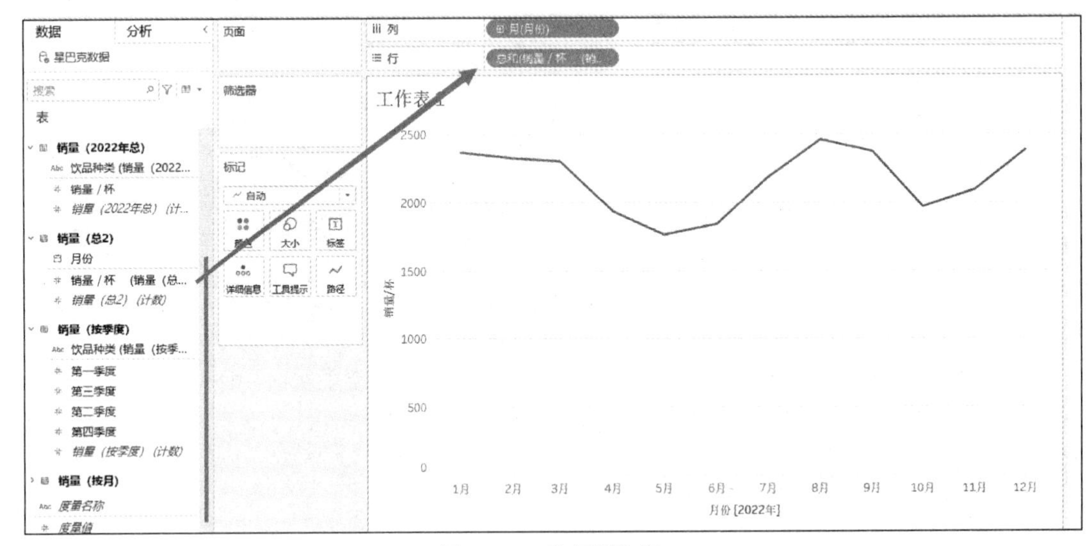

图 5-61　选择列和行

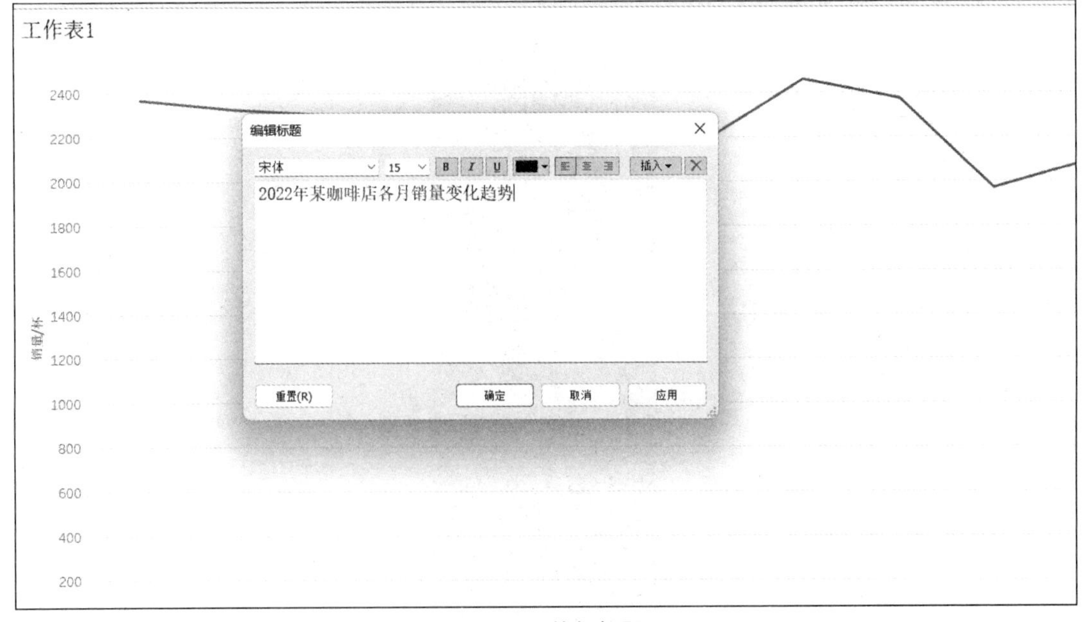

图 5-62　编辑标题

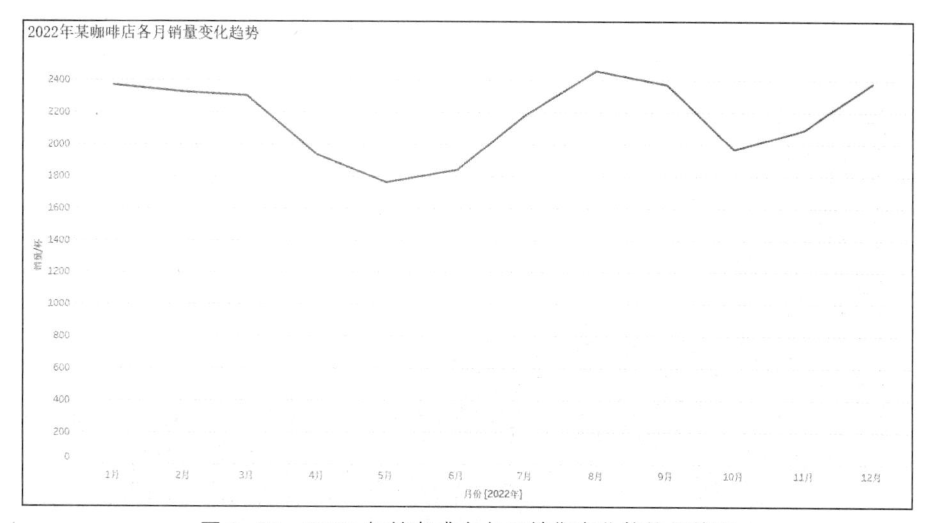

图 5-63　2022 年某咖啡店各月销售变化趋势折线图

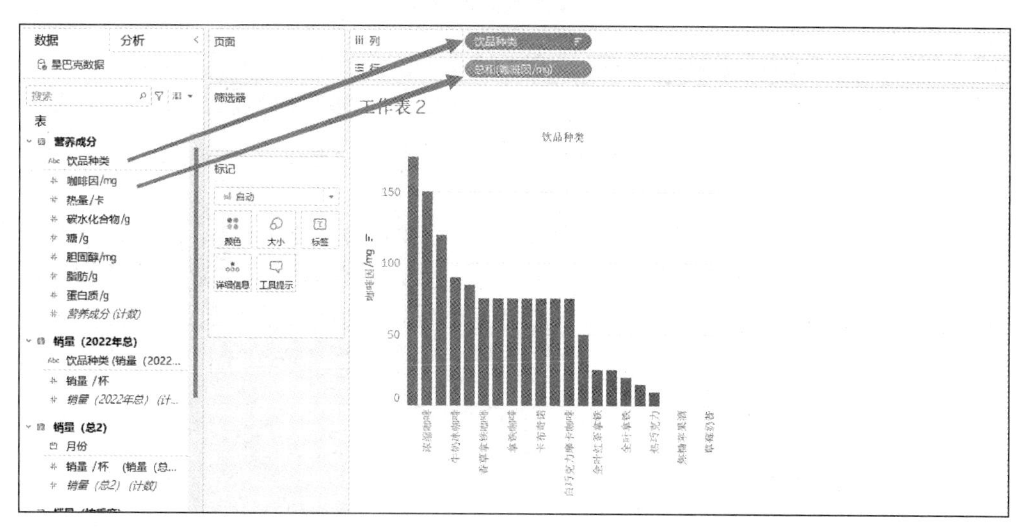

图 5-64　选择列和行

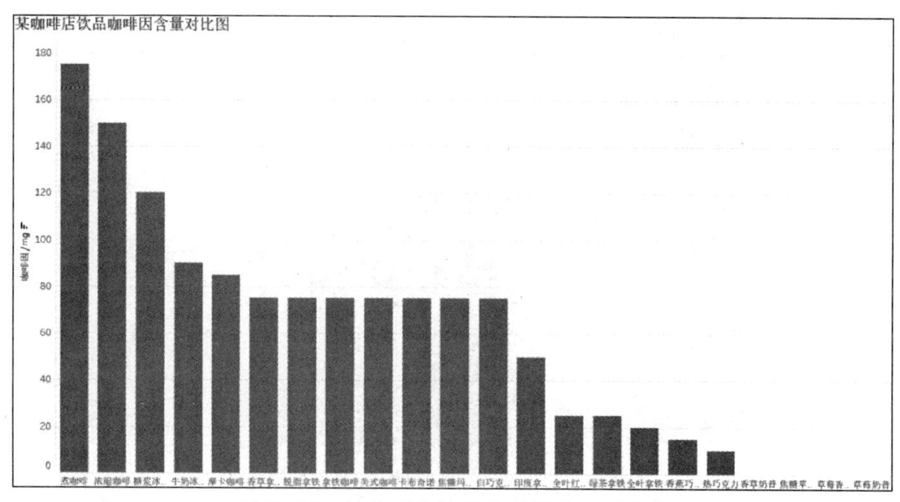

图 5-65　某咖啡店饮品咖啡因含量对比图

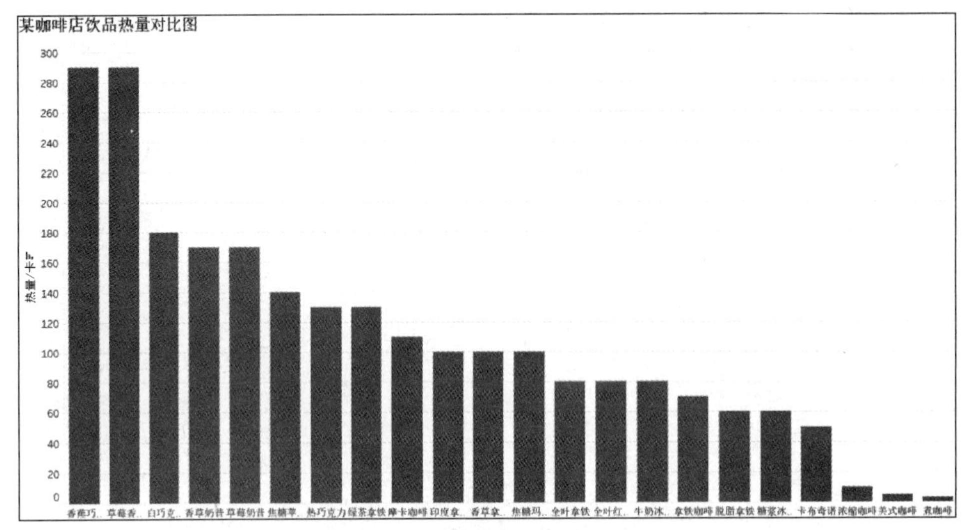

图 5-66　某咖啡店饮品热量对比图

（4）统计咖啡店销量前十的饮品。将“饮品种类”和“总和销量”两个变量分别拖入“列”和“行”区域，生成咖啡店各产品销量柱形图。在图表区域，单击鼠标右键，从弹出的菜单中选择“只保留”选项，如图 5-67 所示，设置只保留销量排名前十的饮品数据，最终结果如图 5-68 所示。

（5）分析这十种饮品的季度销量变化趋势。在图 5-68 所示的操作界面上，将“列”区域的“总和销量”删掉，然后将“总和（第一季度）”“总和（第二季度）”“总和（第三季度）”和“总和（第四季度）”拖入“列”区域，得到该咖啡店 2022 年最畅销的十种饮品季度销量柱形图，如图 5-69 所示。

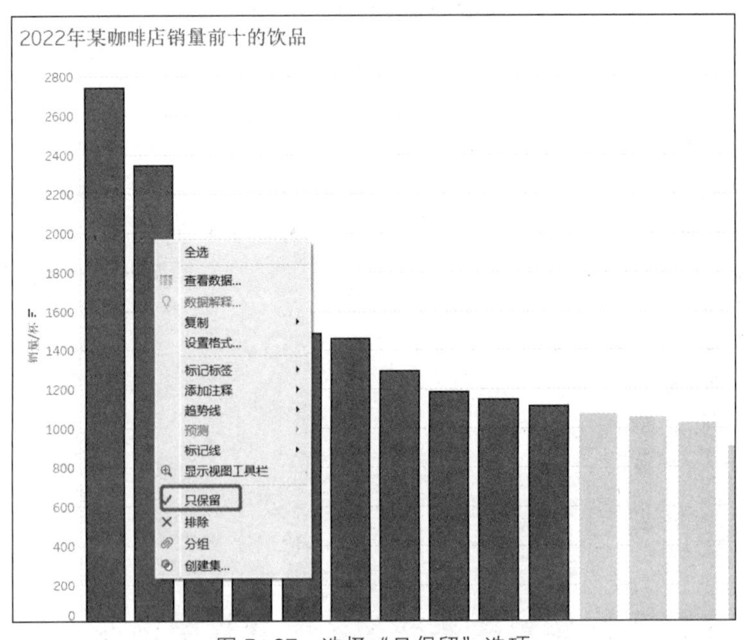

图 5-67　选择“只保留”选项

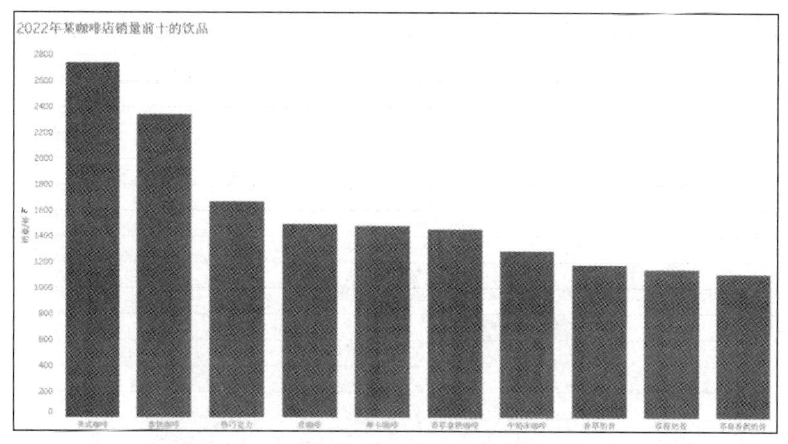

图 5-68 2022 年某咖啡店销量前十的饮品

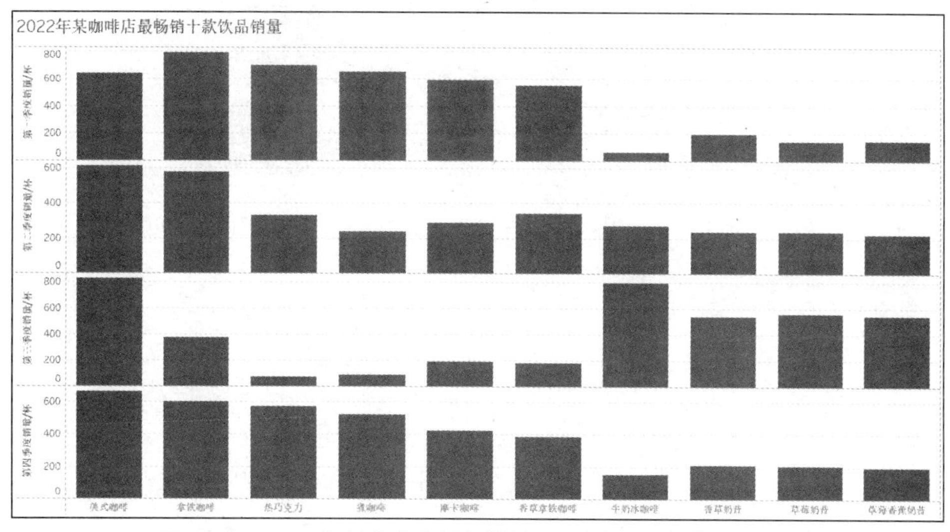

图 5-69 2022 年某咖啡店最畅销的 10 种饮品季度销量柱形图

（6）咖啡店销量前五的产品分析。采用同样的方法，只保留销量前五的饮品，便得到咖啡店销量前五的饮品柱形图，如图 5-70 所示。

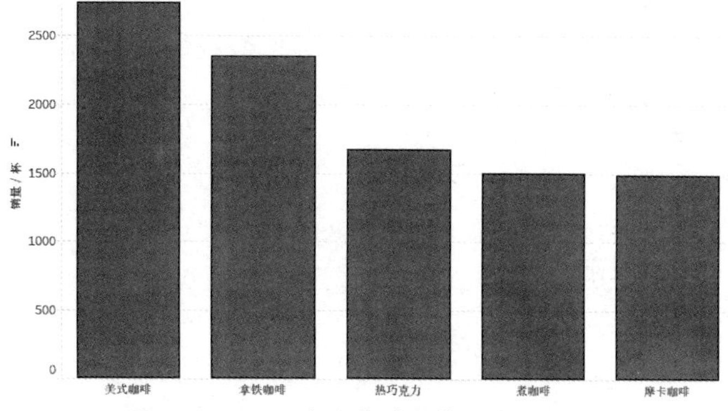

图 5-70 2022 年某咖啡店销量前五的饮品

接下来要分析这五种饮品的营养成分。将“饮品种类”拖入“列”区域，将“总和（咖啡因/mg）”“总和（热量/卡）”“总和（蛋白质/g）”“总和（胆固醇/mg）”“总和（碳水化合物/g）”依次拖入“行”区域，便得到该咖啡店销量前五饮品的主要营养成分分组柱形图，如图 5-71 所示。

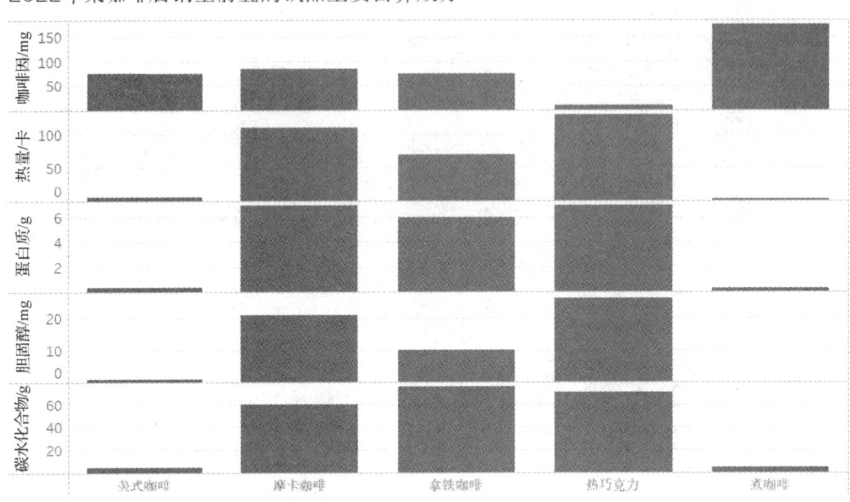

图 5-71　销量前五的饮品主要营养成分分组柱形图

拓展阅读

中国的数据可视化发展历程

数据可视化是将数据以视觉方式呈现的过程，旨在更好地理解和分析数据，使其更具可操作性和易于理解。在中国，随着信息技术的快速发展和数据时代的到来，数据可视化已成为了重要的工具和方法。

数据可视化在中国的发展历程可以大致分为三个阶段。

第一阶段：手工绘制阶段

在过去的几十年中，中国数据可视化的发展处于手工绘制阶段，即将数据手工绘制成图表。这一阶段的特点是数据处理速度慢、精度低、成本高，并且容易出现误差。

第二阶段：计算机辅助阶段

随着计算机技术的快速发展和普及，中国数据可视化进入了计算机辅助阶段，即使用计算机软件绘制数据可视化图表。这一阶段的特点是绘制速度快、精度高、成本低，但需要具备一定的计算机技术和图表设计技能。

第三阶段：智能化阶段

随着人工智能技术的快速发展，中国数据可视化进入了智能化阶段，即使用人工智能技术进行数据可视化处理。这一阶段的特点是绘制速度更快、精度更高、成本更低，并且可以自动化地进行数据分析和可视化。

中国数据可视化的发展给我们带来了许多启示：技术创新是推动数据可视化发展的重要动力，在大数据时代，数据可视化技术已经成为信息传递和决策的关键。

用 BI 探索手机销售数据

根据 CINNO Research 公布的数据，2022 年第一季度，中国市场智能手机销量约为 7 349 万部，较上年同比下滑 14.4%。根据实训数据，使用 FineBI 进行可视化分析。

实训数据文件："2022 年 1—3 月手机销售数据.xlsx"和"2022 年第一季度销售及同比情况.xlsx"

【操作方法】

（1）打开 FineBI，选择"数据准备"模块，单击"添加业务包"按钮，将新增的业务包重命名为"手机销售数据"，如图 5-72 所示。

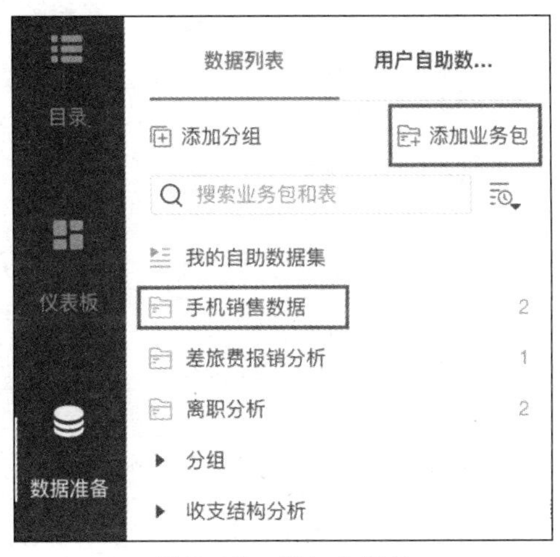

图 5-72　添加业务包

（2）双击打开"手机销售数据"业务包，如图 5-73 所示，执行"手机销售数据"—"添加表"—"Excel 数据集"命令，进入新建的 Excel 数据集中上传数据。

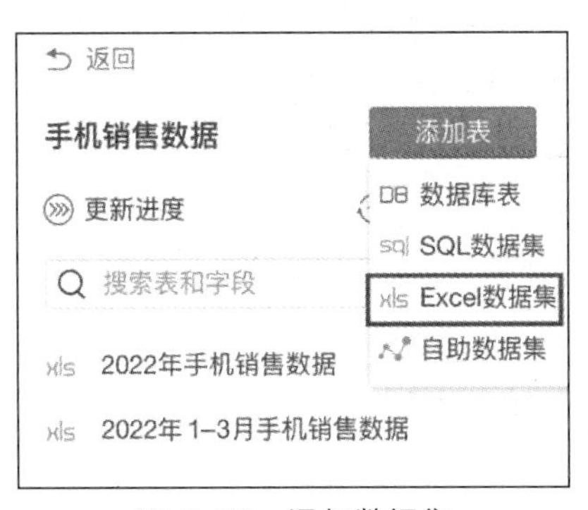

图 5-73　添加数据集

（3）准备制作仪表板。在数据表界面，单击"更新 Excel"按钮，选择"2022 年 1—3 月手机销售数据"选项，然后单击"创建组件"按钮，在窗口输入新建仪表板名称"2022 年 1—3 月手机销售数据分析"，单击"确定"按钮。

（4）制作仪表板。创建组件后，根据需要在“图形属性”中选择图形类型为“堆积柱形图”，将“维度”窗口中的“品牌”拖到“横轴”处，将“指标”窗口下的“2022M1 销量”“2022M2 销量”“2022M3 销量”拖到“纵轴”处。

为了方便阅读，我们选择“组件样式”—“自适应显示”—“整体适应”选项，并将“指标名称”拖入“图形属性”中的“颜色”处，这样2022年1—3月的数据会分别以不同的颜色显示出来，方便区分，如图5-74所示。

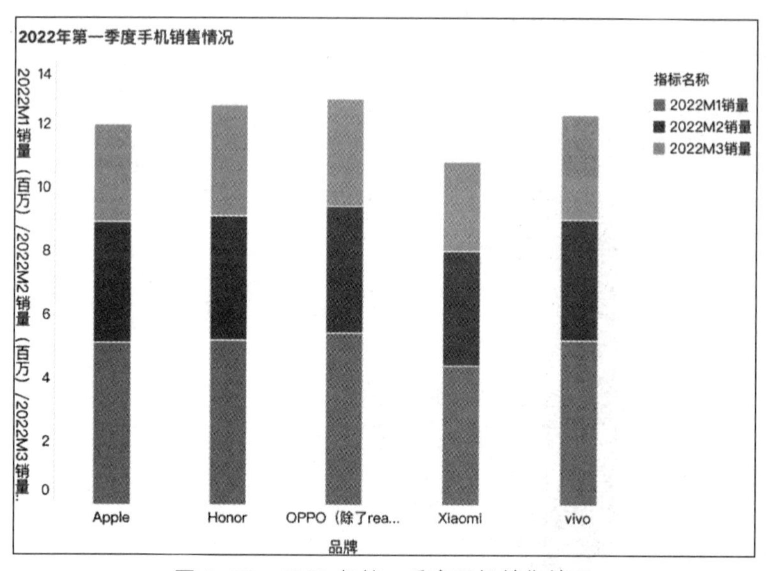

图5-74　2022年第一季度手机销售情况

可视化分析：2022年第一季度最受欢迎的手机品牌依次是OPPO、Honor（荣耀）、vivo、Apple（苹果）和Xiaomi（小米）。这些品牌的销量都在1月表现强劲，2月和3月持续递减。

（5）继续制作仪表板。导入“2022年第一季度销售及同比情况.xlsx”文件，根据需要在“图形属性”中选择图表类型为“自定义图表”。将“维度”窗口中的“品牌”拖到“横轴”处，将“指标”窗口下的“2021Q1 销量”“2022Q1 销量”“2022Q1 同比”拖到“纵轴”处。

在“图形属性”中，把“2022Q1 同比”设置为“线”，把“2021Q1 销量”“2022Q1 销量”设置为“柱形图”。在“纵轴”下对“2022Q1 同比”进行设置，下拉列表框选择“设置值轴”—“右值轴”。为了方便阅读，在“图形属性”中设置自己喜欢的颜色，确保三项数据能够区分。

为了明确同比情况，区分增长和下降，可对“2022Q1 同比”添加警戒线，具体设置如图5-75所示。

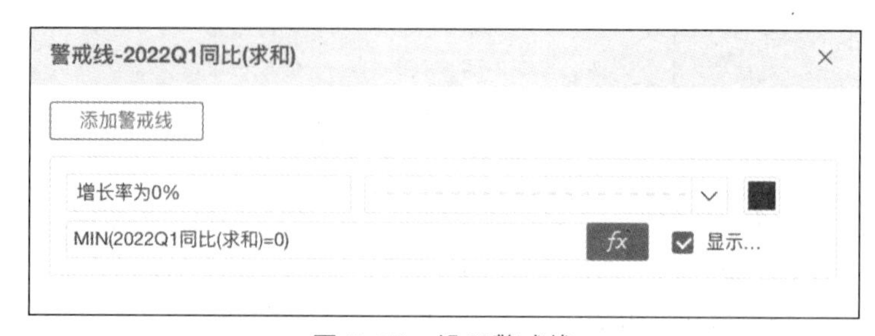

图5-75　设置警戒线

最终结果如图 5-76 所示。

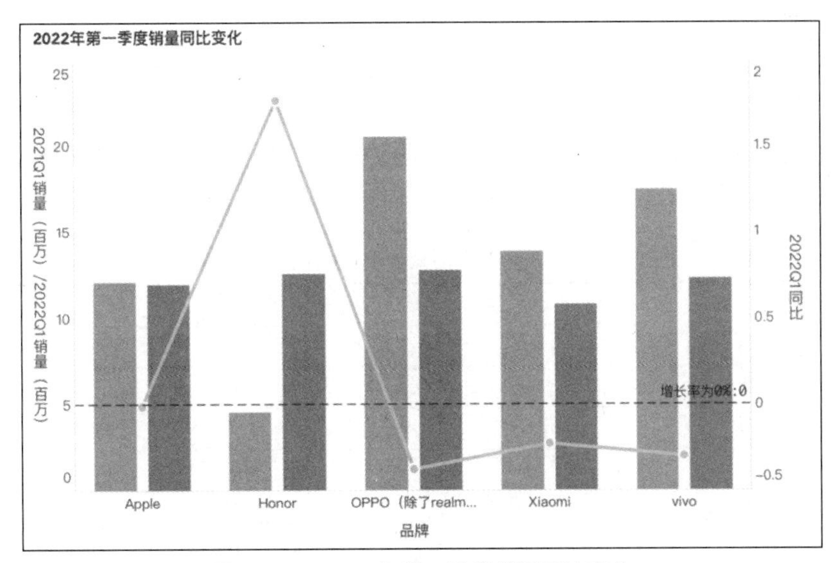

图 5-76　2022 年第一季度销量同比变化

可视化分析：在同比分析中，我们发现大部分品牌销量都有不同程度的下降，OPPO、vivo 和 Xiaomi 降幅明显，Apple 轻微下降，但基本和上年同期持平，只有 Honor 大幅上升。

结合外部环境来看，近年来手机外观基本趋同，功能也大同小异，再加上经济环境的影响，消费者的购机周期明显拉长，因此手机市场热度持续走低。此外，在对机型的选择上，消费者更偏爱价格低的产品，因此中低端手机的销量远高于高端手机。

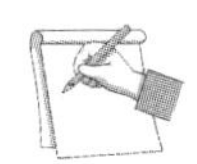

课后习题

一、单选题

1.（　　）可以用来反映构成及占比关系。

A. 折线图　　B. 柱形图　　C. 饼图　　D. 散点图

2. 当下数据可视化主流的应用方向是（　　）。

A. 人工智能　　B. 数据治理　　C. 商务智能　　D. 数据挖掘

二、多选题

1. 数据可视化过程一般包括（　　）。

A. 数据采集　　B. 数据分析　　C. 数据治理

D. 数据管理　　E. 数据挖掘

2. 当分析某公司近五年的利润变化情况时，可以选择（　　）。

A. 柱形图　　B. 折线图　　C. 饼图　　D. 地图

三、判断题

1. 在不考虑时间的情况下，比较大量数据点时，可以使用散点图。（　　）

2. 柱形图可以显示数据集群的形状。（　　）

3. 分析数据的变化趋势和数据之间的差别时，可以选择折线图。（　　）

四、实训题

表 5-1 列示了 2022 年某企业在全国部分省市的销售利润。请根据此表完成以下操作。

（1）绘制复合饼图。

（2）美化复合饼图，将标题改为“某企业在部分省市的利润分布”，添加数据标签，并将标题和数据标签的字体改为宋体，字色改为黑色，最终效果如图 5-77 所示。

表 5-1　　某企业在全国部分省市的利润

地区	利润总额/万元
青海	8 254
湖北	11 471
陕西	7 783
江西	3 377
广东	35 155
广州	10 652
深圳	11 008
东莞	3 869
佛山	4 476
珠海	1 299
肇庆	1 989

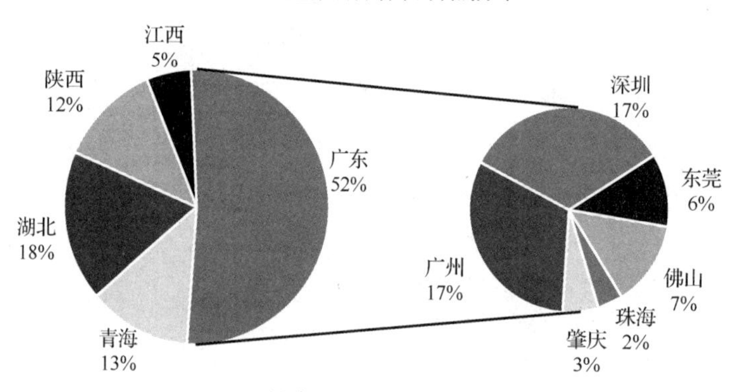

图 5-77　某企业在部分省市的利润分布

项目六

从数据到问题

知识目标

1. 了解信息、观点、事实的概念
2. 理解图表和现实之间存在的关系

能力目标

1. 能准确识别图表传达的信息
2. 掌握使用图表进行问题分析的方法
3. 能基于分析结果给出决策支持意见

素养目标

1. 培养借助数据发现问题的意识
2. 培养透过现象看到本质的思维方式

任务一　图表反映现实

图表是常用的数据视觉呈现形式，可以形象、直观地展示出数据蕴含的信息和规律，帮助用户进一步了解数据的意义。

一、图表中的现实

“透过现象看本质”，就是在看待问题时，能够抓住事件背后的“根本性”运作逻辑，能够理解事件真正的前因后果，而不被其表象、无关要素、感性偏见等影响判断。这是一种非常重要的思维方式。拥有这种思维方式，就能够区分信息、观点和事实这三个重要的概念，从而更好地理解问题的本质。

（一）信息

什么是信息？信息是事物的运动状态和关于事物运动状态的陈述。一般来说，信息指的是音讯、消息、通信系统传输和处理的对象，泛指人类社会传播的一切内容。个体通过获得、识别自然界和社会的不同信息来区别不同事物，得以认识和改造世界。

显而易见，信息是客观存在的，具有不可否认性。比如你发表了一篇文章，这个是信息；表决时你投了反对票，这也是信息；刚刚旁边开过一辆车，这仍是信息。但是如果有人说你那篇文章传递出的是一种消极的态度，或者你投反对票是因为某个原因，这些就不是信息了。

（二）观点

观点指处于一定立场，分析事物利弊和适用性的表达。通俗地说，观点就是指一个人对一件事的看法。个体间的观点可能差异较大，也可能基本相同。作为一种观察事物时所处的位置或采取的态度，观点显然是主观的。比如：我喜欢吃小笼包，这就是观点；我不喜欢那个候选人，这也是观点；那辆车开那么快一定是因为赶时间，这同样是观点。

（三）事实

事实是指在时间和空间中存在的事物、现象和过程，是一种本体意义上的范畴，不以人的意志为转移。最简单的例子：我看到桌子上有一个苹果，是因为桌子上的确有一个苹果，这是事实。再如，地球围绕太阳公转，这也是事实。

（四）信息、观点和事实的区别

信息是过程，事实是结局，观点是意识。信息和事实都是物质，都能看见；观点是意识，在人的心里和大脑里，看不见。信息不变，事实可以改变，即根据信息来制定对策，对策不同，结局不同，故事实不同。

（五）直指本质的三个要点

在看待问题时，许多人往往是先有自己的观点，然后再去分析接收到的信息。很显然，这种做法不可能做到透过现象看本质。那么如何才能做到透过现象看本质呢？一般而言，需要思考以下三个要点。

（1）事物的根本属性：一个事物之所以成为它的根本原因。

（2）问题的根源：问题发生的根本原因。

（3）信息背后的底层逻辑：隐藏在各种信息背后不变的规律。

如果看不透事物的根本属性，就解决不了“为什么”和“怎么办”的问题。如果看不透问题的根源，就无法解决问题、解释问题和预测问题。如果看不透信息背后的底层逻辑，就无法找到同类问题的普遍根源。

二、让图表映进现实

“字不如表，表不如图”。图表首先可以直观呈现企业当前的业务状态并锁定问题，再基于发现的问题进行数据多维度展现，挖掘出数据背后隐藏的信息，从而帮助管理者做出正确的决策。

从图表分析实际问题的思路一般如下。

（1）从图表中寻找问题，发生了什么？——追溯过去，了解真相。

（2）从图表中挖掘原因，为什么发生？——洞察事物发生的本质，寻找根源。

（3）从问题中推演现实，未来可能发生什么？——掌握事物发展的规律，预测未来。

（4）我们该怎么做？——基于已经知道的“发生了什么”“为什么发生”“未来可能发生什么”的分析，确定可以采取的措施。分析逻辑过程如图 6-1 所示。

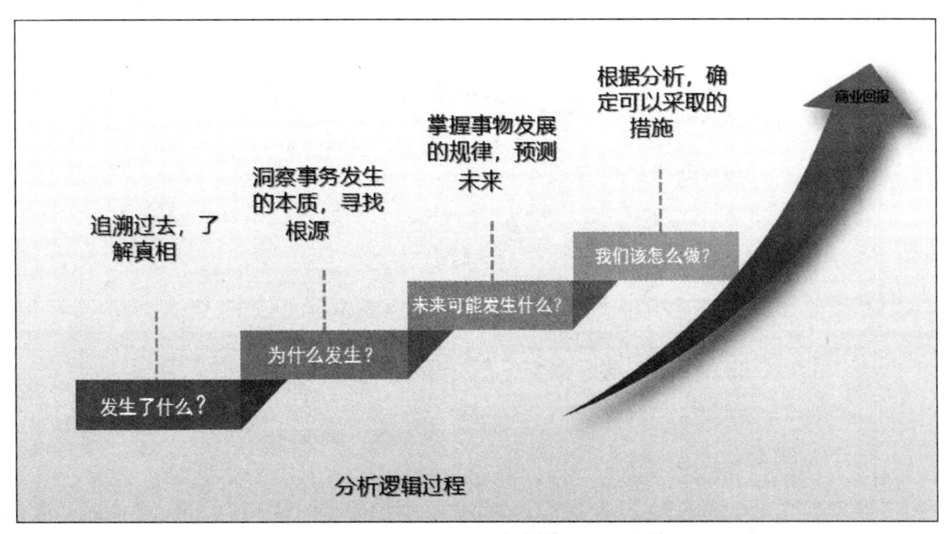

图 6-1　分析逻辑过程

对于企业而言，做好数据分析可以让业务更加清晰，让决策更加高效；对于个人而言，分析当前面临的各种问题，可以从中寻找机会，做出更有利的决定。简单来说，能通过数据找到问题，准确定位问题并找到问题产生的原因，为下一步的改进找到机会点，就是所谓的数据驱动。

【例 6-1】某医药公司 2016—2022 年的客户数量年度变化趋势、新增/流失客户数年度变化趋势分别如图 6-2 和图 6-3 所示。2021 年和 2022 年流失客户类型分布如图 6-4 所示，2021 年和 2022 年流失客户层级分布如图 6-5 所示。从这四张图中，可以获取哪些信息呢？

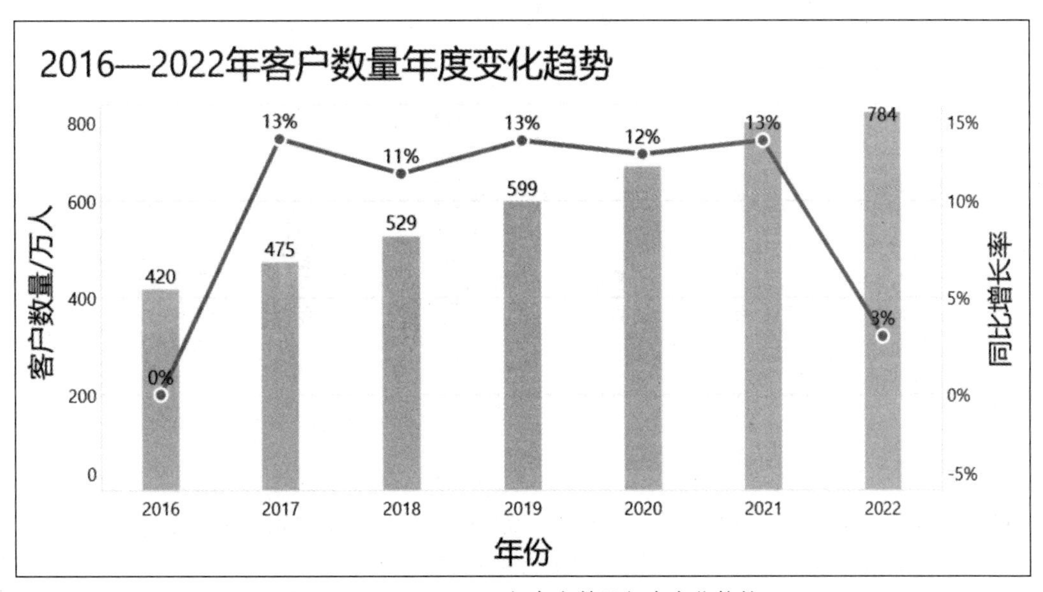

图 6-2　2016—2022 年客户数量年度变化趋势

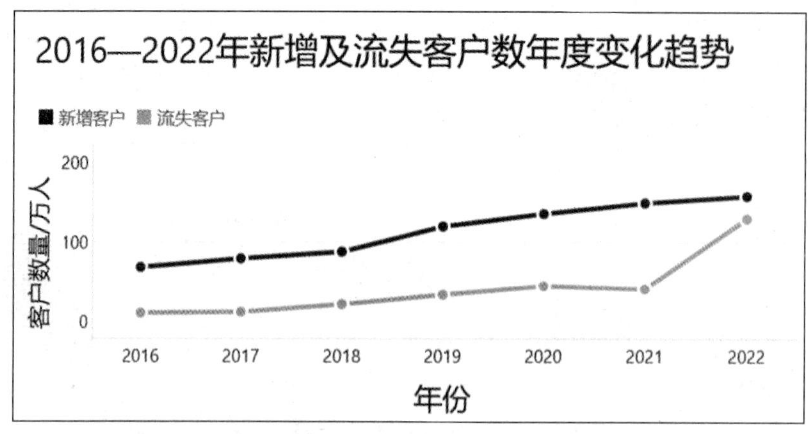

图 6-3　2016—2022 年新增及流失客户数年度变化趋势

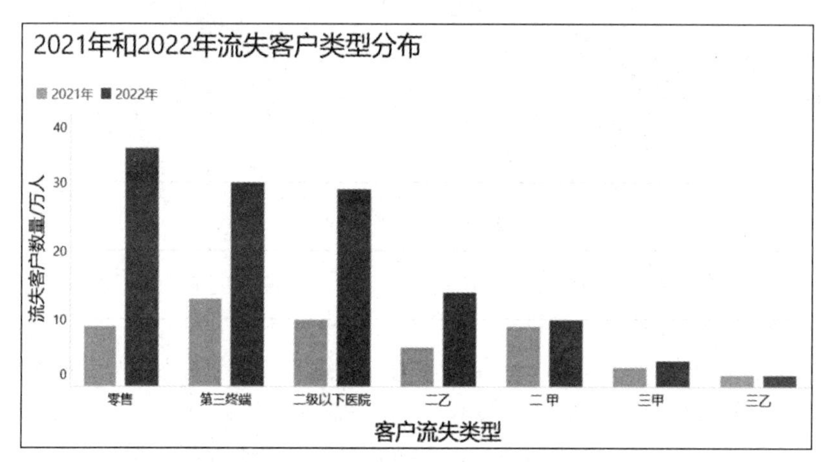

图 6-4　2021 年和 2022 年流失客户类型分布

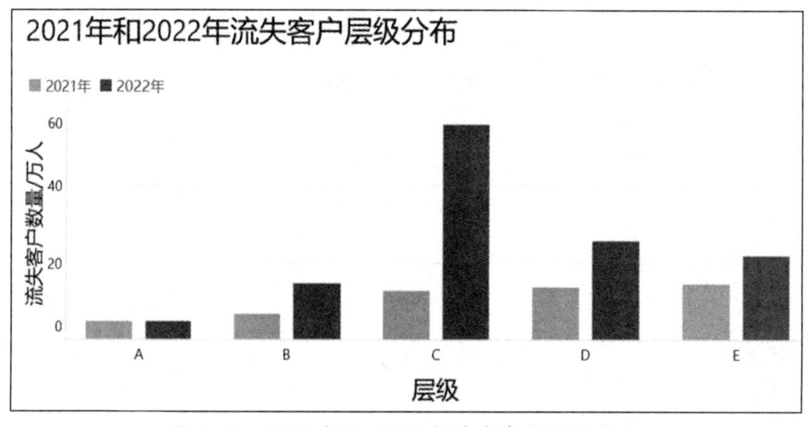

图 6-5　2021 年和 2022 年流失客户层级分布

【信息】

（1）从客户数量上看，2022 年客户数量同比仅增长 3%，远低于往年平均水平，主要是因为 2022 年的流失客户数过多，需要重点关注客户流失原因。

（2）从客户类型上看，2022 年客户流失的类型多分布在零售、第三终端、二级以下医院，这三类客户的流失数量大幅增加。

（3）从客户层级来看，2022 年流失的 C 类客户最多，且同比增长幅度最大，B、D、E 类客户流失数量相比 2021 年也出现了较大涨幅。

【观点】

公司需要关注零售、第三终端、二级以下医院这三类客户的流失情况，先重点解决 C 类客户的流失，在此基础上再解决 B、D、E 类客户的流失。

【例 6-2】接例 6-1。客户流失的原因是什么呢？图 6-6 所示为 2016—2022 年产品价格变化趋势，图 6-7 所示为 2021—2022 年销售人员流失情况。我们根据这些资料继续分析。

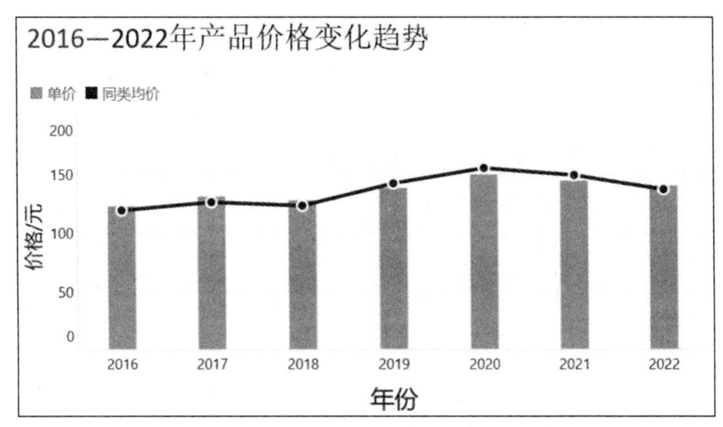

图 6-6　2016—2022 年产品价格变化趋势

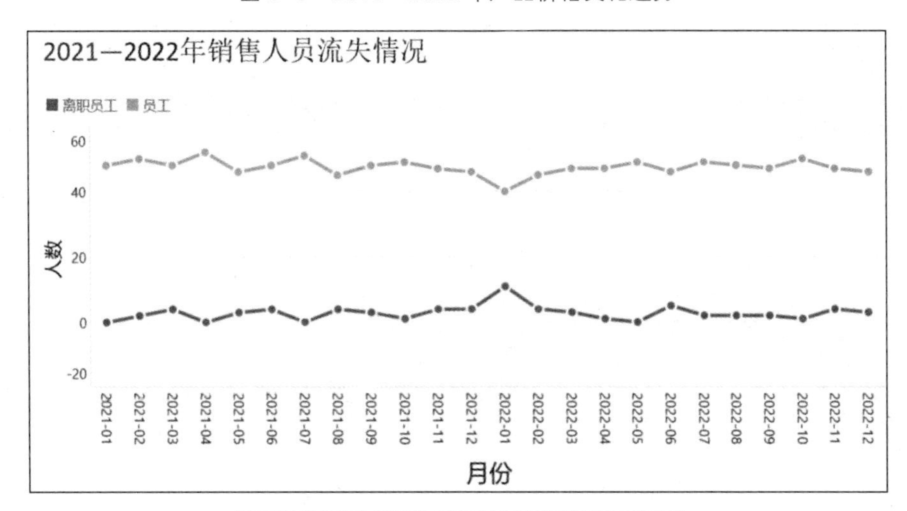

图 6-7　2021—2022 年销售人员流失情况

【信息】

（1）2022 年 1 月销售人员流失严重，员工数也是近两年最低水平。

（2）在 2022 年的流失客户中，有 70.16%都是 1 月离职员工原来负责的客户，这是流失客户数量增长的主要原因。

【例 6-3】接例 6-2。接下来就到了关键的环节——客户是怎样流失的？仔细观察图 6-8、图 6-9 及图 6-10 分别所示的 2022 年客户数量变化趋势、交接人明细及客户月拜访频次，我们可以得到以下信息。

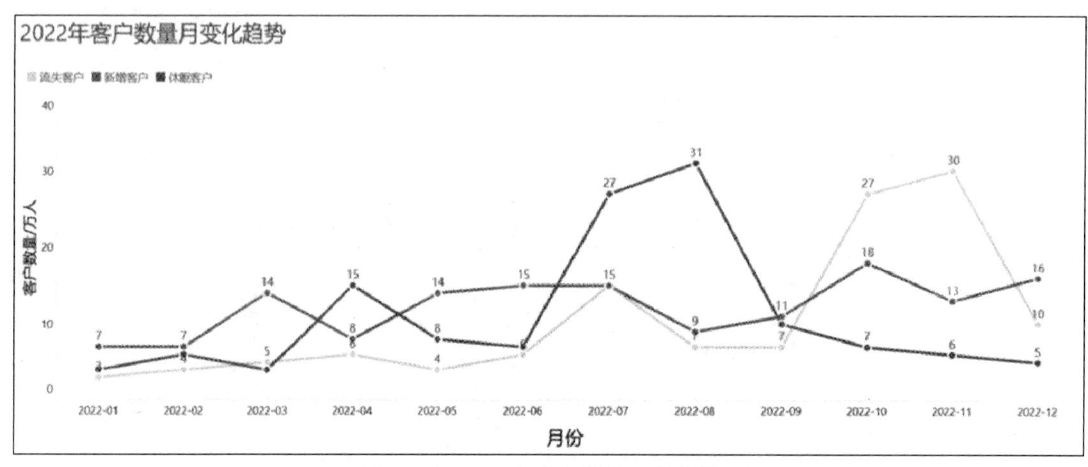

图 6–8　2022 年客户数量变化趋势

交接人明细表

离职员工姓名	离职前客户数量	交接人姓名	交接人工龄	交接人职级
任辉	29	刘振华	5	3
孙文星	24	乔刚	4	2
魏强	27	孙虎	2	2
魏守成	24	王甜甜	2	2
周纬	19	王彦凯	3	2
朝中元	12	魏彦军	4	2
陈谋森	9	杨林栋	1	2
樊庆奇	12	张高洁	0	1
郭庆	5	张琦	0	1
贾传德	7	赵汉鼎	0	1
李波	9	周艳辉	0	1

共 11 条数据

图 6–9　交接人明细

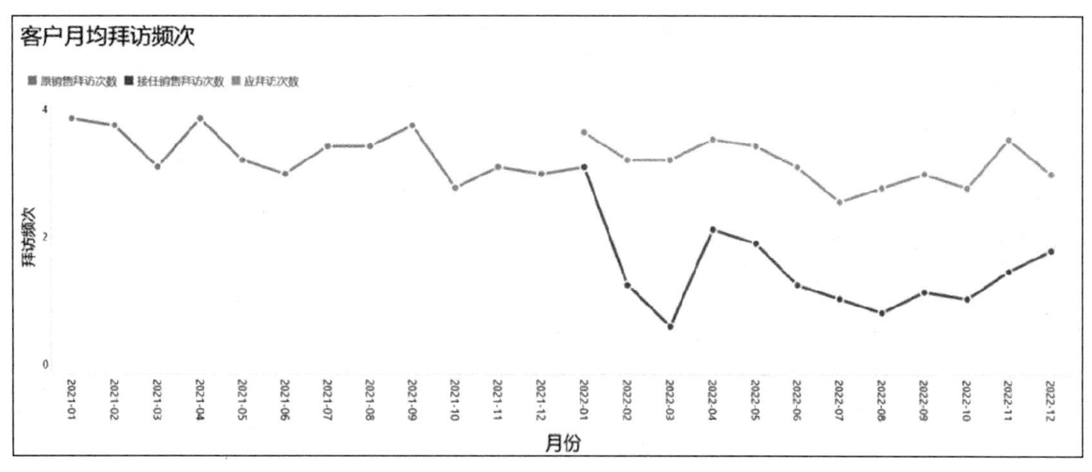

图 6-10　客户月均拜访频次

【信息】

（1）离职销售人员直接带走一小部分客户，但更多的客户是在原销售人员离职后 3 个月后才逐渐流失的。

（2）销售人员离职时进行了交接，大部分客户都交接到了老员工手上，但是老员工对交接客户的关系维护不够重视，客户拜访频次下降，尤其是第一个月和第二个月很低，导致部分客户流失。

（3）经线下调查，某公司销售部门出现大的人员变动，主要是因为销售经理 A 离职，带走一批员工；而接手的销售经理 B 存在管理缺陷，侧重于新客户的开发，忽视了这一批交接客户的维护，导致客户流失现象非常严重。

【结论】

公司应该加强离职员工交接后的客户维护工作，增加客户拜访频次，让客户重新与新的销售人员建立信任，从而减少客户流失。

任务二　如何做决策

2002 年诺贝尔经济学奖获得者、普林斯顿大学教授丹尼尔·卡内曼在其著作《思考，快与慢》中称，人们的思考有两种方式：快思考和慢思考，其对应我们能理解的直觉和理性两种决策方式。丹尼尔·卡内曼提到人类认知行为的“最省力法则”，这个法则不仅适用于体力层面，还适用于认知行为。就思维活动而言，“最省力原则”会让我们更倾向于根据直觉快速做出判断。也就是说，大脑为了节约精力、高效处理，绝大多数情况下做出的决定都是在无意识状态下进行的。具体来说，人们做决策的方式有以下三个特征。

一、模式识别

人脑中存储了为数不多的、依据过往经验得出的处理事务的模式。当需要做出决策时，大脑并不是像我们以为的那样，了解了所有信息后才做决定，而是只接收到一部分信息，就会拿这部分信息和过往的经验与大脑中已经存储的类似的模式相类比，并快速做出决定。模式识别有两个好处：一是决策速度快，二是信息不全也可以做决策。当然，它的劣势也是显而易见的，由于很多决策都是依据过往的经验做出的，因此我们往往会做出错误的判断。

二、情感标记

大脑会根据相关决定的感情偏好来做决定。如果过去一个类似的决定给我们带来了愉悦的感受，那么大脑就更愿意继续做这样的决定；而如果带来的是痛苦的感受，大脑就会避免再次做出类似的决定。对人或者事物的情感依附，可能影响我们做出正确的决定。因此，在司法活动中，为了案件能够得到客观公正的处理，相关法律要求和案件有关的审判人员、检察人员、侦查人员等相关人员在符合一定条件的情况下要回避，避免办案人员受到不适当情感依附的影响。

三、一次一计划

大脑做决策时，一旦有了一个解决方案，只要这个方案差不多行得通，就懒得去考虑其他更好的解决方案了，除非最后发现这条路走不通，才会重新思考有没有其他可能性。“一次一计划”策略很重要，也就是说，每次决策时都做一个全新的计划，这样既能避免经验决策带来的风险，又能更好地做出决策。

一般而言，做决策的主要步骤如下。

（1）随时观察时势，评估商业形势。

（2）确定长远目标。

（3）理清目前的优先级。

（4）提出多项可选方案。

（5）客观推理可选方案。

（6）选择可带来最佳结果的方案。

（7）制定实施、沟通、评估的计划。

（8）实施、沟通。

（9）评估进展并主动调整。

（10）进一步优化方案。

下面用两个案例来说明正确决策的重要性。

【例 6-4】广州市某知名面粉厂的原料库存管理。

该面粉厂一贯非常重视原料采购管理，早年已引入了 ERP 管理，每个月都召开“销—产—购”联席会议，制定销售、生产和原料采购计划。采购部门“照单抓药”，努力满足生产部门的需要，并把库存控制在两个月的生产用量之下，明显地降低了原料占用成本。但是，2018 年下半年开始，小麦价格大幅度上涨，一年内涨幅接近 30%。但由于市场竞争激烈，面粉产品的价格不能够同步提高，为了维持经营和市场占有率，该厂不得不一边购买较高价的原料，另一边生产销售相对低价的产品，产销越多，亏损就越严重。

【例 6-5】佛山市某粮油实业公司的原料库存管理。

同是粮食行业的佛山市某粮油实业公司，也非常重视原料的采购库存管理，但他们没有生硬地按照ERP系统的设定去做。他们也有类似的月度联席会议，讨论“销—产—购”计划，但会议最重要的内容是分析小麦等原料的价格走势，并根据分析结论做出采购决策（请注意：该公司不是根据生产计划来制定采购计划）。当判断原料要涨价时，公司就会加大采购量，增加库存；反之则逐渐减少库存。该公司有3万吨的原料仓库容量，满仓可以满足6个月的生产用量，在2008年、2018年等小麦大幅涨价的年份，公司都是超满仓库存。仓库不够用，就想方设法在仓库之间和车间过道加设临时的“帐篷仓”，有时还让几十艘运粮船在码头附近排队等候卸货，这些运粮船无形中充当了临时仓库。正是得益于这种“低价吸纳、待价而沽”的原料管理策略，该公司在过去的十多年里，不但没有因原料价格波动而受到冲击，而且从中赚取了丰厚的价差利润。

这两个案例告诉我们：ERP并不是包治百病的“神丹妙药”，ERP仅仅是一种基于统计技术的管理思路和方法。ERP的价值和使命在于通过准确、及时地将企业实际运营过程中产生的一些数据录入系统，得到企业运转过程中的各项统计报告；运用科学的方法对这些数据、报告进行分析，为决策提供参考和依据。

两个案例中，管理者都运用ERP做到了原料库存的信息化管理，例6-4的失败在于原料管理过度依赖ERP，而忽略了决策的重要性；例6-5是基于ERP管理灵活制定经营决策的胜利，但这并非仅靠单纯实施ERP管理所能达到的。任何ERP软件都不会直观地告诉企业该做什么样的决策，它唯一能做的就是为企业提供各种内、外部环境变化的数据。

决策贯穿于管理的全过程，管理工作的成败，首先取决于决策的正误。决策错了，再好的管理、再好的系统也无济于事，而决策的质量则取决于信息的质和量。正确、及时、适量的信息是减少不确定因素的关键，信息系统是提供、处理和传播信息的载体。可以这么说，信息系统对管理职能的支持，归根结底是对决策的支持。例6-4中面粉厂得出了原料价格涨幅30%的结论，却没有围绕这个结论更好地进行系统的决策，以应对这个变化。而例6-5中粮油实业公司分析了小麦等原料价格走势，并根据分析结论做出采购决策。当得出原料的价格走势之后，该公司将囤积原料所增加的成本与原料涨价增加的成本做比较：当预测原料要涨价时，公司就会加大采购量，增加库存；当预测原料将降价时，则逐渐减少库存，最终顺利规避原料价格波动所带来的冲击，从而赚取丰厚利润。

任务三　用数据解决问题

生活中人们寻找数据、分析数据、挖掘数据的目的是解决问题。一般而言，个体做决策需要依靠两种类型的分析：定性分析和定量分析。其中，定性分析是主要凭分析者的直觉、经验，凭分析对象过去和现在的延续状况及最新的信息资料，对分析对象的性质、特点、发展变化规律做出判断的一种方法。而定量分析则是依据统计数据，建立数学模型，并用数学模型计算出分析对象的各项指标及其数值的一种方法。定性分析的决策依据来自决策者的经验和直觉，这种决策方法的缺点主要在于决策结果的不确定性，决策失误的概率很大。

大数据时代，人类活动的许多数据被有意识地存储下来，对这些数据进行收集和处理，并进行定量分析，可以帮助我们制定更好的决策。比如，很多互联网公司都成立了大数据团队，收集用户的社交、电商、搜索行为等数据，根据所搜集的大数据来制定商业决策，以及通过数据挖掘找到创新产品的机会。

这里不得不提到“私搭乱建”的情况。“私搭乱建”充满隐患，最常见的就是引起火灾。非法在屋内打隔断引发建筑物着火的可能性比正常建筑物高很多。纽约市每年会接到 2.5 万宗有关房屋住得过于拥挤的投诉，但全市只有 200 名处理投诉的巡视员。一个分析专家小组觉得大数据可以帮助解决这一需求与资源的落差。该小组为市内 90 万座建筑物建立一个数据库，并在其中加入 19 个部门收集到的数据：欠税记录、水电使用异常、缴费拖欠、服务切断、救护车使用、当地犯罪率、鼠患投诉等。该小组将数据与过去五年中按严重程度排列的建筑物着火记录进行比较，希望找出相关性。果然，建筑物类型和建造年份是与火灾相关的因素。不过，一个出乎意料的结果是，获得外砖墙施工许可的建筑物与较低的严重火灾发生率之间存在相关性。利用这些数据，该小组建立了一个可以帮助他们确定哪些住房拥挤投诉需要紧急处理的系统。他们所记录的建筑物的各种特征数据都不是引起火灾的原因，但这些数据与火灾隐患的增加或降低存在相关性。该结论被证明是极具价值的：过去房屋巡视员现场签发房屋腾空令的比例只有 13%，在采用新办法之后，这个比例上升到了 70%。

一、利用数据解决问题的四个要点

在有了数据分析的结果之后，我们如何用其解决实际问题呢？利用数据解决实际问题有四个要点。

（一）目的明确——我们到底要什么

在这一过程中，我们常犯的错误有三个：一是埋头苦干，忘了抬头看路，忽略了目标；二是分不清目标和手段，把手段当作目标，比如我们本意是提升营业额，结果分析出员工纪律涣散，最终决策成了制定更严格的员工管理制度；三是目标不够远大。

在实现长远目标的过程中，我们往往要考虑下面类似的问题。

- 不可逾越的底线是什么？
- 下一步必须首先完成的重要任务是什么？
- 在所有重要的事情中，哪一件事的机会窗口最窄？
- 如果这是最后一项多余的资源，我应该用在哪里？

（二）范围明确——包括什么，排除什么

范围明确就是要弄清楚我们要解决的问题属于哪个范围，不属于这个问题范围内的因素，应该排除。

（三）视角明确——站在谁的立场做决定

解决实际问题时，立场不明确，看问题的角度不清晰，往往会导致原有的问题得不到解决，还会产生新的问题。

（四）方案明确——解决问题有哪些具体方案

可供选择的方案有很多种，一般来说，我们要慎重权衡，结合公司所处的发展时期或个人所处的人生阶段等，选出最佳决策方案。

二、解决问题应该遵循的原则

（一）知轻重

每个人的精力都是有限的，如果选择了一个并不重要的专题进行研究，耗费大量精力，结果可能收效甚微。建议通过矩阵分析法将问题进行划分，标记出轻重缓急。矩阵分析法是以属性 A 为横轴，属性 B 为纵轴，组成一个坐标系，在两个坐标轴上分别按某一标准进行刻度划分，构成四个象限，将要分析的每个事物对应投射至这四个象限内，进行交叉分类分析，直观地将两个属性的关联性表现出来，进而分析每一个事物在这两个属性上的表现。比较经典的就是波士顿矩阵模型在人们日常生活中的运用。

具体来讲，就是把要做的事情按照紧急、不紧急、重要、不重要的排列组合分成四个象限，这四个象限的划分有利于我们对时间进行有效的管理，如图 6-11 所示。

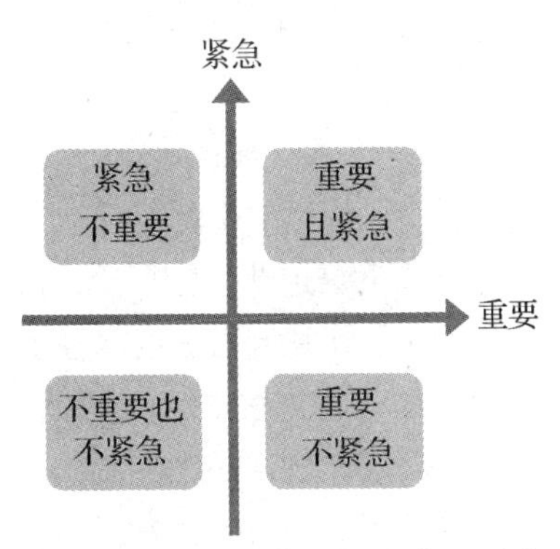

图 6-11　日常待办事项四象限分布

1. 第一象限

第一象限包含的是一些重要且紧急的事情。这一类事情具有时间的紧迫性和影响的重要性，无法回避也不能拖延，必须优先解决，如重大项目的谈判、重要的会议工作等。

2. 第二象限

第二象限包含的事件是紧急但不重要的事情。这些事情很紧急但并不重要，很多人在认识上有误区，认为紧急的事情都重要。实际上，这类事情往往会让人陷入忙碌又盲目的工作状态中。

3. 第三象限

第三象限的事件大多是些琐碎的杂事，如上网、闲聊、游逛等。

4. 第四象限

第四象限的事情虽然不紧急，但是它具有重大的影响，需要我们集中精力认真处理。

（二）有条理

对问题进行划分，确定优先级后，就需要开始分析。在数据分析过程中，常常遇到的问题是，数据太多以致在分析的过程中忘记了自己最初的目标，花费了大量的精力但是收效甚微。比较理想的做法是借助思维导图等工具，围绕分析目标将各个分析方向进行穷举，避免分析的时候毫无条理。当然也要避免过分追求细枝末节，浪费资源。在画思维导图的时候，推荐使用 MECE 分析法（全称 Mutually Exclusive Collectively Exhaustive，中文意思是“相互独立，完全穷尽”）。也就是对一个重大的议题，能够做到不重叠、不遗漏地分类，而且能够借此有效把握问题的核心，并找出有效解决问题的方法。

比如，你去汇报某产品的设计规划方案 A，却被经理说：“我觉得做 B 更有价值，你为什么不去做？”如果你事先了解过 MECE 分析方法，那么应该在汇报的时候就已经考虑到 A、B、C、D、E 等方案，最终根据方案优先级和资源情况来规划，而不是只拿着方案 A 汇报。这样就避免了片面解决问题的弊端，自己解决问题的核心竞争力也能得到有效提升。

（三）能拆解

每个人的拆解能力决定了他能否有效地处理和解决复杂事务。简单来说，拆解就是把一个复杂问题拆分成一个个基础元素，通过研究、控制和改变基础元素进而解决复杂问题。以下介绍三种基础的拆解方法。

1. 维度细分

维度细分就是按照不同维度进行拆分，定位变化因素最大的细分领域。比如，获客数下滑了，就可以区分是线上渠道获客数下滑还是线下渠道获客数下滑，这样分析更具针对性。细分思维除了能定位问题外，更重要的是能够帮助我们注意到数据内部各个部分构成的差异。例如，2022 年某品牌手机 8 000 元一部，2021 年该品牌手机 4 000 元一部，大家惊呼手机价格暴涨，但通过维度细分会发现该品牌对新手机的定位是高端旗舰产品，其性价比较高、销量较好的产品仍在 4 000 元上下。消费者从该品牌新手机价格增长得出手机价格暴涨的结论，实际上是忽视了交易品类结构的不同。

2. 流程细分

漏斗图是一个适合业务流程比较规范、周期比较长、各环节涉及复杂业务比较多的管理分析工具。漏斗图是对业务流程细分最直观的一种表现形式，并且也最能说明问题的所在。比如获客就是一个链路比较长的业务场景，涉及电销人员外拨、客户接通、了解客户意愿、填写信息便捷性、审批效率、审批通过率、用户激活等一系列业务环节，数据分析人员借助漏斗图可以很快发现业务流程中存在问题的环节，确定业务瓶颈。

3. 多比较

比较是数据分析中非常重要的一部分，下面介绍几种常见的比较方法。

（1）与同业比。与同业比就是和行业龙头比，清楚自己和行业标杆的差距。同业数据主要源自公开发布的数据，如上市公司的财报、主动披露的数据等。

（2）与自己比。与自己比指的是进行同比、环比。这是常见的比较思路，但是注意不要忘记最初设定的目标。有时我们会发现对某一指标进行同比、环比之后，该指标全都大幅上涨，局面看似欣欣向荣，但其实我们的目标并没有达到，只是基准值太低。

（3）细分对比。简单来说，细分对比就是按照各种维度细分之后进行对比，比如按某个特征，将数据分为不同的组，然后比较各组的数据。由于产品会随着开发和测试而不断迭代，因此在产品发布第一周就加入的用户和后来才加入的用户有着不同的体验。每一组用户构成一个同期群，参与整个测试过程。比较不同的同期群，可以了解从总体上看关键指标的表现是否越来越好了。

三、减少错误决策的四个防御策略

微课

常犯的逻辑误区

1. 提供新经验、数据及分析

这个策略就是要尽可能消除过去经验的片面性，用不同于过去经验的新事实来重新审视自己的决定。

2. 组织团队辩论和挑战

坚持固有观点未必能得到好的解决方案，甚至观点可能是错误的，这时就需要引入不同的观点来挑战固有观点。做重大决策时切忌单独行动，要与团队的成员讨论之后再做决定。

3. 引入管理团队机制

要区分决策团队和管理团队，让管理团队审批决策团队的提议。因为决策者会受到个人利益诱惑、情感依附、误导性预判等因素的影响，所以要让没有利益瓜葛的旁观者来审批当局者的决策。比如，上市公司组织架构里的“独立董事”；申请预算的人与审批预算的人不属于同一个部门。

4. 加强对决策过程的监控

一个重要决策做出后风险很大，要减小犯错的概率就要增加监控环节。如果决策者知道自己的决策将持续被记录和公开宣传，就会强化“三思而后行”的意识。同时，增加监控的过程对快速修正错误决策也有帮助，如果做了决策之后早期效果就令人失望，那么后续的决策就更容易调整。一次决策失误，往往是多个因素共同影响的结果。

拓展阅读

经验主义要不得，用数据说话

《伊索寓言》中有个驴子过河的故事。一头驴子驮着两大包盐过河，沉重的盐袋把它压得头昏眼花。恰好来到一条河边，过河的时候，驴子一不小心倒在了水里，挣扎了半天也没能站起来。它绝望了，索性躺在水里休息起来。过了一段时间，驴子感到背上的盐袋越来越轻，最后竟毫不费力地站了起来。驴子为自己获得了一个宝贵的经验而高兴。后来，又有一次，它驮着两大包棉花走到河边，突然想起上次过河时的情景，它想：我何不使自己背上的棉花也变得轻一些呢？于是，它特意倒下去，像上次那样躺在水里一动不动。过了一会儿，它想背上的棉花一定变轻了，便要站起来，但再也站不起来了。

这头驴子的悲哀就是把过去的经验用于解决当前问题，而没有考虑到当前的实际情况。在数据匮乏的时代，决策往往依赖于管理者的经验。如今，我们已经迈入数字时代，用先进的技术进行数据收集、处理与分析，并运用一定的工具将数据可视化，最终用数据佐证论点、辅助决策可以有效避免经验主义错误。

项目实训

依据公司财务分析结果对经营决策提出建议

熊猫公司是一家以研发、制造、销售电子加速器和提供辐照灭菌服务为核心业务，并从事香辛料深加工及贸易、电力供应、餐饮服务、休闲食品生产销售的综合性股份制企业。2021 年，公司营业总收入为 19.65 亿元，净利润 2 亿元，净利率约 10%。公司对 2019 年 2 月至 2021 年 11 月的数据进行了分析，图 6-12 所示是该公司的财务分析结果，请据此对公司经营决策提出建议。

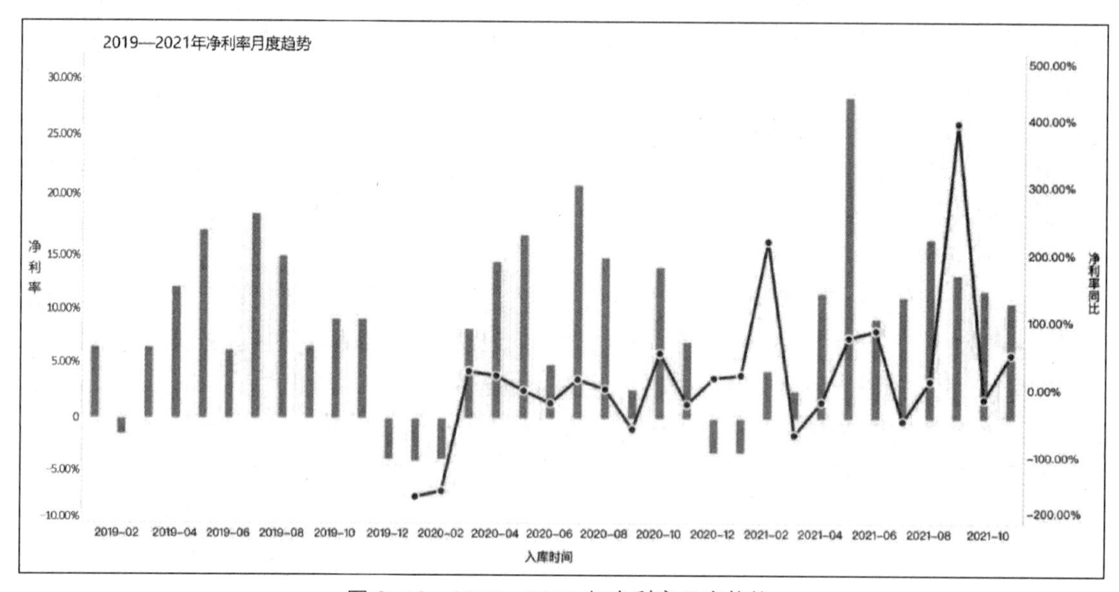

图 6–12　2019—2021 年净利率月度趋势

1. 总体分析

图 6-12 中用到了两个指标：净利率和净利率同比。

净利率=（净利润/营业总收入）×100%

净利率同比是指净利率与上年同期相比。

从图 6-12 中我们可以看出，2019 年 2 月和 2020 年 2 月，公司的净利率都处于当年的最低点，这属于经营周期的特点，因此，该公司在每年临近 2 月的时间段都需要提前做好准备，调整经营方式。在 2 月之后，净利率会出现波动性的上升趋势，直到 6 月，这是一个净利率较低的月份。但是到 2021 年 6 月，净利率高于前两年同期，这是一个好的信号，反映了公司的某些项目发挥了积极作用，下一步应该寻找更细节的数据，例如不同项目贡献的利润率。此外，净利率同比呈现上升趋势，说明公司发展越来越好。

2. 项目分析

列出明细表，具体分析对公司经营成果产生较大影响的项目和变化幅度较大的项目。主要的项目有营业收入、营业成本、销售费用、利润总额、管理费用、财务费用等。图 6-13 所示是 2021 年公司全部利润主要项目分析，图 6-14 所示是 2021 年公司利润主要项目变化趋势。

综合图 6-13 和图 6-14 来看，营业收入和营业成本成正相关关系，总体为上升趋势，但在年末，两者纷纷下降。在费用类项目中，销售费用占比最多，在销售费用基本持平的情况下，各月的营业收入差别很大，因此如何提高销售效率是该公司需要重视的问题。

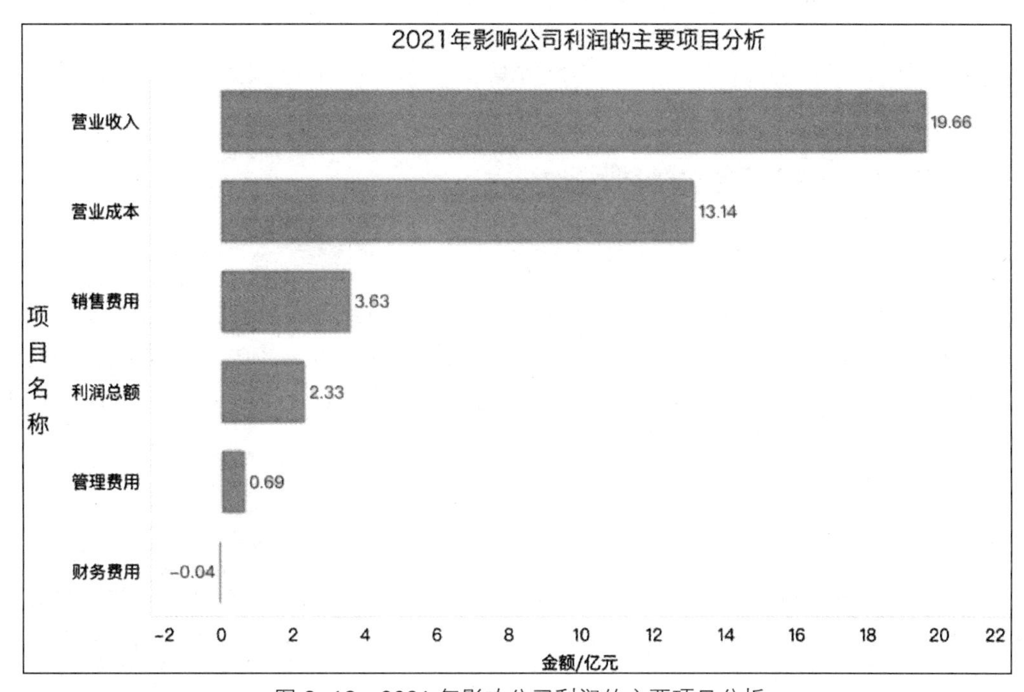

图 6–13　2021 年影响公司利润的主要项目分析

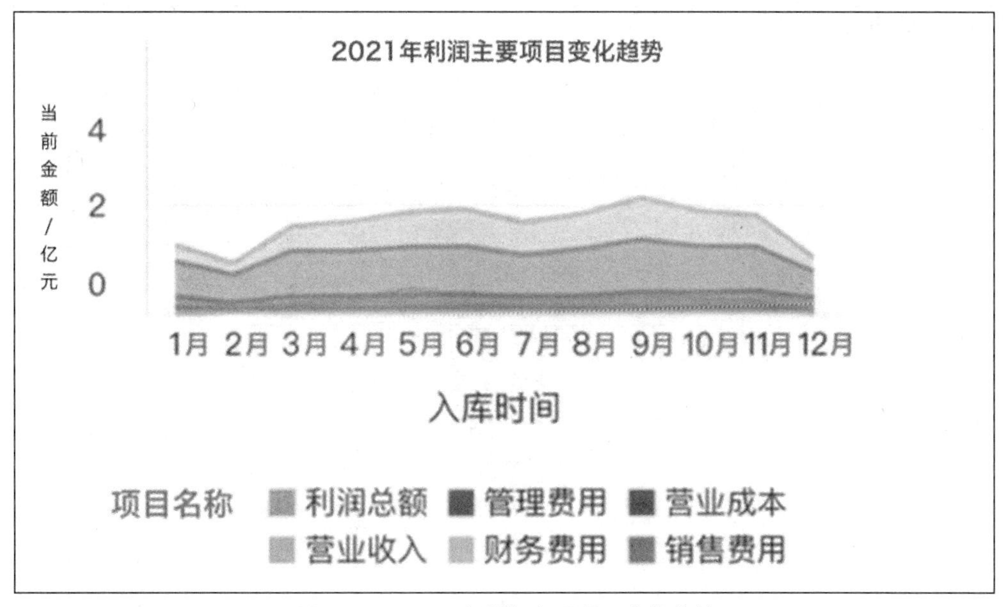

图 6–14　2021 年利润主要项目变化趋势

3. 毛利率分析

图 6-15 所示为 2021 年各月利润表毛利率变化趋势。

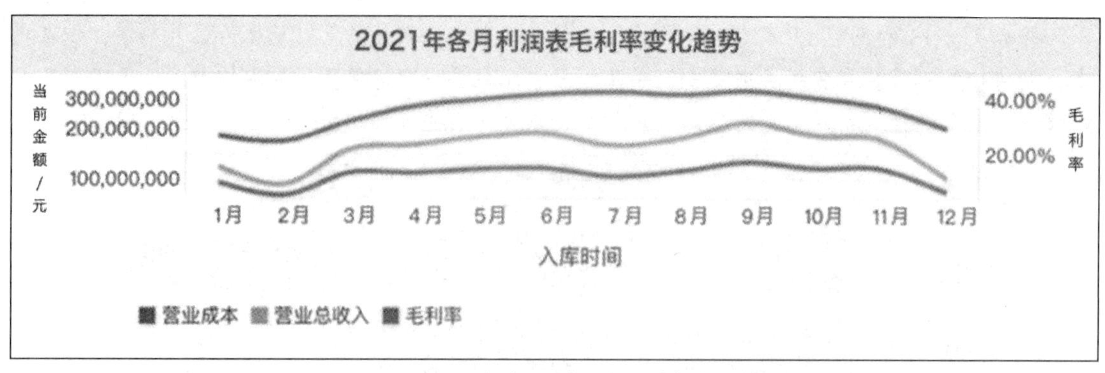

图 6–15　2021 年各月利润表毛利率变化趋势

从图 6-15 可以看出，该公司的毛利率呈平稳波动趋势，说明公司经营整体来看较为稳定，可以在现有的经营策略上进行优化升级。由于该公司的业务范围较广，我们现在使用的是汇总数据，据此为公司提的建议属于宏观层面的，如果想进一步提出具体建议，需要对公司每个业务板块甚至每个项目的数据进行分析。

课后习题

2022 年 9 月，快手公司针对大学生用户的一项调查显示，快手一周内活跃人数留存情况如图 6-16 所示，登录快手所用操作系统的情况如图 6-17 所示。请利用所学知识，自行获取佐证数据，完成以下任务。

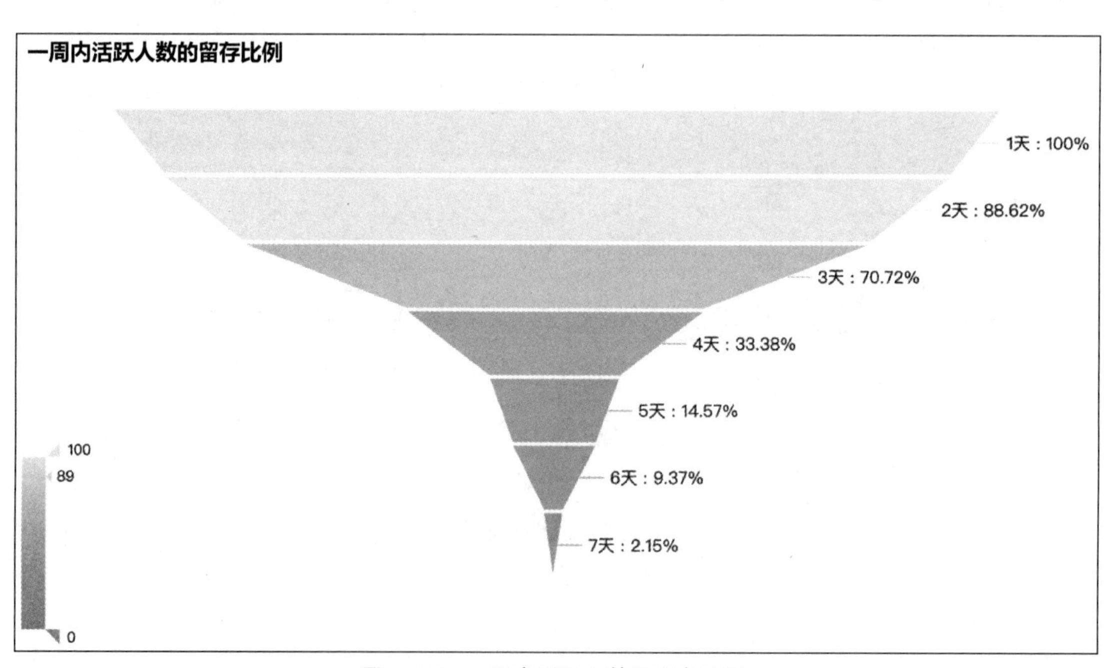

图 6–16　一周内活跃人数的留存比例

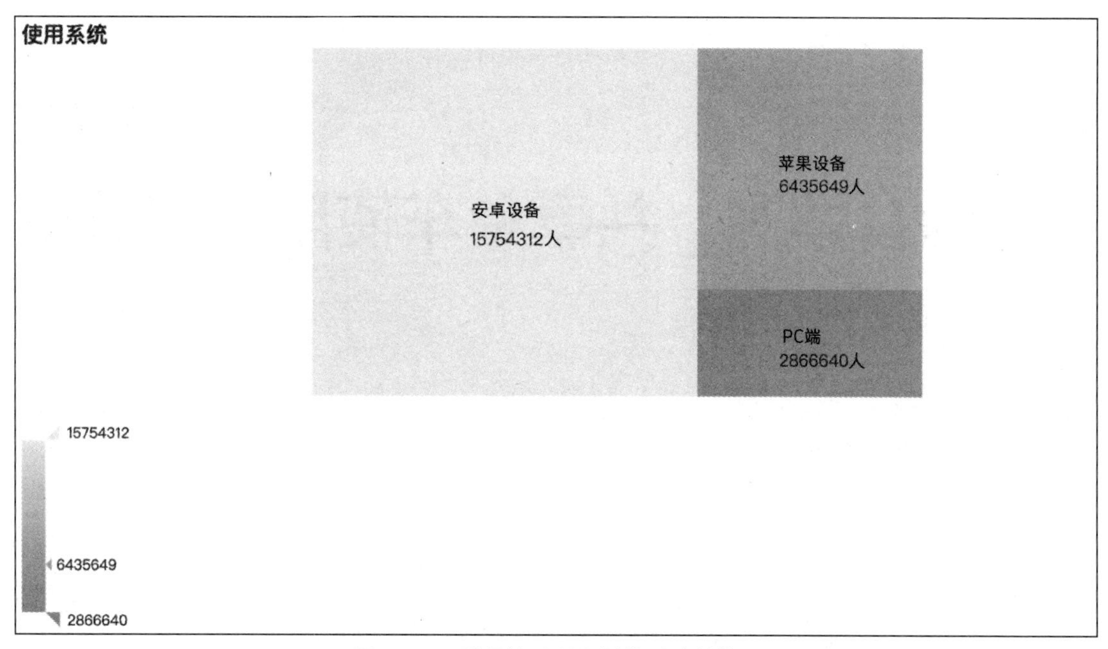

图 6–17　登录快手所用操作系统的情况

1. 观察图 6-16，说明第几天是快手用户留存的关键时间，并说明理由。

2. 影响快手用户流失的因素主要有哪些？请结合自身具体情况验证这些影响因素。

3. 观察图 6-17，针对登录快手所用操作系统的情况，讨论经常使用快手的大学生用户具有哪些特征。

4. 针对以上数据，请提出三个能够有效防止用户快速流失的具体措施。

项目七

综合案例：共享单车使用情况分析

知识目标

1. 了解分析问题的思路
2. 掌握调查问卷分析的方法

能力目标

1. 能找到对调查主题有用的数据
2. 能利用调查问卷搜集所需数据
3. 能使用 Excel 制作各种图表
4. 能根据数据图表分析市场现状

素养目标

1. 树立各类资源节约集约利用的意识
2. 培养遵纪守法、诚实守信的工作态度

一、提出问题

某共享单车公司的总经理王丽想要在市场上投放一款新的自行车，在投放之前，她需要了解已经投放市场的共享单车的运营状况，以便对整个共享市场的客户需求和缺陷有深入的了解，从而有针对性地制定新产品运营策略。王丽把这个任务交给了市场部经理赵琳。赵琳通过分析，认为总经理需要了解目前共享市场的用户群体有哪些、大众对共享经济的态度如何、用户在使用产品时履约状态如何，以及不同地区共享市场的差异情况等。

二、确定所需数据

经过分析和思考，赵琳认为她应收集用户的个人信息、用户的履约信息、区域信息等数据。

三、寻找数据

为了获得所需数据，赵琳制作了一份调查问卷，内容如下。

共享单车使用情况调查问卷

第一部分：个人信息

1. 请问您的性别是？

A. 男　　B. 女

2. 请问您的年龄是？

A. 12 岁以下（结束问卷）　　B. 12～18 岁

C. 19～28 岁　　D. 29～38 岁　　E. 38 岁以上

3. 请问您目前的最高学历是？

A. 专科以下　　B. 专科或本科　　C. 研究生及以上

4. 您的职业是？

A. 学生　　B. 国家机关、事业单位工作人员

C. 自由职业者　　D. 企业职工

E. 其他

5. 请问您生活的地区是？

A. 一线城市（北京、上海、广州、深圳）　B. 二线和三线城市

C. 三线以下城市　　D. 乡村

第二部分：共享单车使用情况

6. 您使用共享单车的频率是？

A. 每天都用　　B. 每周 1～3 次

C. 每月 1～3 次　　D. 从不使用（结束问卷）

7. 您使用完共享单车后未关锁的频率是？

A. 经常　　B. 偶尔　　C. 从不

8. 您免费骑走路边未上锁的共享单车的频率是？

A. 经常　　B. 偶尔　　C. 从不

9. 您将出现故障的共享单车置之不理的频率是？

A. 经常　　B. 偶尔　　C. 从不

10. 您私自占有共享单车的频率是？

A. 经常　　B. 偶尔　　C. 从不

11. 您涂抹共享单车上二维码的频率是？

A. 经常　　B. 偶尔　　C. 从不

12. 您破坏共享单车的频率是？

A. 经常　　B. 偶尔　　C. 从不

13. 您随处乱停共享单车的频率是？

A. 经常　　B. 偶尔　　C. 从不

14. 您用同一个账号同时开多个锁的频率是？

A. 经常　　B. 偶尔　　C. 从不

15. 您替儿童（未满 12 周岁）开锁的频率是？

A. 经常　　B. 偶尔　　C. 从不

> 16. 您将账号赠予、借用、租用、转让或售卖给他人的频率是？
>
> A. 经常　　B. 偶尔　　C. 从不
>
> 17. 您骑共享单车载人的频率是？
>
> A. 经常　　B. 偶尔　　C. 从不
>
> 18. 对于共享资源，您的态度是？
>
> A. 支持　　B. 中立　　C. 反对
>
> 19. 您对共享单车信用管理的建议是？（简答）

在设计好问卷之后，赵琳采取随机抽样的方法在网络上随机发放问卷，最终得到的数据汇总（部分）如图 7-1 所示。

	C	D	E	F	G	H	I	J	K	L	M	N	O	P	Q	R	S
1	性别	年龄	学历	职业	地区	Q6	Q7	Q8	Q9	Q10	Q11	Q12	Q13	Q14	Q15	Q16	Q17
2	女	19~28岁	专科或本	学生	二线和三线城	每月1~3	经常	偶尔	从不	从不	从不	从不	从不	偶尔	从不	从不	从不
3	男	19~28岁	专科或本	学生	二线和三线城	每月1~3	从不	从不	偶尔	从不	从不	从不	偶尔	从不	从不	从不	从不
4	女	38岁以上	研究生及以	国家机关、	二线和三线城	每周1~3	从不	偶尔	从不	从不	从不	从不	从不	从不	从不	从不	从不
5	女	19~28岁	专科或本	学生	二线和三线城	每周1~3	从不	偶尔	偶尔	从不	从不	从不	从不	从不	从不	从不	从不
6	女	19~28岁	专科或本	学生	二线和三线城	每周1~3	从不	偶尔	偶尔	从不	从不	从不	偶尔	偶尔	从不	从不	从不
7	男	19~28岁	专科或本	学生	二线和三线城	每月1~3	从不	从不	从不	从不	从不	从不	从不	偶尔	从不	从不	从不
8	女	19~28岁	专科或本	学生	二线和三线城	每周1~3	从不	从不	偶尔	从不	从不	从不	从不	从不	从不	从不	从不
9	女	19~28岁	专科或本	学生	二线和三线城	每周1~3	从不	从不	从不	从不	从不	从不	从不	从不	从不	从不	从不
10	男	19~28岁	专科或本	学生	二线和三线城	每月1~3	从不	偶尔	从不	从不	从不	从不	从不	从不	从不	从不	从不
11	女	19~28岁	专科或本	学生	三线以下城市	每月1~3	从不	从不	经常	从不	从不	从不	从不	从不	从不	从不	从不
12	女	19~28岁	专科或本	学生	二线和三线城	每月1~3	从不	偶尔	从不	从不	从不	从不	经常	从不	从不	从不	从不
13	女	19~28岁	专科或本	学生	三线以下城市	每周1~3	偶尔	从不	经常	从不	从不	从不	偶尔	偶尔	从不	从不	从不
14	女	19~28岁	专科或本	学生	二线和三线城	每月1~3	从不	从不	偶尔	从不	从不	从不	从不	偶尔	从不	从不	从不
15	女	19~28岁	专科或本	学生	二线和三线城	每周1~3	从不	从不	从不	从不	从不	从不	偶尔	从不	从不	从不	从不
16	女	19~28岁	专科或本	学生	乡村	每周1~3	从不	偶尔	从不	从不	从不	从不	偶尔	从不	从不	从不	从不
17	女	19~28岁	专科或本	学生	二线和三线城	每天都用	从不	偶尔	偶尔	从不	从不	从不	从不	从不	从不	从不	从不
18	女	19~28岁	专科或本	学生	二线和三线城	每月1~3	从不	偶尔	偶尔	从不	从不	从不	从不	从不	从不	从不	从不
19	男	19~28岁	专科或本	学生	二线和三线城	每天都用	经常	偶尔	从不	从不	从不	从不	从不	偶尔	从不	从不	从不
20	女	19~28岁	专科或本	企业职工	二线和三线城	每周1~3	从不	偶尔	偶尔	偶尔	从不	从不	偶尔	偶尔	从不	从不	从不
21	女	19~28岁	专科或本	学生	二线和三线城	每月1~3	从不	偶尔	经常	从不	从不	从不	偶尔	偶尔	从不	从不	偶尔
22	女	19~28岁	专科或本	学生	二线和三线城	每月1~3	偶尔	从不	偶尔	从不	从不	从不	偶尔	从不	从不	从不	从不
23	男	29~38岁	专科或本	其他	三线以下城市	每月1~3	从不	经常	经常	经常	从不	偶尔	经常	偶尔	从不	偶尔	偶尔

图 7-1　问卷调查所得数据汇总（部分）

四、分析数据

分析数据的方式有很多种，赵琳决定使用 Excel 的数据透视图功能对总经理所关心的问题进行统计与分析。

1. 用户类别分析

（1）性别。共享单车用户中，男性为 212 人，占比 50.84%；女性为 205 人，占比 49.16%，男女比例相差不大，如图 7-2 所示。

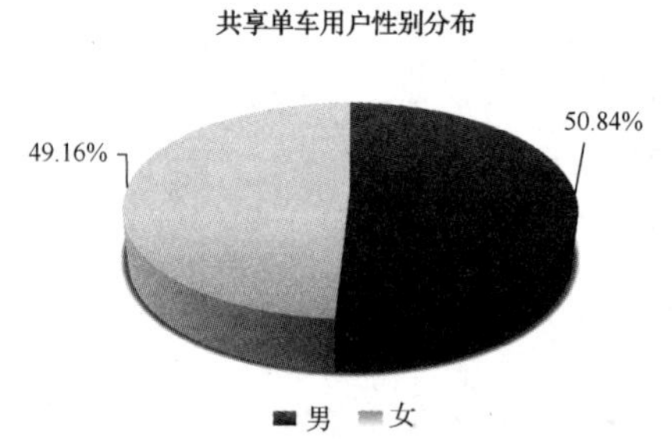

图 7-2　共享单车用户性别分布

（2）年龄。从年龄分布来看，用户集中在 18 岁以上，其中 19～28 岁的用户最多，如图 7-3 所示。由于共享单车规定 12 岁以下儿童禁止骑行，所以并未调查 12 岁以下儿童的使用情况。

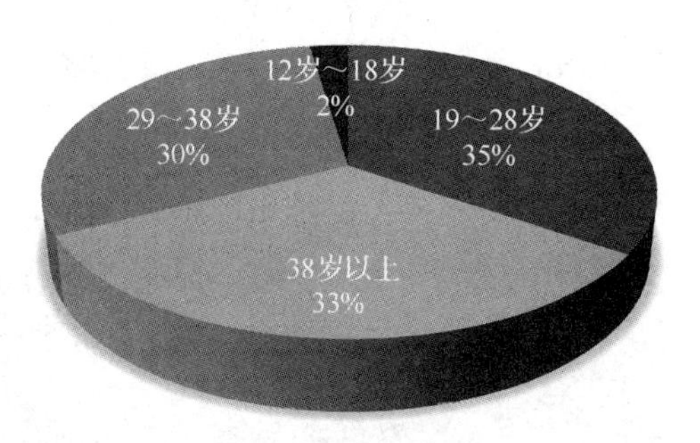

图 7-3 共享单车用户年龄分布

（3）学历。共享单车用户大多是本科及以下学历，研究生及以上学历仅占 15%，说明共享产品并不受高学历者青睐，如图 7-4 所示。

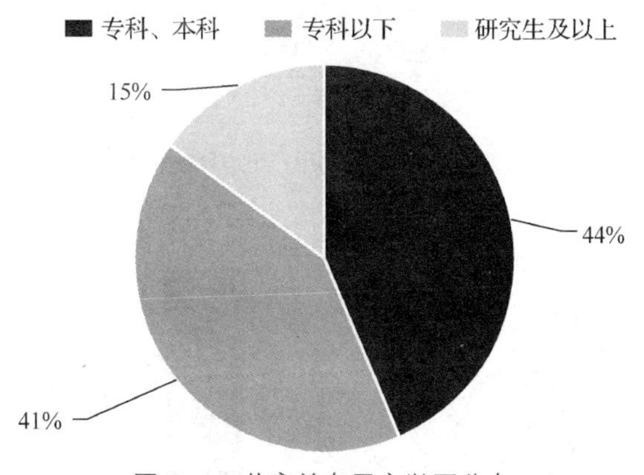

图 7-4 共享单车用户学历分布

（4）职业。从职业分布来看，共享单车的用户大多是学生和有稳定收入者，如图 7-5 所示。

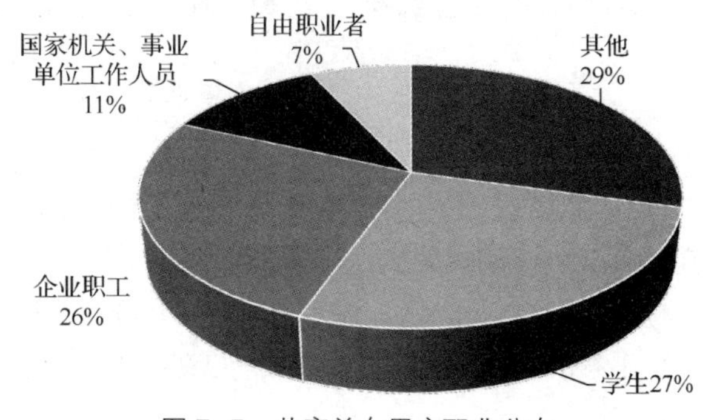

图 7-5 共享单车用户职业分布

（5）地区分布。共享单车用户的地区分布比较广泛，二线和三线城市用户比例最高，如图 7-6 所示。

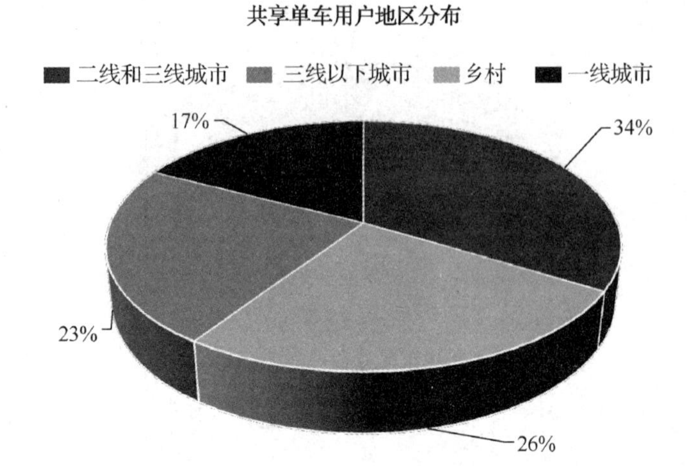

图 7-6　共享单车用户地区分布

2. 用户履约情况分析

（1）性别。从图 7-7 中可以看出，用户的违约频率和性别似乎没有太大的关系，男女违约频率相差不大。

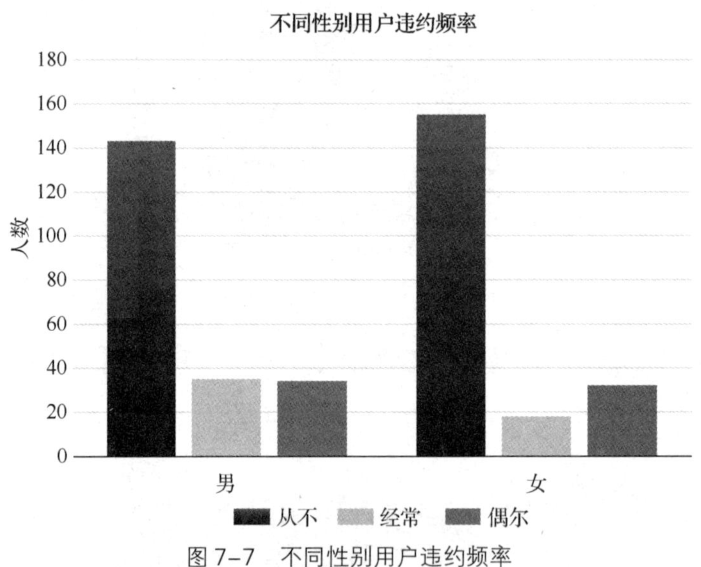

图 7-7　不同性别用户违约频率

（2）年龄。由图 7-8 可以明显看出，12～28 岁用户的违约频率比较低。之后随着年龄的增长，用户的违约频率越来越高。38 岁以上用户的违约频率最高。

（3）学历。本次调查将学历分为专科以下、专科或本科、研究生及以上三个区间，学历与违约频率的关系可以从图 7-9 中看出。学历在专科以下的用户在使用共享单车的过程中发生违约行为的频率是高于其他学历者的。

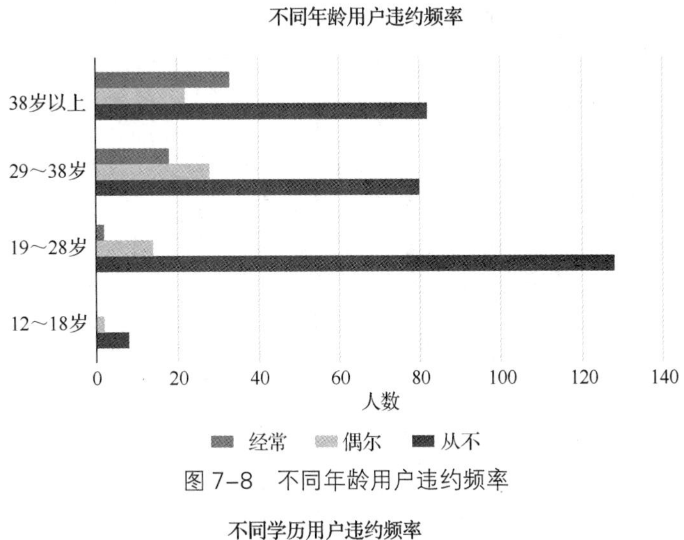

图 7-8　不同年龄用户违约频率

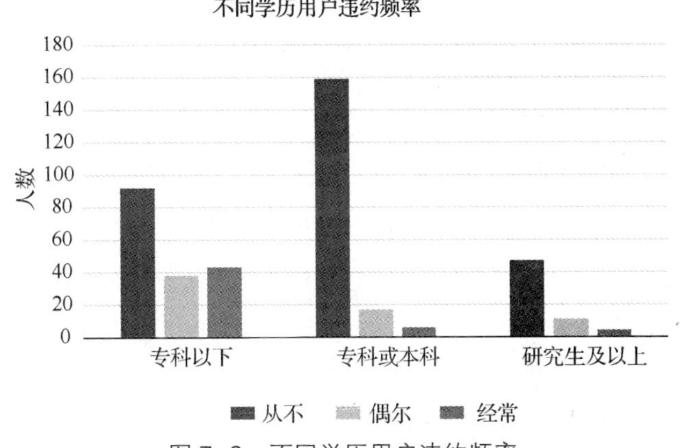

图 7-9　不同学历用户违约频率

（4）职业。本次调查把职业分为学生，国家机关、事业单位工作人员，自由职业者，企业职工和其他五大类，用户具体职业与违约频率的关系如图 7-10 所示。可以看出，学生和国家机关、事业单位工作人员在使用共享单车的过程中违约行为发生的频率最低，其他工作的用户违约频率最高。

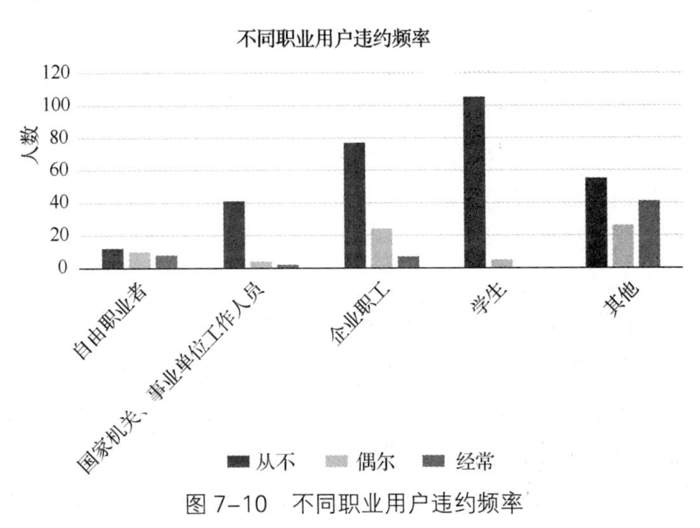

图 7-10　不同职业用户违约频率

（5）地区分布。本次调查把区域分为一线城市（北京、上海、广州、深圳），二线和三线城市，三线以下城市，乡村四类。不同地区用户和违约频率的关系如图 7-11 所示。可以看出，三线以下城市和乡村的用户在使用共享单车的过程中违约频率较高。

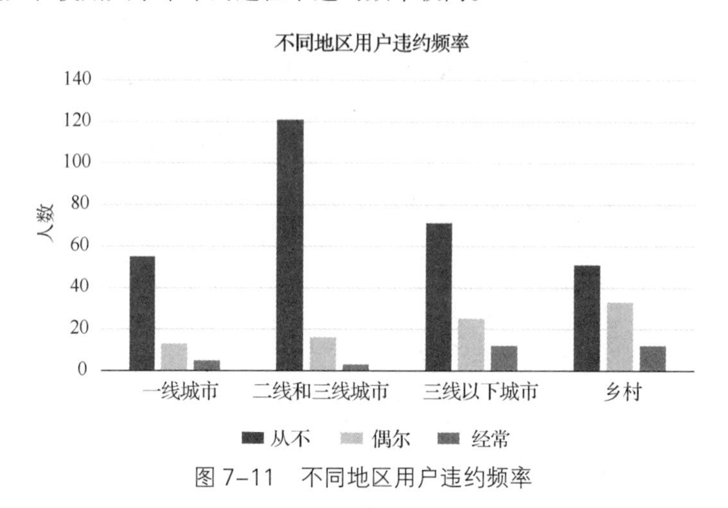

图 7-11　不同地区用户违约频率

五、分析问题并提出解决方案

根据以上数据分析，赵琳撰写出调查报告，得出如下结论。

（1）年龄较小的用户使用共享单车的违约频率低于年龄较大的用户。

（2）未接受过高等教育的用户在使用共享单车的过程中违约的频率高于接受过高等教育的用户。

（3）具有稳定工作的人群在使用共享单车时违约频率较低。

（4）三线以下城市和乡村的用户在使用共享单车的过程中违约频率相对较高。

赵琳将调查报告交给王总经理，王总经理通过对数据的分析，写出了如下解决方案。

1. 建立全网用户数据库

建立一个全网用户数据库，个别信用状况较差的用户将引起全公司的警惕，以降低新产品的信用风险，减少共享资源被破坏的现象。

2. 实行严格的用户实名制度

用户实名制度，并不是简单地要求用户在注册时填写身份证号码即可，而是要对用户的身份信息进行严格把关。要求用户在注册时，必须输入真实的姓名、年龄、证件号码等个人信息，确保用户身份信息真实可信，这样能减少个别信用状况较差的用户使用假身份恶意破坏共享资源的现象。

3. 实行合理的信用评分制度

对用户实行分级管理。第一，根据用户注册时填写的真实信息，将用户分为信用潜力良好、信用潜力一般、信用潜力不足三类。针对信用潜力良好的用户，可以酌情减免押金。第二，实行信用评分制度，信用初始值按照信用潜力的高低确定。第三，根据用户的使用情况，在初始值的基础上进行合理的加减分，再综合全网用户数据库中的信息，得到用户的信用分数。根据信用分数的高低，将用户分为信用状况良好、信用状况一般和信用状况较差三类。信用分数每月更新一次，针对每月信用较差的用户必须采取一系列的措施。

4. 推行严格有力的信用奖惩机制

在管理过程中，简单地扣减信用分数并不能对用户的不良行为起到很好的约束作用，因此，必须采取信用奖惩措施。针对信用潜力良好、信用状况良好的用户，可以奖励极速退押金或优先使用共享资源的权利，并且针对偶尔可以理解的不良行为宽大处理。而针对信用潜力不足、信用状况较差的用户，可以拒绝退还押金，并把该用户的名字加入数据库黑名单，限制其使用共享资源。

拓展阅读

利用新技术解决共享单车杂乱停放问题

近几年，共享单车已经融入城市，成为解决市民出行“最后一公里”的重要交通工具。然而，在地铁口、商圈旁，时常堆满了杂乱无章、“任性”失管的车辆，让城市更加拥挤。

为规范共享单车停放秩序，交通管理部门以“蓝牙道钉”技术为基础，实现车辆入栏管理，通过“巡查+值守”的治理模式，持续做好重点区域保障和停放区秩序管理工作。“蓝牙道钉”设备可以辐射出蓝牙信号，在路上形成一个隐形的电子围栏，共享单车需要停入电子围栏范围内才能落锁。用户若不在电子围栏范围内锁车，车锁将无法关闭。这种技术不仅可以监督用户定点规范停放车辆，还能方便车企实时掌握车辆位置信息，及时调度区域车辆。

此外，交通管理部门会同共享单车企业，通过对车辆存取使用等大数据进行分析，加大重点区域车辆调度力度，提高周转效率。结合高峰时段市民出行特点，在地铁站口安排专人进行定点值守，负责摆放车辆并引导市民规范停放。同时，通过对主次干路持续开展巡查，进一步规范道路两侧共享单车停放区内车辆的秩序，确保车辆停放整齐，不出现占用盲道、绿化带等现象。

如今，在企业、交通枢纽、社区等场所周边，共享单车已成为解决市民出行“最后一公里”的有效工具。随着“整洁、规范、有序”的文明骑行意识不断深入人心，越来越多的市民自觉付诸行动，共同营造绿色文明出行环境。

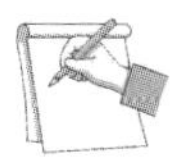

课后习题

改革开放以来，我国脱贫攻坚取得了举世瞩目的成就，截至2020年年底，我国已彻底消灭了绝对贫困，实现农村人口全面脱贫。

请你在国家统计局网站搜集“国家脱贫攻坚普查”和“改革开放以来农村贫困状况”等数据，总结出我国脱贫攻坚工作取得的巨大成就，写出一份总结报告。

项目八

综合案例：当代大学生娱乐方式调查分析

知识目标

1. 了解分析问题的思路
2. 掌握调查问卷分析的方法

能力目标

1. 能找到调查主题需要的关键数据
2. 能利用调查问卷搜集所需数据
3. 能使用 Excel 处理和分析数据
4. 能利用词云图展示不同类型大学生的画像
5. 能找到大学生休闲娱乐活动存在的问题
6. 能提出推动大学生娱乐方式健康发展的对策

素养目标

1. 培养健康的休闲娱乐兴趣
2. 学会用积极健康的休闲娱乐活动缓解压力

一、提出问题

某专业 2 班要进行期末实训，实训的内容是分小组寻找一个有意义的主题，制作并发放调查问卷，对回收的数据进行处理和分析，最终形成一份调查报告。“名门望组”的 8 位同学经过多次商议和讨论，认为了解当代大学生的主要娱乐方式是什么、娱乐活动有什么特点、娱乐活动中存在什么问题等有助于大学生优化休闲娱乐方式，从而促进身心健康发展。于是，该小组把调查主题定为“当代大学生休闲娱乐方式调查”。

二、确定所需数据

调查主题已经确定，下一步要确定完成该主题调查需要哪些数据。该小组成员再次聚在一起商讨。王同学认为，休闲娱乐方式是因人而异的，男生和女生的娱乐方式及特点可能会不同，大一学生的娱乐偏好可能和大四学生的有所不同，甚至不同专业的娱乐特点也会有所差异，因此有必要收集大学生的个人特征信息。唐同学赞成王同学的观点，她提出，不同学校的娱乐设施差别也会很大，比如有的学校有游泳池、羽毛球场地等，有的学校就没有，这种情况对学生的娱乐方式和效果也有较大影响，所以应该增加“所在学校休闲娱乐设施健全程度”这个数据。苏同学补充，每天的娱乐时间也很重要，合理安排娱乐时间能起到事半功倍的效果。辛同学认为，娱乐方式和娱乐特点包含特别多信息，应该从“娱乐目的—娱乐方式—影响娱乐的因素—娱乐的效果”这个逻辑入手，来收集并分析数据。郭同学和裴同学认为，不能只调查娱乐现状，了解大学生理想的休闲娱乐方式和氛围有利于学校创造满足学生身心健康发展的条件。

三、寻找数据

该小组通过商讨，综合了各位组员的意见，决定通过调查问卷来收集数据，并拟订了如下几个问题。

当代大学生娱乐方式的调查

1. 您的性别是？

□男　□女

2. 您的专业是？

□理工类　□文史类　□艺术类　□体育类　□其他

3. 您的年级是？

□大一　□大二　□大三　□大四

4. 一天的娱乐时间是？

□2 个小时以内（含 2 小时）　□2～4 个小时（含 4 小时）　□4 个小时以上

5. 主要的娱乐方式？（多选）

□运动　□网络学习　□聚会　□逛街、购物　□阅读书籍　□听歌　□谈话、聊天　□休息　□其他

6. 学校的休闲娱乐设施（如篮球场、羽毛球场、健身房、咖啡馆、商业街等）是否齐全？

□齐全　□不太齐全　□不清楚

7. 您是否会规划自己的娱乐计划？

□会提前做好规划　□偶尔规划　□规划不足

8. 休闲娱乐活动能否缓解您的精神压力？

□能　□不能　□不确定

9. 您进行娱乐活动的目的是？（多选）

□调节身心　□增长见识　□充实生活　□缓解精神压力　□增进同学感情　□锻炼身体　□其他

10. 有哪些因素会影响您的娱乐休闲？（多选）

□消费价格　□个人兴趣爱好　□时间　□休闲地点的环境与娱乐设施　□交通便捷程度　□其他

11. 您理想中的休闲娱乐氛围是？（多选）

□人越多越好，人多热闹更快乐　□和关系不错的朋友很温馨就够了

□享受独处　□浪漫，有仪式感　□其他

12. 您去休闲娱乐的目的通常是？（多选）

□朋友邀约　□自己放松一下　□小组商讨作业　□班级活动　□其他

13. 您一个月去几次娱乐场所？

□1 次　□2～3 次　□4 次及以上　□不去

14. 您选择娱乐场所时主要考虑的因素是？（多选）

□设施或服务　□气氛或情调　□消费价格　□名气　□其他

15. 对当前休闲娱乐的看法？（简答）

通过向各个省市的大学生发放问卷，最终得到的原始数据（部分）如图 8-1 所示。

	A	B	C	D	E	F	G	H	I	J
1	序号	您的性	您的专业？	您的年	一天的娱乐时间	主要的娱乐方式？（多选）	学校的休闲	您是否会规划自己	休闲娱乐	您进行娱乐活动的目的是？
2	1	女	理工类	大一	4个小时以上	网络学习丨听歌丨谈话、聊天丨休息丨其	齐全	偶尔规划	能	调节身心丨增长见识丨充实生活
3	2	女	理工类	大一	2~4个小时（含	运动丨阅读书籍丨网络学习丨听歌丨休息	齐全	偶尔规划	能	调节身心丨增长见识丨充实生活
4	3	女	理工类	大一	4个小时以上	逛街、购物丨网络学习丨听歌丨谈话、聊	不太齐全	偶尔规划	能	调节身心丨增长见识丨缓解精神
5	4	女	理工类	大二	2个小时以内(含	逛街、购物丨聚会丨网络学习丨谈话、聊	齐全	规划不足	能	缓解精神压力丨其他
6	5	女	文史类	大一	2~4个小时（含	网络学习丨听歌丨谈话、聊天丨其他	齐全	偶尔规划	能	调节身心丨充实生活丨缓解精神
7	6	女	理工类	大一	2~4个小时（含	运动丨网络学习丨听歌丨休息丨其他	不太齐全	会提前做好规划	能	调节身心丨增长见识丨充实生活
8	7	男	理工类	大一	2个小时以内(含	运动	不太齐全	偶尔规划	能	调节身心
9	8	女	其他	大一	2~4个小时（含	运动丨阅读书籍丨网络学习丨听歌丨谈话	齐全	偶尔规划	能	调节身心丨增长见识丨充实生活
10	9	男	理工类	大一	4个小时以上	网络学习丨谈话、聊天	不太齐全	规划不足	不能	充实生活
11	10	女	文史类	大一	2~4个小时（含	运动丨聚会丨阅读书籍丨听歌	齐全	会提前做好规划	能	调节身心丨增长见识丨缓解精神
12	11	男	其他	大一	4个小时以上	网络学习丨谈话、聊天丨休息丨其他	不太齐全	偶尔规划	能	调节身心丨增长见识丨缓解精神
13	12	女	艺术类	大一	4个小时以上	运动丨逛街、购物丨聚会丨阅读书籍丨网	齐全	会提前做好规划	能	调节身心丨缓解精神压力丨锻炼
14	13	男	理工类	大一	4个小时以上	运动丨网络学习丨听歌丨谈话、聊天丨休	齐全	规划不足	能	调节身心丨增长见识丨缓解精神
15	14	男	理工类	大一	2~4个小时（含	运动丨网络学习	不太齐全	偶尔规划	不确定	调节身心丨充实生活丨缓解精神
16	15	女	理工类	大一	2~4个小时（含	运动丨逛街、购物丨阅读书籍丨网络学习	齐全	会提前做好规划	能	调节身心丨增长见识丨缓解精神
17	16	女	理工类	大一	2个小时以内(含	运动丨逛街、购物丨阅读书籍	齐全	会提前做好规划	能	增长见识丨缓解精神压力丨增进
18	17	女	理工类	大一	2~4个小时（含	运动丨阅读书籍丨网络学习丨听歌丨休息	齐全	偶尔规划	不确定	调节身心丨充实生活
19	18	女	理工类	大一	2个小时以内(含	运动丨逛街、购物丨聚会丨阅读书籍丨网	不太齐全	会提前做好规划	能	调节身心丨增长见识丨充实生活
20	19	男	理工类	大一	2个小时以内(含	运动丨阅读书籍	齐全	偶尔规划	能	调节身心丨缓解精神压力丨锻炼
21	20	女	理工类	大一	2~4个小时（含	阅读书籍丨网络学习丨听歌丨谈话、聊天	齐全	偶尔规划	能	增长见识丨缓解精神压力
22	21	女	文史类	大一	4个小时以上	网络学习丨谈话、聊天丨休息	齐全	偶尔规划	能	调节身心丨缓解精神压力丨锻炼
23	22	男	理工类	大一	4个小时以上	运动丨阅读书籍丨网络学习丨听歌	齐全	偶尔规划	能	调节身心丨充实生活丨缓解精神
24	23	女	其他	大一	2~4个小时（含	网络学习丨听歌	不太齐全	偶尔规划	不能	充实生活丨缓解精神压力
25	24	女	理工类	大一	4个小时以上	网络学习丨谈话、聊天丨休息丨其他	不太齐全	规划不足	能	充实生活丨缓解精神压力丨其他
26	25	女	其他	大二	4个小时以上	运动丨逛街、购物丨聚会丨阅读书籍丨网	不清楚	偶尔规划	能	调节身心丨增长见识丨充实生活

Sheet1

图 8–1　问卷调查原始数据（部分）

四、处理和分析数据

（一）处理数据

该小组共收集到 292 个样本数据，选择用 Excel 对原始数据进行处理。由于问卷涉及单选题、多选题和简答题三种题型，该小组决定对各个题型分别进行处理。

处理单选题时，首先是隐藏无关变量，接着筛选是否有空白项，最后对标题行（即第 1 行）进行精简处理。最终处理好的数据（部分）如图 8-2 所示。

接着处理多选题。多选题除了要筛选空白项、精简标题以外，最重要的是对多选题的选项进行分列处理，以便于后续的分析。该小组通过 Excel 的分列功能进行处理，具体操作界面如图 8-3 所示。处理后的部分数据如图 8-4 所示。

T18

	B	K	L	M	N	O	P	Q
1	性别	专业	年级	一天的娱乐时间	学校的休闲娱乐设施是否齐全？	是否会规划自己的娱乐计划？	休闲娱乐能否缓解精神压力？	一个月去几次娱乐场所？
2	女	理工类	大一	4个小时以上	齐全	偶尔规划	能	不去
3	女	理工类	大一	2~4个小时（含4小	齐全	偶尔规划	能	不去
4	女	理工类	大一	4个小时以上	不太齐全	偶尔规划	能	不去
5	女	理工类	大二	2个小时以内(含2小	齐全	规划不足	能	不去
6	女	文史类	大一	2~4个小时（含4小	齐全	偶尔规划	能	不去
7	女	理工类	大一	2~4个小时（含4小	不太齐全	会提前做好规划	能	不去
8	男	理工类	大一	2个小时以内(含2小	不太齐全	偶尔规划	能	1次
9	女	其他	大一	2~4个小时（含4小	齐全	偶尔规划	能	2~3次
10	男	理工类	大一	4个小时以上	不太齐全	规划不足	不能	不去
11	女	文史类	大一	2~4个小时（含4小	齐全	会提前做好规划	能	不去
12	男	其他	大一	4个小时以上	不太齐全	偶尔规划	能	2~3次
13	女	艺术类	大一	4个小时以上	齐全	会提前做好规划	能	不去
14	男	理工类	大一	4个小时以上	齐全	规划不足	能	不去
15	男	理工类	大一	2~4个小时（含4小	不太齐全	偶尔规划	不确定	不去
16	女	理工类	大一	2~4个小时（含4小	齐全	会提前做好规划	能	不去
17	女	理工类	大一	2个小时以内(含2小	齐全	会提前做好规划	能	不去

图 8-2　单选题处理结果（部分）

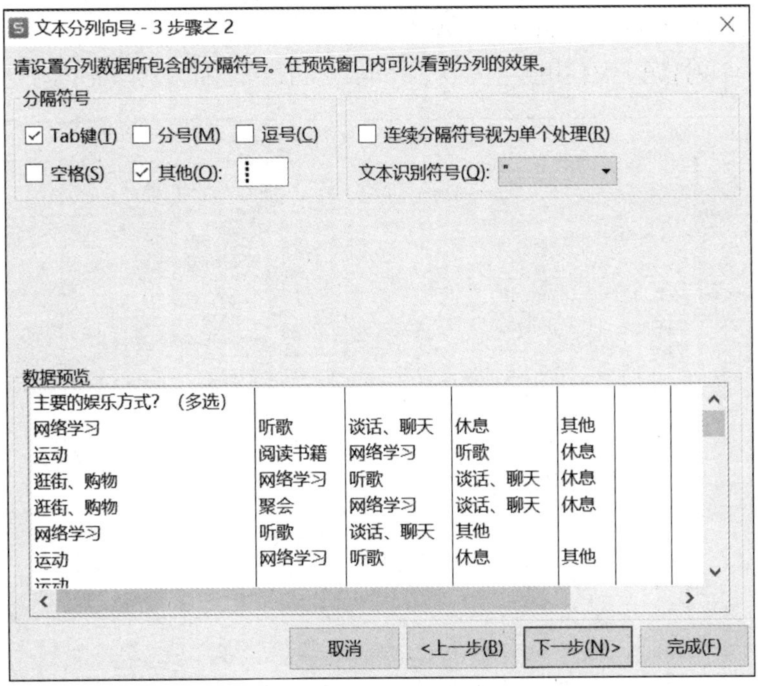

文本分列向导 - 3 步骤之 2

请设置分列数据所包含的分隔符号。在预览窗口内可以看到分列的效果。

分隔符号

☑ Tab键(T)　☐ 分号(M)　☐ 逗号(C)　☐ 连续分隔符号视为单个处理(R)

☐ 空格(S)　☑ 其他(O): ┊　文本识别符号(Q): "

数据预览

主要的娱乐方式？（多选）				
网络学习	听歌	谈话、聊天	休息	其他
运动	阅读书籍	网络学习	听歌	休息
逛街、购物	网络学习	听歌	谈话、聊天	休息
逛街、购物	聚会	网络学习	谈话、聊天	休息
网络学习	听歌	谈话、聊天	其他	
运动	网络学习	听歌	休息	其他

取消　<上一步(B)　下一步(N)>　完成(F)

图 8-3　分列处理

	R	S	T	U	V	W	X	Y	Z	AA	AB	AC	AD	AE	AF	AG	AH
1	主要的娱乐方式？（多选）									进行娱乐活动的目的是什么？（多选）							
2	网络学习	听歌	谈话、聊天	休息	其他					调节身心	增长见识	充实生活	缓解精神压力	增进同学感情	锻炼身体		消费价格
3	运动	阅读书籍	网络学习	听歌	休息					调节身心	增长见识	充实生活	缓解精神压力	增进同学感情	锻炼身体		消费价格
4	逛街、购	网络学习	听歌	谈话、聊	休息					调节身心	增长见识	缓解精神压力	增进同学感情				消费价格
5	逛街、购	聚会	网络学习	谈话、聊	休息					缓解精神压力	其他						时间
6	网络学习	听歌	谈话、聊天	其他						调节身心	充实生活	缓解精神压力	增进同学感情	锻炼身体			个人兴趣爱好
7	运动	网络学习	听歌	休息	其他					调节身心	增长见识	充实生活	缓解精神压力	增进同学感情	锻炼身体		消费价格
8	运动	听歌								调节身心							消费价格
9	运动	阅读书籍	网络学习	听歌	谈话、聊	休息	其他			调节身心	增长见识	充实生活	缓解精神压力	增进同学感情	锻炼身体	其他	消费价格
10	网络学习	谈话、聊								充实生活							休闲地点的环境与娱乐设施
11	运动	聚会	阅读书籍	听歌						调节身心	增长见识	缓解精神压力	增进同学感情	锻炼身体			其他
12	网络学习	谈话、聊	休息	其他						调节身心	增长见识	缓解精神压力	增进同学感情	锻炼身体			消费价格
13	运动	逛街、购	聚会	阅读书籍	网络学习	听歌	谈话、	休息	其	调节身心	缓解精神压力	锻炼身体					个人兴趣爱好
14	运动	网络学习	听歌	谈话、聊	休息					调节身心	增长见识	缓解精神压力	增进同学感情	锻炼身体			时间
15	运动	网络学习								调节身心	充实生活	缓解精神压力	增进同学感情	锻炼身体			个人兴趣爱好
16	运动	逛街、购	阅读书籍	网络学习	听歌	休息				调节身心	增长见识	缓解精神压力	增进同学感情	锻炼身体			个人兴趣爱好
17	运动	逛街、购	阅读书籍							增长见识	缓解精神压力	增进同学感情	锻炼身体				个人兴趣爱好

图 8-4　多选题处理结果（部分）

由于该问卷的简答题是看法建议类型的，属于开放式问题，用 Excel 处理较为困难，该小组成员决定认真阅读，汇总大家的看法。

（二）分析数据

在处理好数据之后，接下来就是对数据进行分析。由于运用 Excel 分析多选题和单选题的方法不同，这里同样将两种题型分别进行分析。在整个分析过程中，首先对样本进行描述；然后描述当代大学生休闲娱乐的现状；最后进行交叉分析，也就是对大学生的休闲娱乐方式进行异质性分析，同时对所描述的数据进行可视化呈现。

用 Excel 分析单选题主要使用数据透视表功能。该小组的具体操作如图 8-5 所示。

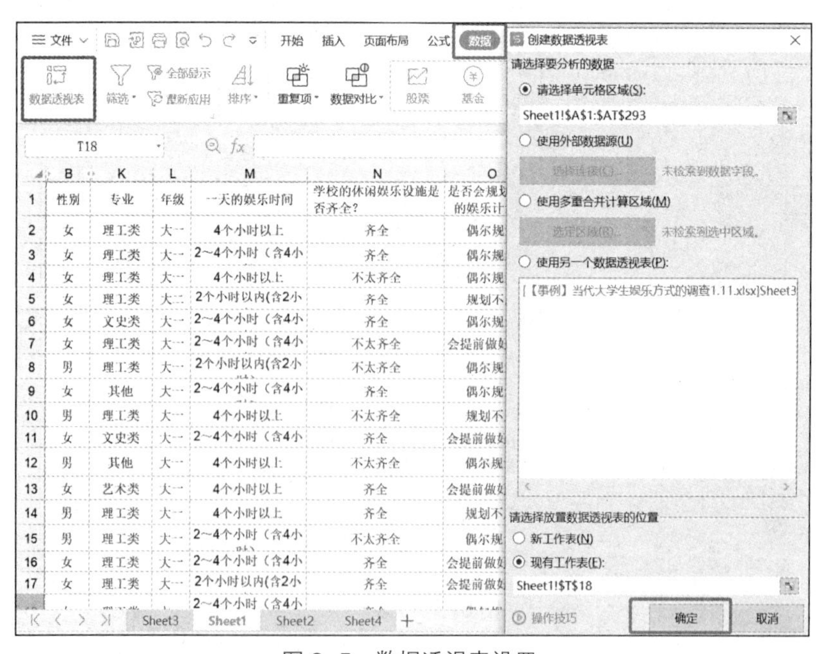

图 8-5　数据透视表设置

将相关字段（如“一天的娱乐时间？”）拖入数据透视表区域的“行”和“值”区域（见图 8-6），便能得到需要分析的样本统计和交叉分析等结果（见图 8-7）。

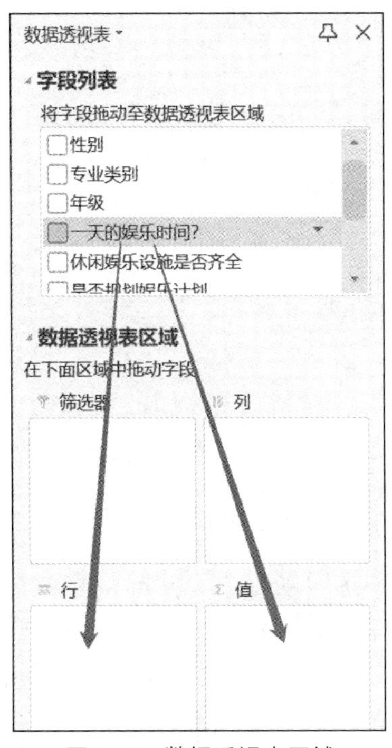

图 8-6　数据透视表区域

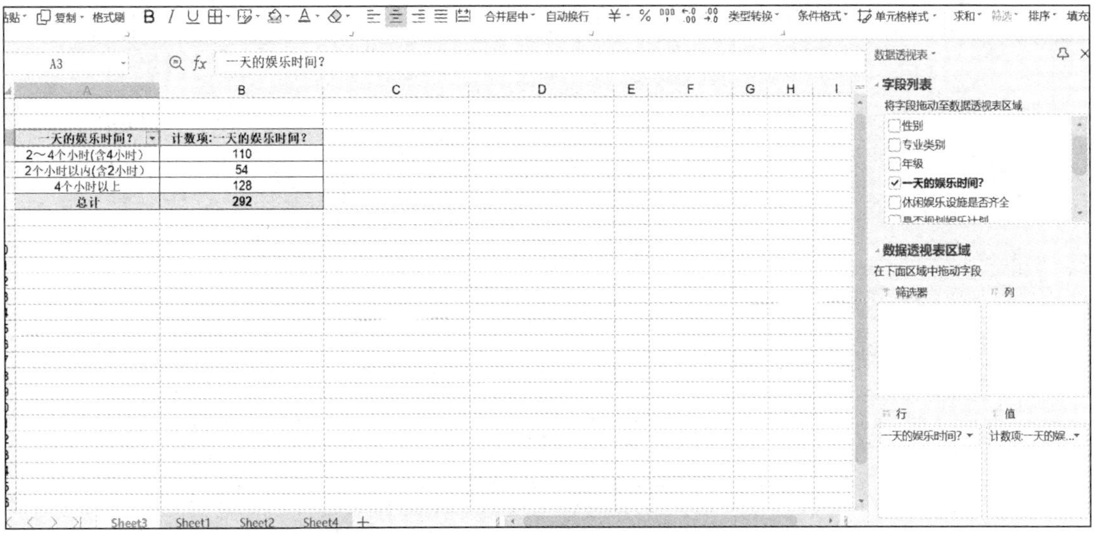

一天的娱乐时间？	计数项：一天的娱乐时间？
2～4个小时(含4小时)	110
2个小时以内(含2小时)	54
4个小时以上	128
总计	292

图 8-7　用数据透视表分析单选题

对多选题的分析相对比较复杂。该小组成员通过请教老师、网上查阅资料、小组讨论等方式，选择用 Excel 中的 COUNTIF 和 COUNTIFS 函数来分析多选题的答案。

COUNTIF 函数主要是对多选题的选项进行频数分析，其语法格式为“COUNTIF（区域，条件）”。设置相关参数值，得到的结果如图 8-8 所示。

B2 =COUNTIF(Sheet1!R2:X293,"调节身心")

	A	B	C	D	E	F	G	H	I	J	K	L
1	娱乐目的	调节身心	增长见识	充实生活	缓解精神压力	增进同学感情	锻炼身体	其他				人数
2	人数	220	152	166	214	154	160	60			运动	145
3											逛街、购物	66
4	影响因素	人数		娱乐氛围	人越多越好，人多热闹更快乐	和关系不错的朋友很温馨就够了	享受独处	浪漫，有仪式感	其他		聚会	58
5	消费价格	154		人数	93	219	112	92	45		阅读书籍	94
6	个人兴趣爱好	155									网络学习	235
7	时间	191		为什么去娱乐	朋友邀约	自己放松一下	小组商讨作业	班级活动	其他		听歌	189
8	休闲地点的环境与娱乐设施	140		人数	211	220	45	78	63		谈话、聊天	154
9	交通便捷程度	86									休息	185
10	其他	59									其他	72
11				选择娱乐场所因素	设施或服务	气氛或情调	消费价格	名气	其他			
12				人数	215	177	101	60	72			

图 8-8　多选题的频数分析

COUNTIFS 函数主要是对多选题进行交叉分析，即样本的异质性分析，其语法格式为"COUNTIFS（区域一，条件一，区域二，条件二）"。在用 COUNTIFS 函数时需要注意，区域一的列数和区域二的必须相同。通过不断的学习和尝试，小组成员对不同性别、年级和专业的样本都做了交叉分析，结果如图 8-9 所示。

	A	B	C	D	E	F	G	H	I	J
1	娱乐目的	调节身心	增长见识	消磨时间	缓解精神压力	增进同学感情	锻炼身体	其他		
2	男	101	89	59	70	57	98	22		
3	女	119	63	107	144	97	62	38		
4										
5	影响因素	消费价格	个人兴趣爱好	时间	休闲地点的环境与娱乐设施	交通便捷程度	其他			
6	男	108	63	66	40	33	12			
7	女	46	92	125	100	53	47			
8										
9	娱乐氛围	人越多越好，人多热闹更快乐	和关系不错的朋友很温馨就够了	享受独处	浪漫，有仪式感	其他				
10	男	42	84	80	32	13				
11	女	51	135	32	60	32				
12										
13	娱乐方式	运动	逛街、购物	聚会	阅读书籍	网络学习	听歌	谈话、聊天	休息	其他
14	男	80	8	16	26	125	90	45	121	25
15	女	65	58	42	68	110	99	109	64	47

图 8-9　多选题的交叉分析

通过分别对问卷的单选题和多选题进行样本统计、现状分析和交叉分析，小组成员对分析结果进行汇总，并对数据进行可视化呈现。具体分析结果如下。

1. 样本特征

（1）性别。本次调查样本中男性有 137 人，女性有 155 人，由图 8-10 可以看出，男性占 47%，女性占 53%，人数相差不大。

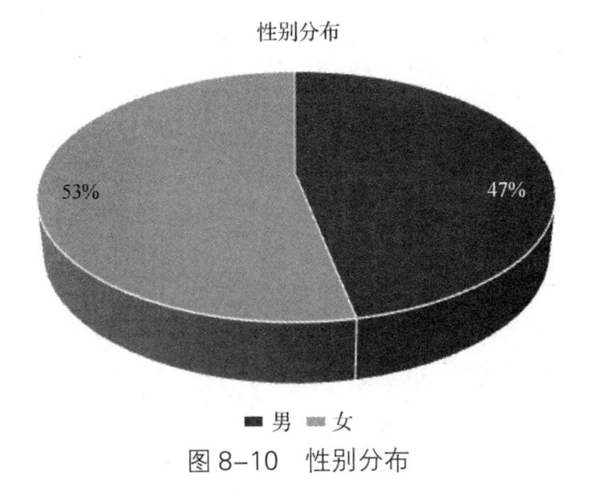

图 8–10　性别分布

（2）年级。如图 8-11 所示，在本次调查样本中，大一的学生占 28%，大二的学生有 23%，大三的学生占 25%，大四的学生占 24%。从调查结果看，大一的学生略多于其他年级的学生。

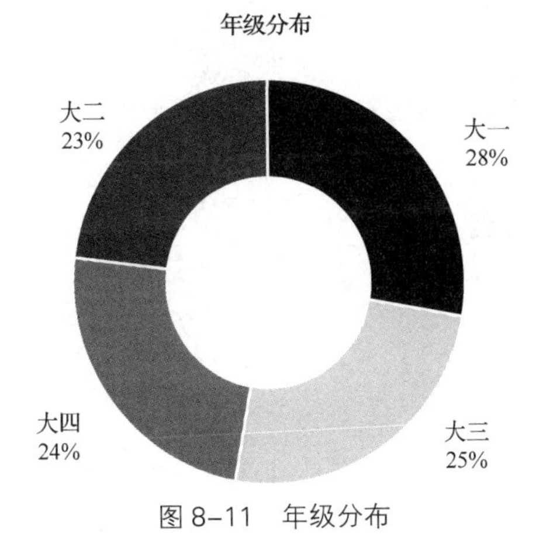

图 8–11　年级分布

（3）专业。如图 8-12 所示，样本中理工类专业的学生人数最多，占 37%；其次是文史类专业学生，占 34%；艺术类专业学生占 14%；体育类专业学生和其他专业学生的人数相差不大，分别占 7%和 8%。

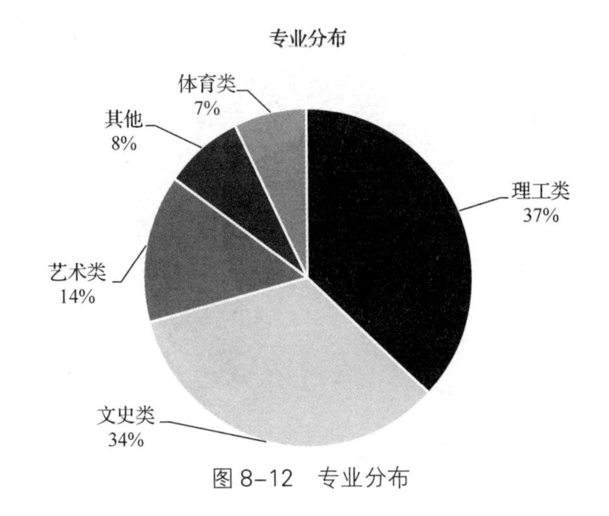

图 8–12　专业分布

2. 大学生休闲娱乐活动现状

（1）学校休闲娱乐设施配备情况

考虑到学生的需要和大多数学校的办学条件，该小组将学校休闲娱乐设施配备情况定义为篮球场、羽毛球场、健身房、咖啡馆、商业街等设施是否齐全。如图 8-13 所示，有 142 名学生认为学校的休闲娱乐设施比较齐全，占 48.6%；有 118 名学生认为自己学校的休闲娱乐设施不太齐全，不能完全满足自己的需要，占 40.4%；另有 32 名同学表示不清楚，占 11%。可以看出，大多数学校的休闲娱乐设施是能满足学生的基本需求的，但仍有相当一部分学生认为自己学校的休闲娱乐设施不太齐全，学校需要注意这方面的建设。

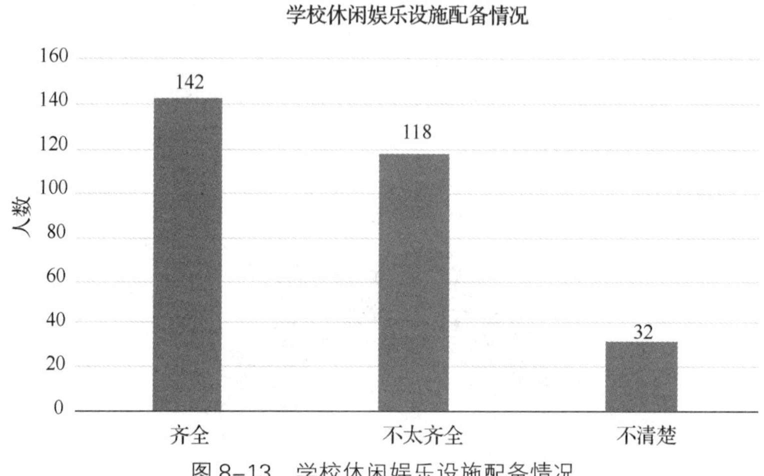

图 8–13　学校休闲娱乐设施配备情况

（2）大学生每天休闲娱乐时间

由图 8-14 可知，44%的学生每天休闲娱乐 4 小时以上；38%的学生每天休闲娱乐 2～4 个小时（含 4 小时）；每天休闲娱乐时间在 2 小时（含 2 小时）以内的学生仅占 18%。可以看出，每天休闲娱乐时间超过 2 小时的大学生占比超过了八成，说明大学生的休闲娱乐时间还是比较充足的。

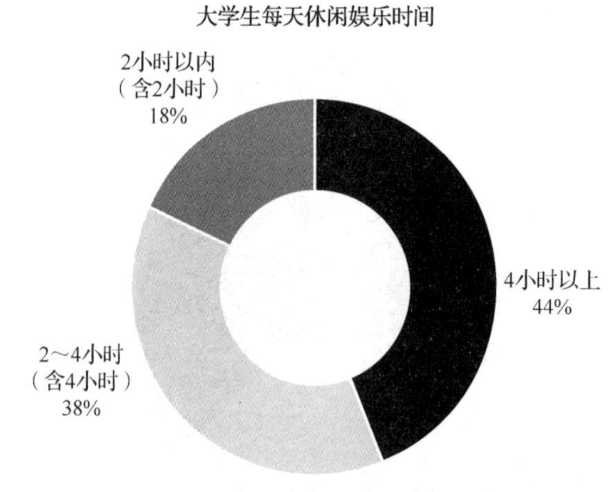

图 8–14　大学生每天休闲娱乐时间

（3）大学生娱乐规划情况

由图 8-15 可知，仅有 53 位被调查者表示自己对娱乐活动的规划不足，占比 18.2%；有 118 名学生表示自己偶尔会规划一下娱乐活动，占比 40.4%；而提前做好规划的学生有 121 人，占比 41.4%。可以看出，大多数大学生对娱乐活动都有较强的规划意识。

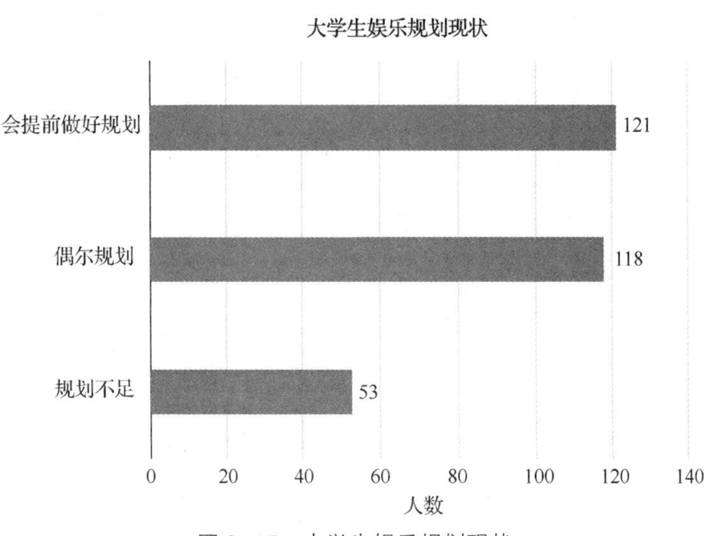

图 8-15　大学生娱乐规划现状

（4）大学生休闲娱乐效果

对大学生休闲娱乐效果的评判，该小组选择用“休闲娱乐能否缓解精神压力”这个问题。由图 8-16 可以看出，超过八成的学生可以通过休闲娱乐活动来缓解自身的精神压力，仅有 7%的学生表示休闲娱乐对缓解自己的精神压力没有帮助。当前，大学生精神压力问题已经得到政府、学校等各界的高度关注。

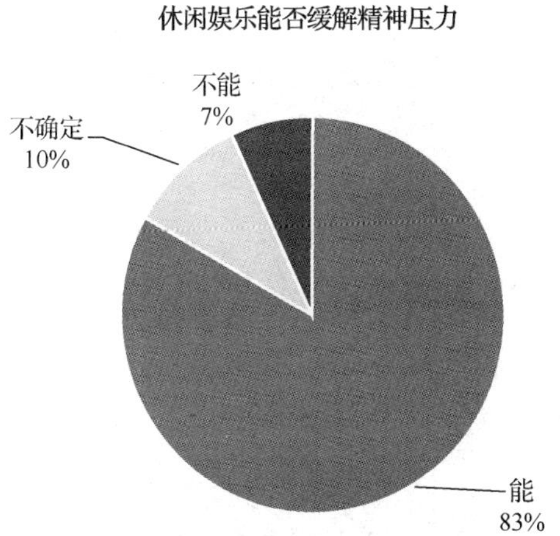

休闲娱乐能否缓解精神压力

不能
7%
不确定
10%
能
83%

图 8-16　休闲娱乐能否缓解精神压力调查结果

（5）大学生娱乐场所

分析大学生娱乐场所时，该组同学通过讨论，选择了“每月去娱乐场所次数”这个问题。该问题既能反映娱乐地点，也能看出大学生的娱乐频率。出于调查需要，该组同学把娱乐场所定义为“走出家门或寝室进行休闲娱乐的场地，包括：操场、篮球场、健身房等健身场地；商场、桌游馆、KTV、餐厅等聚会场地；咖啡馆、电影院等安静场所”。由图 8-17 可以看出，有 209 名同学选择了“不去”这个选项，占样本总量的 71.6%；每月去 1 次娱乐场所的学生有 23 人，占 7.9%；每月去娱乐场所 2～3 次的有 40 人，占 13.7%；每月去娱乐场所 3 次以上的仅有 20 人，占 6.8%。可以看出，如何配置更符合大学生需求的娱乐场地，是应该思考的问题。

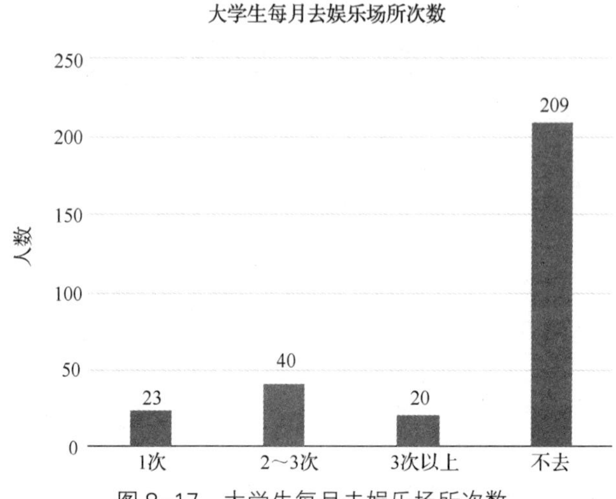

图 8-17　大学生每月去娱乐场所次数

（6）大学生娱乐方式

调查结果显示，选择将网络学习作为平时休闲娱乐方式的学生有 235 人；选择听歌的学生有 189 人；选择休息的学生有 185 人；选择谈话、聊天的同学有 154 人；选择运动的同学有 145 人；将阅读书籍作为娱乐方式的同学有 94 人；选择逛街、购物的同学有 66 人；选择聚会的学生有 58 人。由图 8-18 可以直观看出，大多数学生平时主要的娱乐方式是网络学习，其次是听歌和休息。

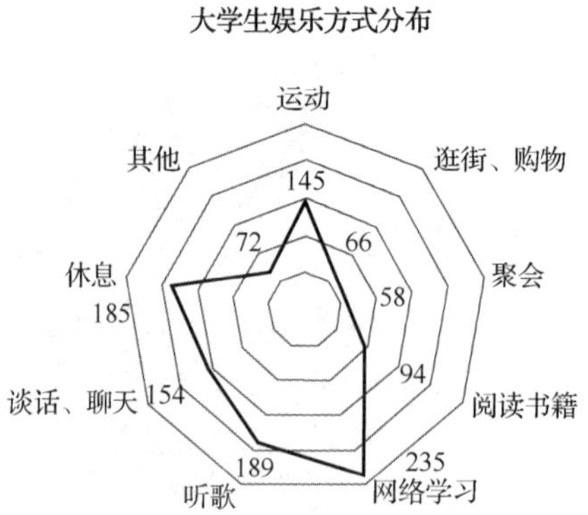

图 8-18　大学生娱乐方式分布

（7）大学生休闲娱乐的目的

分析大学生的休闲娱乐目的可以发现，选择调节身心的同学有 220 人；将缓解精神压力作为休闲娱乐目的的有 214 人；休闲娱乐是为了充实生活的学生有 166 人；选择锻炼身体的学生有 160

人；选择增长见识的同学有 152 人；将增进同学感情作为休闲娱乐目的的同学有 154 人。由图 8-19 可以直观看出，大多数学生休闲娱乐是为了调节身心和缓解精神压力，这两个选项占比接近四成，这也与之前分析的“大学生主要通过休闲娱乐活动来缓解精神压力”这个发现相呼应，也从侧面推断出，一部分大学生的精神压力比较大，于是选择休闲娱乐来缓解精神压力。

图 8-19　大学生休闲目的分布

（8）影响休闲娱乐的因素

由图 8-20 可以看出，时间、消费价格、个人兴趣爱好和休闲地点的环境与设施都是影响大学生休闲娱乐的重要因素。因此，为了提高大学生休闲娱乐的质量，从而促进学生身心健康发展，应多打造符合学生兴趣爱好和消费水平的休闲环境和设施。

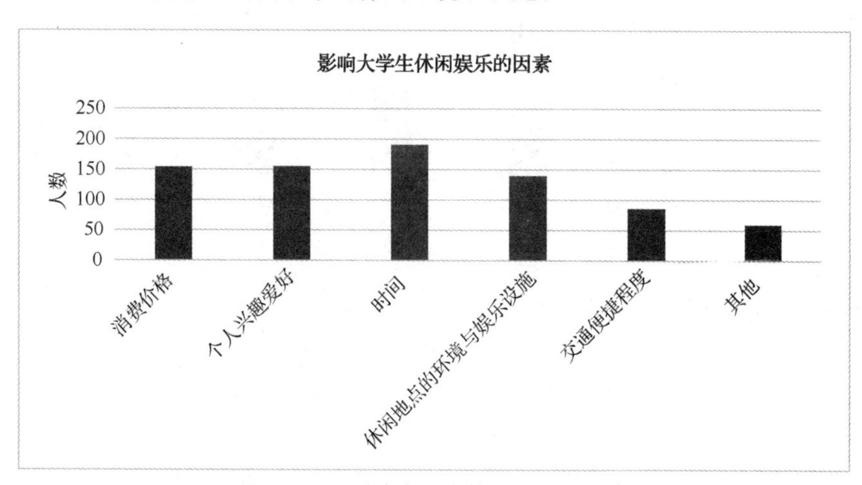

图 8-20　影响大学生休闲娱乐的因素

（9）大学生理想的休闲氛围

由图 8-21 可以看出，偏好和关系不错的朋友在一起的学生有 219 人；享受独处的学生有 112 人；喜欢人多热闹的学生有 93 人；更倾向于浪漫氛围的学生有 92 人；选择其他氛围的学生有 45 人。可以看出，大多数学生理想中的休闲娱乐氛围是和朋友在一起温馨的场景。

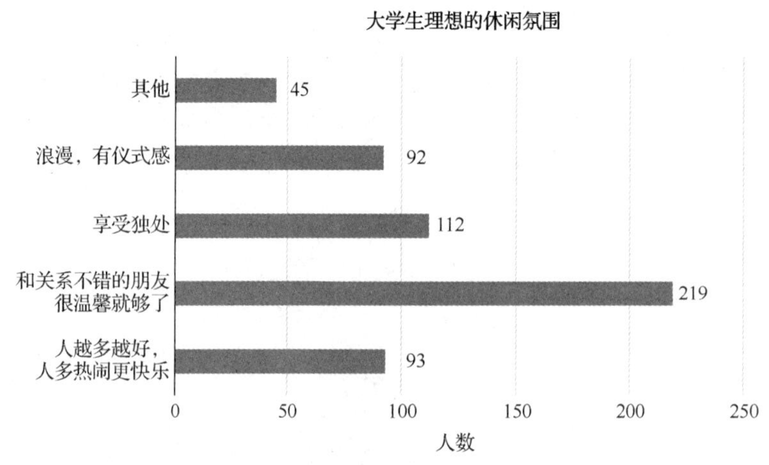

图 8-21　大学生理想的休闲氛围

（10）大学生选择娱乐场所的因素

通过分析大学生选择娱乐场所的因素可以发现，大多数学生更在意娱乐场所的设施和服务，其次是气氛和情调。如图 8-22 所示，选择更在意娱乐场所设施或服务的学生有 215 人；选择气氛或情调的学生有 177 人；选择消费价格的学生有 101 人；在意娱乐场所名气的学生有 60 人；选择其他因素的有 72 人。大学生对娱乐场所的需求已经逐渐上升至精神层面，建设娱乐设施时应充分考虑大学生的需求。

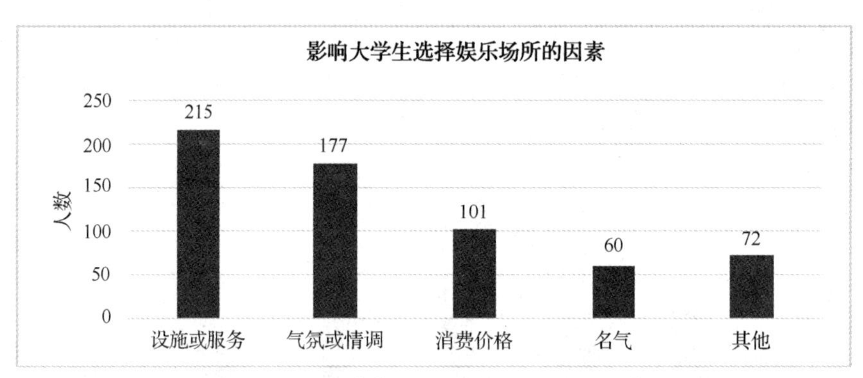

图 8-22　影响大学生选择娱乐场所的因素

3. 大学生休闲娱乐活动的异质性分析

（1）不同性别大学生休闲娱乐分析

① 性别与娱乐时间。由图 8-23 可以看出，男生和女生每天的娱乐时间大致相当。因此可以发现，大学生的娱乐时间并没有性别差异。

② 性别与娱乐规划。从之前的大学生休闲娱乐活动现状分析中可知，大多数学生对娱乐活动是会提前规划的。对性别与娱乐规划这两个变量做交叉分析可以发现（见图 8-24），规划不足的群体中，男生达到 30 人，占规划不足人数的 56.6%，占男生群体的 21.9%。大多数女生会提前规划自己的娱乐活动，有 80 人，占女生群体的 51.6%，占会提前规划娱乐活动人数的 66.1%。偶尔规划的学生中，女生有 52 人，占 44.1%；男生 66 人，占 55.9%。可以看出，女生比男生更爱做规划。在是否做娱乐规划方面，男女呈现出较大差异。

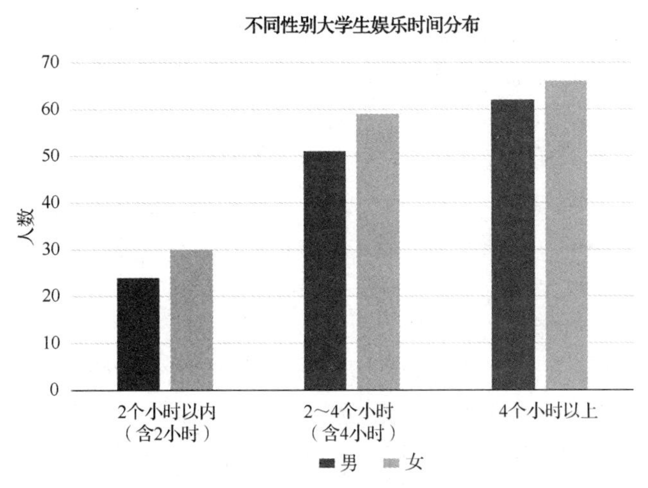

图 8-23　不同性别大学生娱乐时间分布

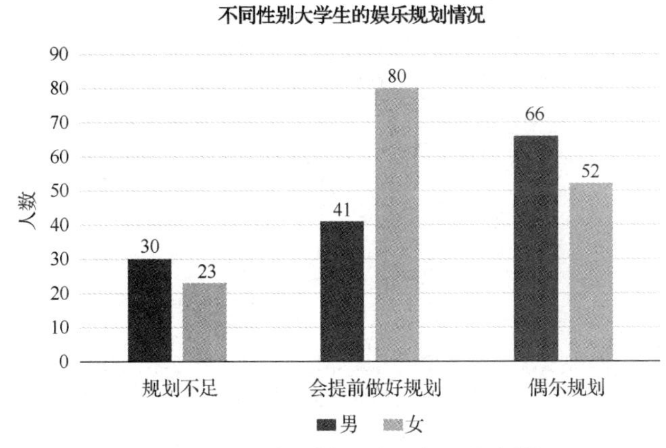

图 8-24　不同性别大学生的娱乐规划情况

③ 性别与娱乐效果。该小组用“休闲娱乐能否缓解精神压力”这个变量来衡量娱乐效果。由图 8-25 可以看出，表示休闲娱乐能缓解精神压力的女生有 135 人，男生有 108 人；表示休闲娱乐不能缓解精神压力的女生有 10 人，男生有 11 人。大学生休闲娱乐效果的性别差异不大，女生的娱乐效果略好于男生。

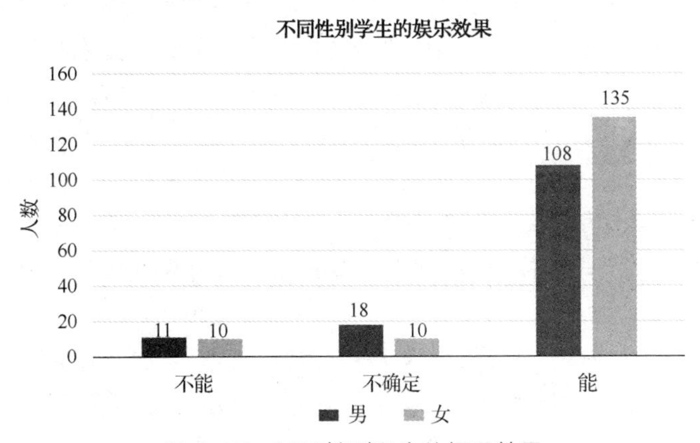

图 8-25　不同性别学生的娱乐效果

④ 性别与娱乐方式。该小组对性别和娱乐方式两个变量做了交叉分析，如图 8-26 所示。结果发现，男生中偏爱网络学习的有 125 人，占 23.3%；选择将休息作为娱乐方式的有 121 人，占 22.6%；选择听歌的学生有 90 人，占 16.8%；选择运动的学生有 80 人，占 14.9%；选择谈话、聊天的有 45 人，占 8.4%；选择阅读书籍的学生有 26 人，占 4.9%；选择聚会方式休闲娱乐的有 16 人，占 3%；选择逛街、购物的有 8 人，占 1.5%；选择其他的有 25 人，占 4.6%。女生中偏爱网络学习的有 110 人，占 16.6%；将谈话、聊天作为娱乐方式的有 109 人，占 16.5%；选择听歌的有 99 人，占 15%；选择阅读书籍的有 68 人，占 10.3%；选择运动的有 65 人，占 9.8%；选择休息的有 64 人，占 9.7%；选择逛街、购物的有 58 人，占 8.8.%；选择聚会的有 42 人，占 6.3%；选择其他娱乐方式的有 47 人，占 7%。可以看出，最受男生欢迎的娱乐方式是网络学习、休息、听歌和运动；而女生更偏爱网络学习、谈话、聊天和听歌。其中，网络学习这种娱乐方式虽然在男女生群体中都大受欢迎，但男生占比明显多于女生。总之，娱乐方式呈现出较大的性别差异。

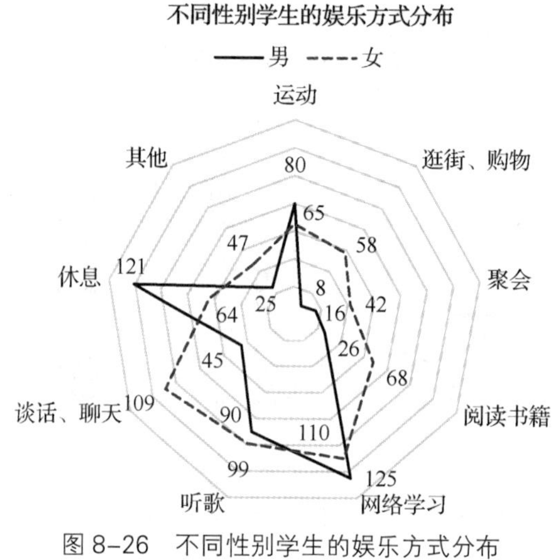

图 8-26　不同性别学生的娱乐方式分布

⑤ 性别与娱乐目的。对性别和娱乐目的两个变量做交叉分析，结果如图 8-27 所示。该小组同学发现，男生群体中，休闲娱乐是为了调节身心的有 101 人，占 20.4%；目的是锻炼身体的有 98 人，占 19.8%；选择增长见识的有 89 人，占 17.9%；将缓解精神压力作为休闲娱乐目的的有 70 人，占 14.1%；选择充实生活的有 59 人，占 11.9%；选择增进同学感情的有 57 人，占 11.5%；选择其他的有 22 人，占 4.4%。女生群体中，将缓解精神压力作为娱乐目的的有 144 人，占 22.9%；选择调节身心的有 119 人，占 18.9%；选择充实生活的有 107 人，占 17%；休闲娱乐是为了增进同学感情的有 97 人，占 15.4%；目的是增长见识的有 63 人，占 10%；选择锻炼身体的有 62 人，占 9.8%；选择其他的有 38 人，占 6%。由此可以看出，男生休闲娱乐主要是为了调节身心、锻炼身体和增长见识。女生休闲娱乐的目的较为分散，缓解精神压力、调节身心、充实生活和增进感情这几个选项占比较多。大学生休闲娱乐的目的呈现出较大的性别差异，同时也能从侧面看出女生的精神压力相对较大。

⑥ 性别与影响娱乐的因素。由图 8-28 可以看出，女生中认为时间是影响娱乐的重要因素的有 125 人；选择休闲地点的环境与娱乐设施因素的有 100 人；选择个人兴趣爱好的有 92 人；选择交通、消费价格和其他因素的分别有 53 人、46 人和 47 人。男生群体中，认为消费价格是

影响娱乐的主要因素的学生有 108 人；选择时间因素的有 66 人；选择个人兴趣爱好的有 63 人；选择娱乐地点的环境与设施、交通便捷程度和其他因素的学生分别是 40 人、33 人和 12 人。因此，该小组成员发现，时间、休闲地点的环境与设施、个人兴趣爱好这三个因素对女生影响比较大，而男生更加在意消费价格，其次是时间和个人兴趣爱好。在影响娱乐的因素方面，男女之间呈现出较大的差异。

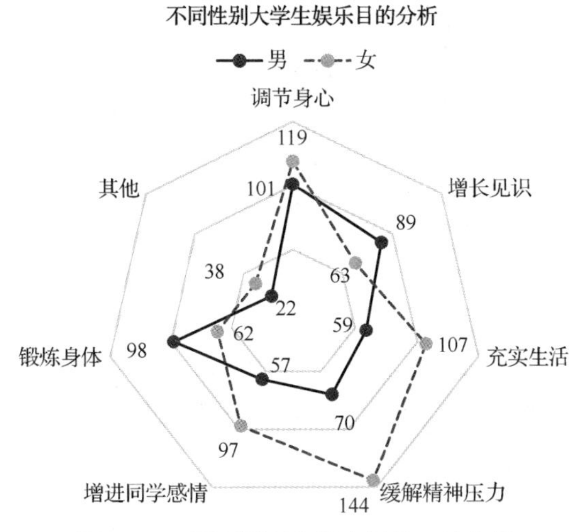

图 8-27　不同性别大学生娱乐目的分析

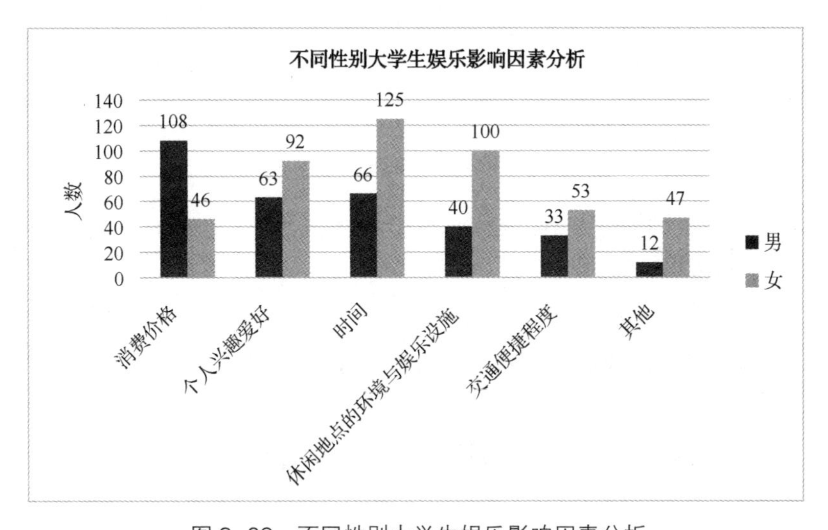

图 8-28　不同性别大学生娱乐影响因素分析

⑦ 性别与娱乐氛围。如图 8-29 所示，在娱乐氛围选择中，女生选择和关系不错的朋友一起的有 135 人；选择浪漫氛围的有 60 人；选择人多热闹的有 51 人；选择独处和其他氛围的均为 32 人。在男生群体中，将和朋友温馨相处作为理想娱乐氛围的有 84 人；享受独处的有 80 人；偏好人多热闹、浪漫、其他氛围的分别有 42 人、32 人和 13 人。可以看出，男女生都把与关系不错的朋友相处作为休闲娱乐的理想氛围，但男生更偏好独处，女生更喜欢享受浪漫氛围。因此，在娱乐氛围方面，不同性别表现出较大的差异。

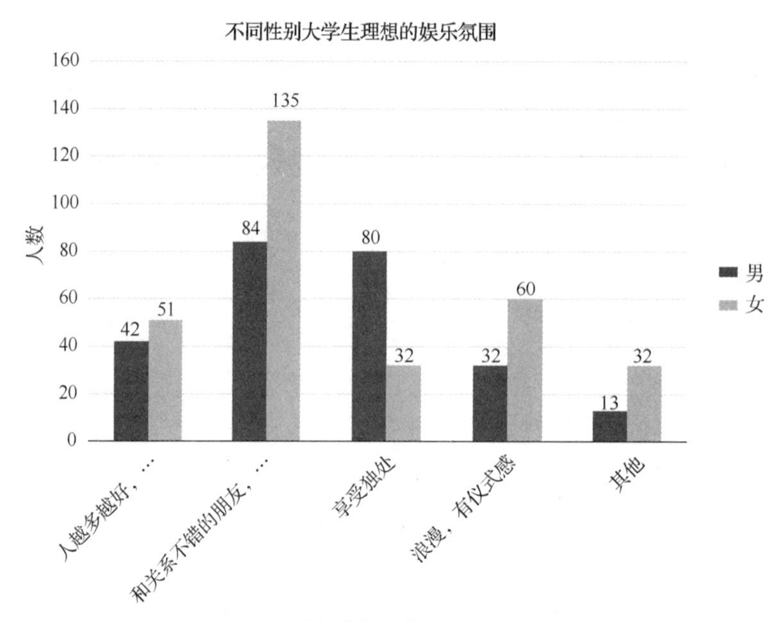

图 8–29　不同性别大学生理想的娱乐氛围分析

（2）不同年级大学生休闲娱乐分析

① 年级与娱乐时间。从图 8-30 可以看出，不同年级学生的每日娱乐时间呈现出较大的差异。大四学生的娱乐时间明显低于其他三个年级，每日娱乐时间在 2 个小时以内（含 2 小时）的高达 39 人。大二学生的娱乐时间最多，每日娱乐 2 小时以上的人数有 66 人，占 97.1%；大一学生每日娱乐时间在 2 小时以上的有 75 人，占 93.8%；大三学生每日娱乐时间在 2 小时以上的有 66 人，占 89.2%。这符合大四学生由于找工作、实习和毕业等压力，无暇休闲娱乐的事实。

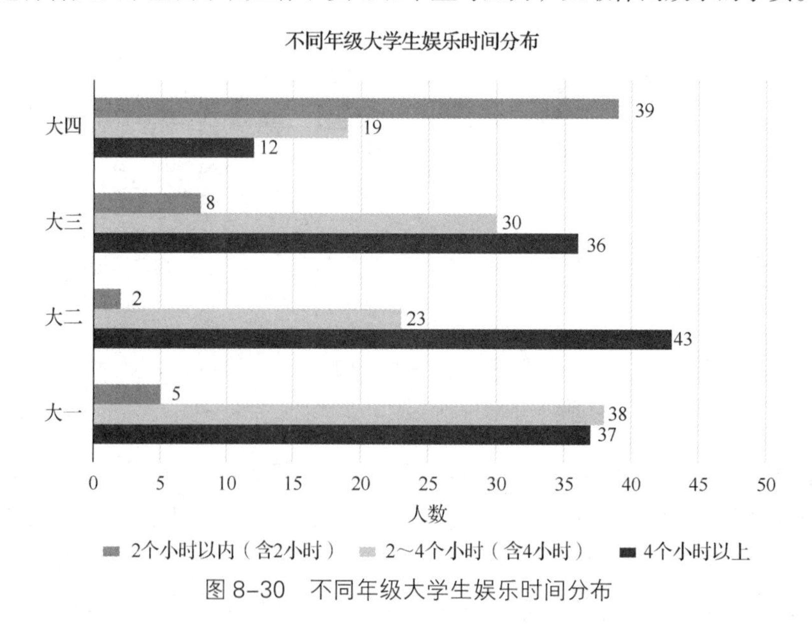

图 8–30　不同年级大学生娱乐时间分布

② 年级与娱乐方式。由图 8-31 可以看出，不同年级学生的娱乐方式呈现出较大差异。大一和大二的学生更偏爱网络学习、聊天和运动这三种娱乐方式；大三的学生更偏爱网络学习、休息

和听歌这三种娱乐方式；大四的学生更偏爱休息和听歌这两种娱乐方式。分析娱乐方式的类别可以发现，选择运动这种娱乐方式的大多数是大一、大二和大三的学生；选择逛街、购物的大一学生较多。聚会和休息这两个娱乐方式在大四学生中占比较多；选择网络学习的学生大多是大一和大三。出于实际需要，各个年级的娱乐方式各有特点。

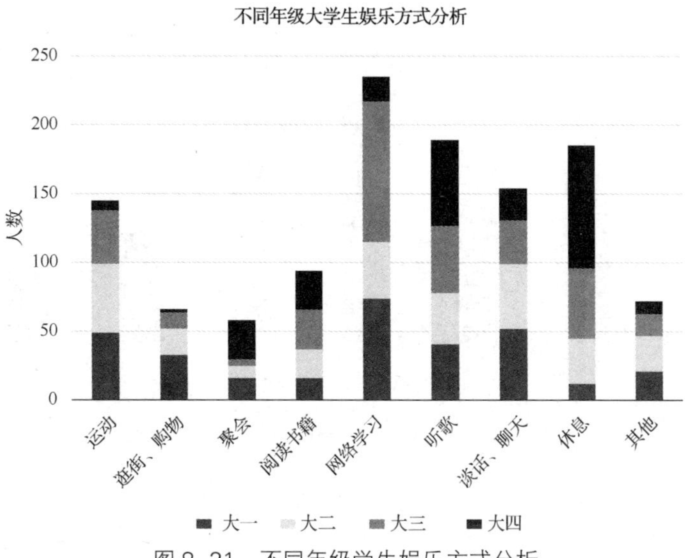

图 8-31 不同年级学生娱乐方式分析

③ 年级与娱乐目的。从图 8-32 中可以看出，大一年级的学生进行休闲娱乐主要是为了增进同学感情、调节身心和增长见识；大二和大三年级的学生进行休闲娱乐主要是为了调节身心和充实生活；大四学生则主要是缓解精神压力和调节身心。从每一项娱乐目的的构成来看，选择增长见识和增进同学感情的主要是大一学生；以充实生活为目的的大三学生居多；娱乐主要是为了缓解精神压力的大多是大四学生。总的来看，娱乐目的呈现出较大的年级差异。

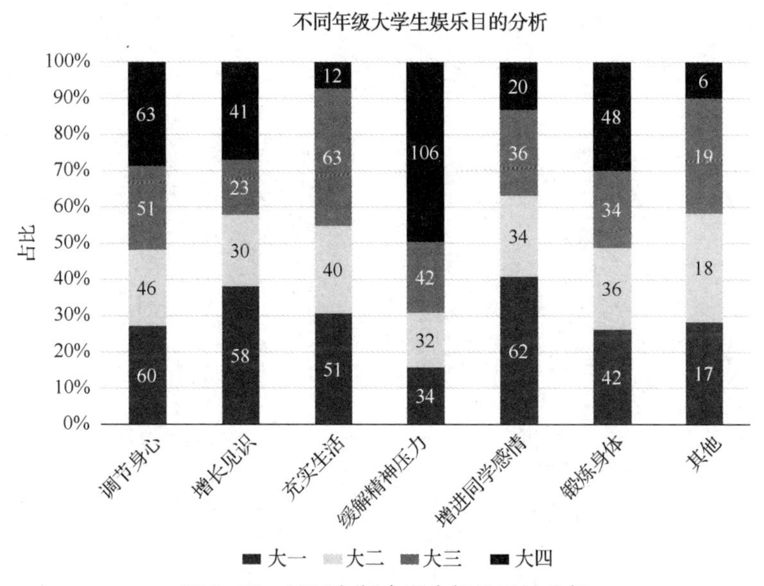

图 8-32 不同年级大学生娱乐目的分析

④ 年级与娱乐影响因素。由图 8-33 可以看出，消费价格对大一学生的休闲娱乐影响较大；大二学生更在意时间和个人兴趣爱好；大三学生更在意休闲地点的环境与娱乐设施及个人兴趣爱好；大四的学生更在意时间。不同年级的学生在娱乐影响因素方面呈现出较大差异。

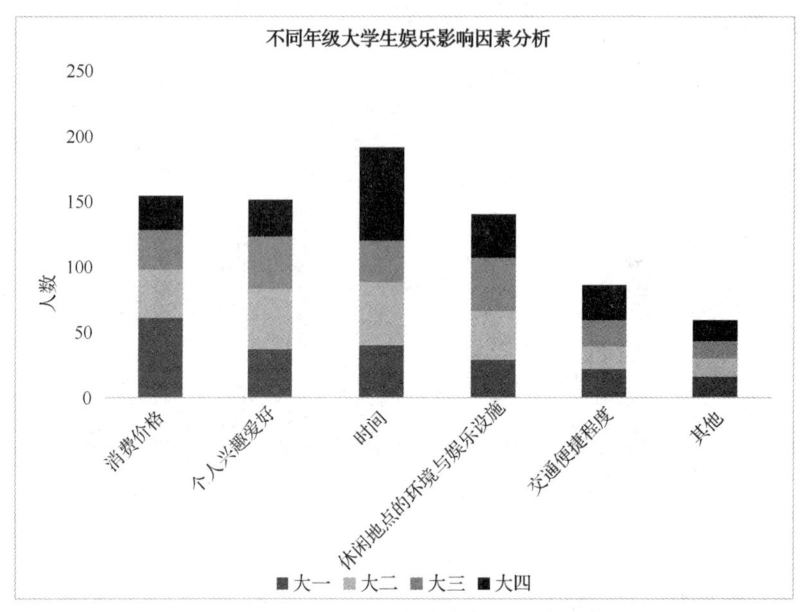

图 8-33　不同年级大学生娱乐影响因素

五、分析问题并提出解决方案

（一）画像分析

该小组通过对大学生休闲娱乐活动的异质性分析发现，学生的休闲娱乐活动呈现出非常大的性别差异和年级差异。为了更直观地展现出这种差异，该小组决定通过词云制作大学生画像。

由图 8-34 和图 8-35 可以直观看出，不同性别和年级的大学生之间存在的娱乐差异。

图 8-34　不同性别学生词云画像

图 8–35 不同年级学生词云画像

（二）结论

该小组的成员通过对大学生休闲娱乐现状的分析，得出了如下结论。

1. 部分学校休闲娱乐的设施配备不太齐全，学生娱乐场地受限

学校休闲娱乐设施主要包括篮球场、羽毛球场、健身房、咖啡馆、商业街等能满足学生日常休闲娱乐需要的配置。通过调查发现，相当一部分学校的休闲娱乐设施并不齐全，学生十分在意娱乐设施的条件和氛围。因此，学校娱乐设施配备问题需要引起重视。

2. 大学生娱乐规划意识较高

分析发现，仅有 18.2%的学生对休闲娱乐活动的规划不足。合适的娱乐规划能够使学生增强时间观念，养成良好的生活习惯，增强休闲娱乐的效果。因此，大学生生活规划意识的培养还应继续加强。

3. 大学生休闲娱乐主要是为了调节身心、缓解压力，并且娱乐效果较好

分析大学生的休闲娱乐目的可以发现，接近四成的大学生进行休闲娱乐是为了调节身心和缓解精神压力，超过八成的学生可以通过休闲娱乐活动来缓解自身的精神压力。可见，当代大学生有精神压力的较多，休闲娱乐是一个比较高效缓解压力的活动。

4. 室内的休闲娱乐活动是大多数学生的选择，但这种选择可能是被动的

调查结果显示，大多数学生平时主要的娱乐方式是网络学习，其次是听歌和休息，这些均是在室内可以进行的活动。通过之前的分析可以看出，这种选择可能并不是学生们的主动选择。出于学校娱乐设施受限和其他方面的原因，学生优先选择室内娱乐活动。

5. 大学生休闲娱乐活动存在性别差异

在娱乐方式方面，男、女生都更偏爱网络学习，但不同的是，女生还倾向于选择谈话、聊天，而男生更青睐休息和运动；在娱乐目的方面，男生主要是为了调节身心、锻炼身体和增长见识，而女生的娱乐目的比较分散，缓解精神压力、调节身心、充实生活和增进同学间的感情这几个选项占比较多；在影响娱乐的因素方面，男生更在意消费价格，而女生更在意时间因素；在理想的娱乐氛围方面，男、女生都更倾向于和关系好的朋友在一起，除此之外，女生更渴望浪漫，而男生更享受独处。

6. 大学生休闲娱乐活动存在年级差异，大四学生与其他年级差异较大

在娱乐时间方面，大二学生的娱乐时间最多，而大四学生的休闲娱乐时间明显低于其他年级；在娱乐方式方面，大一、大二、大三的学生都更偏爱网络学习，除此之外，大一、大二学生还喜欢谈话、聊天，大三学生倾向于休息，而大四学生的主要娱乐方式就是休息；在娱乐目的方面，大一学生主要是为了增进同学感情，大二和大三的学生主要是为了调节身心和充实生活，而大四学生主要是缓解精神压力和调节身心；在影响娱乐的因素方面，大一学生更看重消费价格，大二学生更看重时间和兴趣，大三学生更注重环境，而大四学生更在意时间。

（三）建议

基于以上分析结论，该小组成员尝试从个人、学习和社会三个方面提出一些有利于大学生更健康、高效地开展休闲娱乐活动的建议。

1. 大学生应合理规划自己的时间，选择积极健康的方式缓解压力

大学生应学会在日常生活中合理规划自己的生活，尽量选择能促进身心全面健康发展的娱乐方式，树立正确的娱乐目的，避免无所事事、消磨时间的现象。

2. 学校应重视大学生的休闲娱乐需求，配备合适的休闲娱乐设施

大学不仅仅要教授学生掌握科学文化知识，更要塑造学生的品格，培养健康的身心。因此，在休闲娱乐设施方面，学校应高度重视，既要满足学生在体育运动方面的需求，又要兼顾学生的“慢娱乐”需求，为学生提供全方位的娱乐设施。

3. 社会应重视大学生精神方面的压力，配备适合的娱乐场所

部分大学生的精神压力较大，社会应重视这个问题，打造适合学生出入的休闲娱乐场所，使得校外休闲既健康绿色，又能满足学生调节身心、交友等需求。同时，严格管控学生出入不良场所。

拓展阅读

合理安排学习生活，为未来做积极准备

当代大学生生活在环境国际化、社会多元化、科技现代化、工作灵活化、竞争白热化之中，他们面临的机遇与挑战不同，风格也大不相同。新东方联合艾瑞咨询发布的《2022中国大学生学习与发展白皮书》(下称“白皮书”)指出，当代中国大学生可分为“燃”“佛”“勤”“能”四种风格。

“燃”系大学生学习计划周全，坚持高度自律，学习热情澎湃；“佛”系大学生学习心态淡然，不执着于成绩，但他们的实践活动丰富，热衷于发展个人的爱好特长；“勤”系大学生喜欢自己一个人刻苦学习，默默努力，相信天道酬勤；“能”系大学生信息广泛，能学会玩，喜欢尝试各种有效的学习方式，希望获得更完美的成绩。

不论何种风格，他们都在为未来做积极准备。白皮书显示，除校内课程，大学生最看重四六级、职业资格证书、考研等课外考试，其次是参与实习或兼职工作、发展爱好特长。在调研中，有54%的受访者希望毕业后继续深造。

课后习题

设计一份问卷，调查本校学生的消费观念，对数据进行分析并可视化呈现，看看能发现什么有趣的结论，并针对发现的问题提出建议对策。

项目九

综合案例：代餐产品消费市场分析

知识目标

1. 了解分析问题的思路
2. 掌握调查问卷分析的方法

能力目标

1. 能获取调查主题需要的数据
2. 能利用 Excel 对问卷数据进行分析
3. 能对数据进行描述和交叉分析
4. 能对消费群体进行画像分析

素养目标

1. 树立理性消费的观念
2. 培养严谨求实、一丝不苟的职业精神

一、提出问题

某食品公司想要进军代餐产品市场，总经理张芳想要更详细地了解代餐产品消费市场的现状，以便生产更符合大众需求和预期的产品。她首先带着市场部的孙婷在各个线上平台和线下超市进行调研，发现目前市场上的代餐产品主要有代餐粉、代餐粥、代餐棒、代餐奶昔、代餐饼干、代餐糕点和代餐麦片这几类。张经理把调查任务交给孙婷，要求她整理出这几类代餐产品的消费现状。孙婷通过分析，认为想要精确地把握整个代餐市场，需要了解消费群体特征、消费偏好特征、消费需求与动机等情况。

二、确定所需数据

经过分析和思考，孙婷认为她应收集消费者的个人特征信息、消费信息、个人偏好信息等数据。她拟定了两个收集数据的方法：一是向各个线上平台和线下超市寻求用户数据，二是通过问卷调查的方法向全体消费者随机发放问卷。

三、寻找数据

通过讨论，孙婷团队选择通过问卷调查的方法获取相关数据，调查问卷如下。

代餐产品消费情况问卷调查

1. 请问您的性别是？

A. 男　B. 女

2. 请问您的年龄是？

A. 18岁以下　B. 18～25岁

C. 26～35岁　D. 35岁以上

3. 您的职业是？

A. 在校学生　B. 企业单位工作者　C. 国家机关、事业单位工作者

D. 个体商户　E. 自由职业者　F. 退休或离职人员

G. 其他

4. 请问您每月的收入是？

A. 低于1 500元　B. 1 500～3 000元　C. 3 001～5 000元

D. 5 001～8 000元　E. 大于8 000元

5. 您是否了解代餐产品？

A. 非常了解　B. 比较了解　C. 不太了解　D. 完全不了解

6. 您是否购买过代餐产品？

A. 是（跳至9）　B. 否

7. 您不购买代餐产品的原因有哪些？（多选）

A. 价格因素　B. 质量因素　C. 效果因素

D. 口味因素　E. 不需要　F. 其他

8. 您平均每月购买代餐产品的消费支出是？

A. 50元以下　B. 50～200元

C. 201～500元　D. 500元以上

9. 您平时购买代餐产品的种类是？（多选）

A. 代餐粉　B. 代餐粥　C. 代餐棒　D. 代餐奶昔

E. 代餐饼干　F. 代餐糕点　G. 代餐麦片

10. 您食用代餐产品的频率是？

A. 每天1次及以上　B. 每周4～6次

C. 每周1～3次　D. 每月0～3次

11. 您平时通过什么渠道获取代餐产品的销售信息？（多选）

A. 朋友推荐　B. 达人带货　C. 商超促销宣传　D. 电商平台宣传

E. 偶然看到　F. 电视或网站购物　G. 其他

12. 您平时购买代餐产品的原因是？（多选）

A. 减重瘦身　B. 营养健康　C. 食用方便

D. 口感好　E. 价格实惠　F. 别人推荐

G. 偶像代言　H. 其他

13. 您平时购买代餐产品时主要考虑哪些因素？（多选）

A. 产品外观　　B. 产品成分　　C. 产品价格　　D. 产品口味

E. 产品品牌　　F. 产品口碑　　G. 其他

14. 在您所购买的代餐产品中，回购率最高的产品是？

A. 代餐粉　　B. 代餐粥　　C. 代餐棒　　D. 代餐奶昔

E. 代餐饼干　　F. 代餐糕点　　G. 代餐麦片

15. 您平时购买代餐产品的方式是？（多选）

A. 电商平台购买　　B. 短视频平台购买　　C. 微商购买

D. 大中型超市购买　　E. 自动贩卖机购买　　F. 便利店购买

16. 您更倾向于哪些促销方式？（多选）

A. 直接打折　　B. 领券购买　　C. 积分促销

D. 买产品赠礼品　　E. 现场试吃

17. 您是否注重代餐产品的营养成分表？

A. 不注重　　B. 比较注重　　C. 非常注重

18. 您所购买的代餐产品是否达到了预期作用？

A. 完全没有　　B. 部分达到　　C. 基本达到　　D. 完全达到

19. 如果您停止购买一种代餐产品，原因是？

A. 价格因素　　B. 质量因素　　C. 效果因素　　D. 口味因素

E. 不再需要　　F. 其他

20. 您对代餐产品有何建议？

____

通过随机抽样调查获取相关数据后，团队成员对数据进行整理，最终得到的数据（部分）如图 9-1 所示。

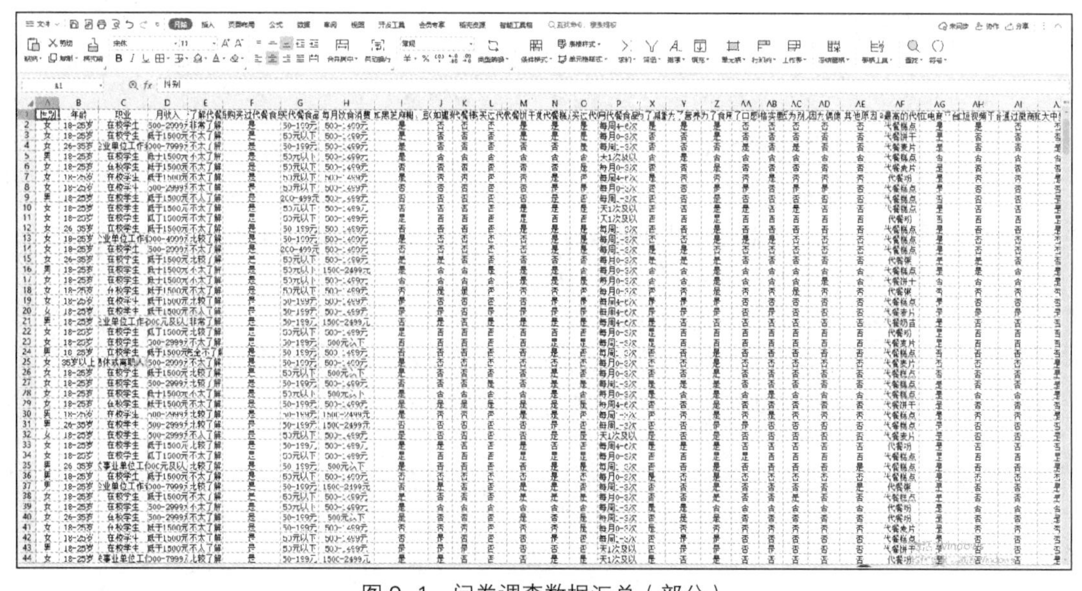

图 9-1　问卷调查数据汇总（部分）

四、分析数据

孙婷用 Excel 对数据进行处理和分析，做出了调查分析报告。

1. 消费群体特征分析

（1）性别。本次调查中，调查对象的男女比例近乎相等，如图 9-2 所示。其中，男性调查者有 248 人，占总调查人数的 51%；女性调查者 238 人，占总调查人数的 49%。

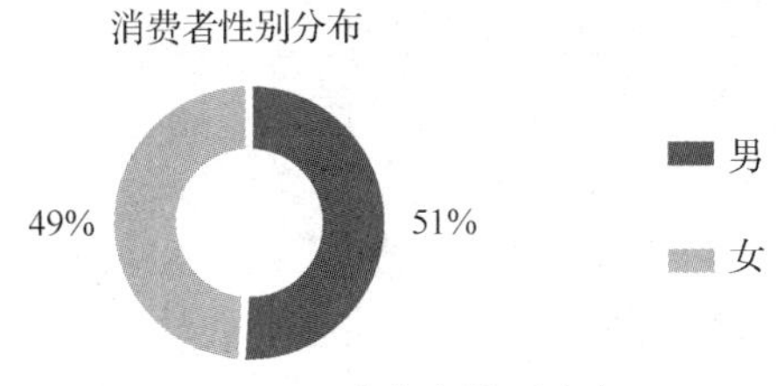

图 9-2　消费者性别分布

（2）年龄。代餐产品消费群体中，18 岁以下的消费者占 5%；18～25 岁的占 39%；26～35 岁的占 30%；35 岁以上的占样本总量的 26%，如图 9-3 所示。从该问题的调查结果来看，18～35 岁的消费者居多，达到总样本量的 69%。

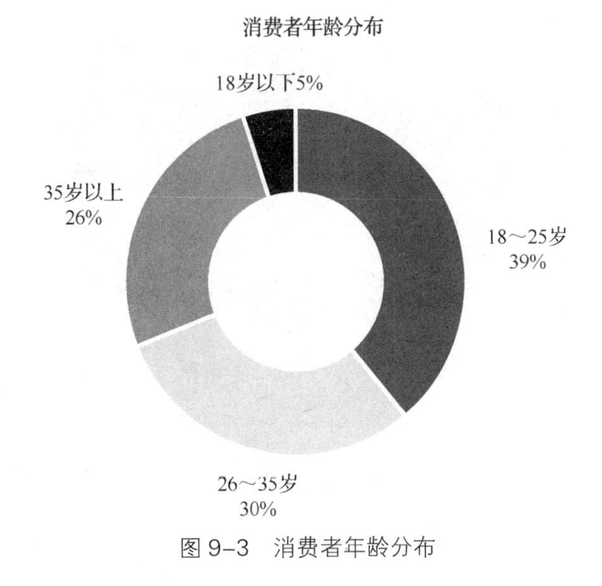

图 9-3　消费者年龄分布

（3）职业。消费群体中在校学生为 88 人，占样本总量的 18.11%；企业单位工作者为 201 人，占样本总量的 41.36%；国家机关、事业单位工作者有 43 人，占样本总量的 8.85%；个体商户为 74 人，占样本总量的 15.23%；自由职业者有 43 人，占样本总量的 8.85%；退休或离职人员有 19 人，占样本总量的 3.91%；其他职业者有 18 人，占样本总量的 3.70%，如图 9-4 所示。从社会实际情况出发，企业单位工作者占比较高切合实际，并且企业单位工作者由于工作繁忙更符合代餐产品的受众特点。

（4）收入。月收入调查中，由于在校学生大多数没有收入，因此将在校学生的月生活费纳入收入统计范畴。代餐产品消费者大多月收入为 3 001～8 000 元，如图 9-5 所示。

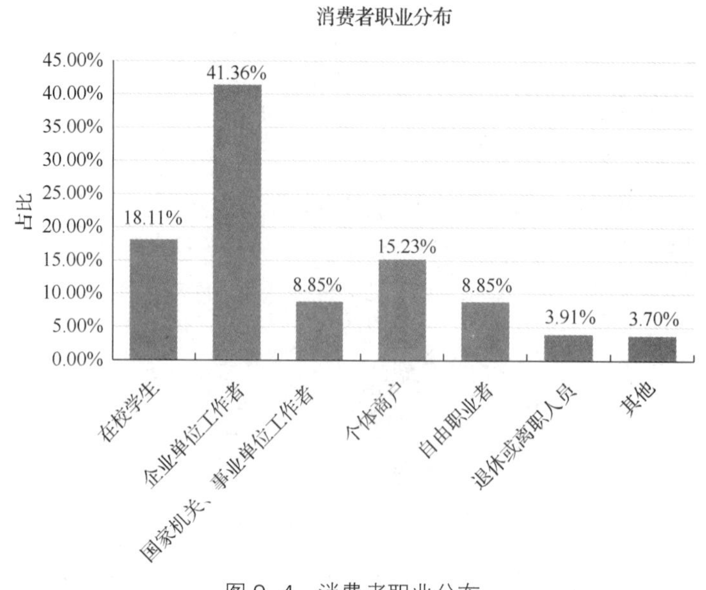

图 9-4　消费者职业分布

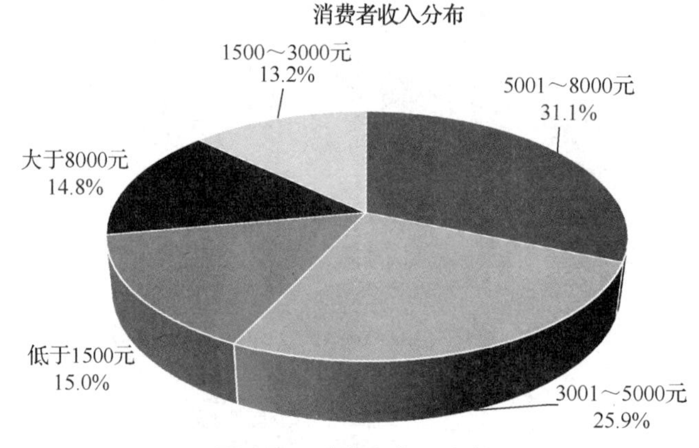

图 9-5　消费者收入分布

2. 代餐产品消费现状分析

（1）食用频率。本次受访的消费者，大多数每周食用代餐产品 1～6 次，如图 9-6 所示。

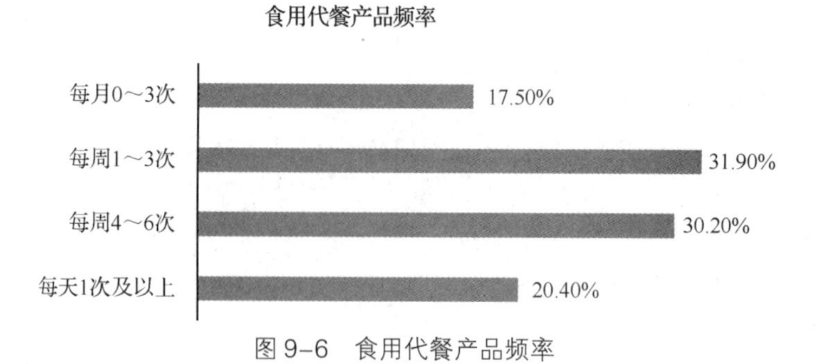

图 9-6　食用代餐产品频率

（2）消费支出。由图 9-7 可以发现，每月代餐产品消费支出在 50～200 元的消费者最多。

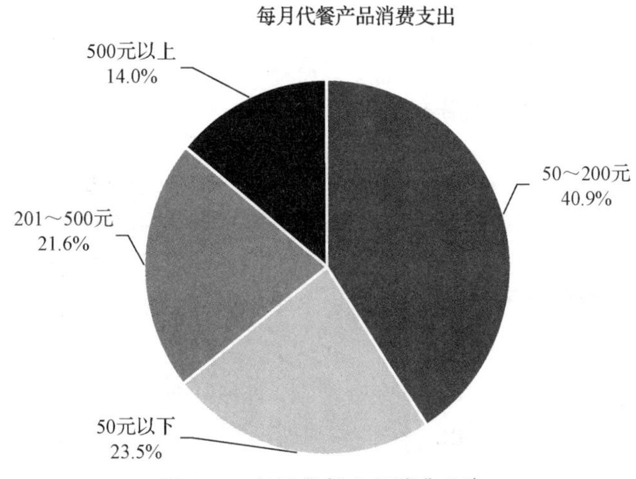

图 9-7　每月代餐产品消费支出

3. 消费偏好分析

（1）产品类型偏好。从对代餐产品类型偏好分析（见图 9-8）中可以看出：消费者对代餐粥的需求最高；消费者对代餐棒、代餐奶昔和代餐粉的需求接近；消费者对代餐麦片的需求最低。

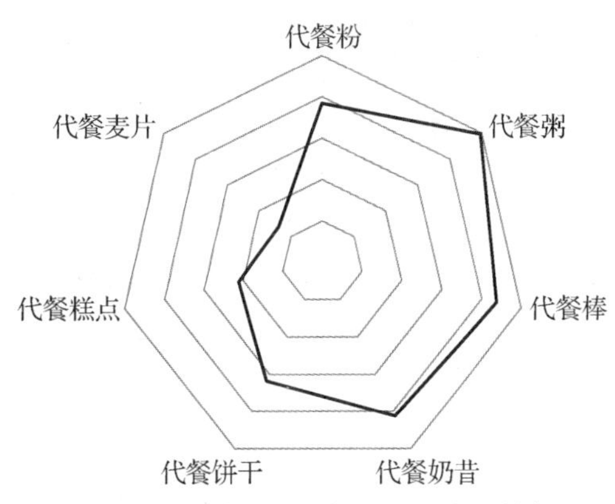

图 9-8　消费者对代餐产品的类型偏好

（2）属性偏好。从消费者代餐产品属性偏好分析（见图 9-9）中可以发现：关注产品成分、产品价格和产品口味的消费者较多；关注产品外观和产品品牌的人数大致相当，关注产品口碑和其他的人数较少。

（3）购买方式偏好。从消费者对代餐产品的购买方式偏好分析（见图 9-10）中可以发现：选择线上购买的消费者占比超过 60%，其中选择在电商平台购买的消费者占 20.18%，选择在短视频平台购买的消费者占 21.85%，选择从微商处购买的消费者占 20.62%；选择线下购买的消费者占此不到 40%，其中选择从大中型超市购买的占比最多，为 20.53%，其次是自动贩卖机购买，占 11.53%，选择在便利店购买的仅占 5.29%。可见，线上渠道仍是代餐产品的主要销售渠道。

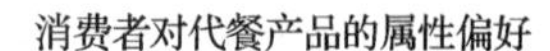

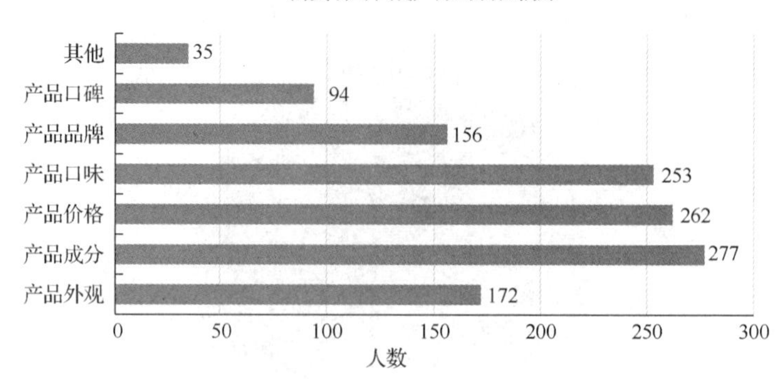

图 9-9　消费者对代餐产品的属性偏好

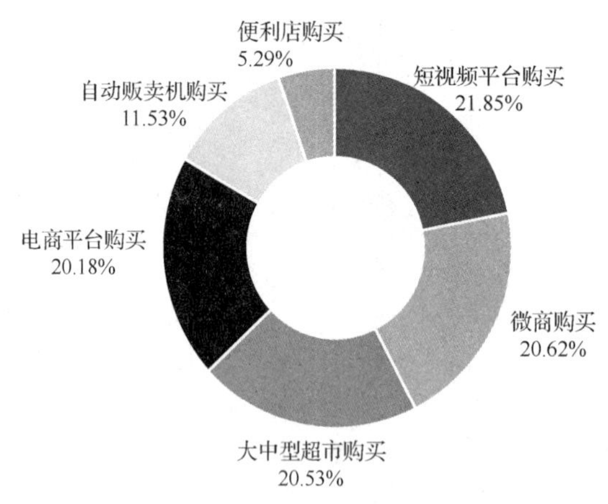

图 9-10　消费者购买方式偏好

知识拓展

制作消费者购买方式偏好词云图

（4）促销方式偏好。从消费者对代餐产品促销方式的偏好分析（见图 9-11）中可以看出：消费者对领券购买兴趣最大，有 285 人；其次是买产品赠礼品的方式，有 254 人；偏好积分促销方式的有 237 人；喜欢直接打折购买的有 214 人；接受现场试吃的有 107 人。

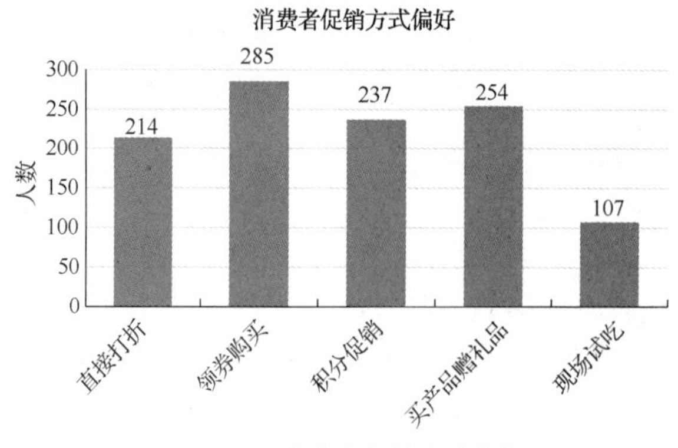

图 9-11　消费者促销方式偏好

（5）销售信息获取渠道偏好。从消费者获取销售信息渠道的分析（见图 9-12）中可以发现：大多数消费者是通过商超促销宣传、达人带货和电商平台宣传来获取销售信息的，分别占

21.53%、20.94%和 19.49%；朋友推荐和偶然看到，分别占 14.72%和 13.7%；相对偏好度较低的是电视或网站购物和其他渠道，仅占 9.62%。由此可见，在发布代餐产品销售信息时，可以采用线上线下相结合的方式，线下加大商超促销宣传力度，线上利用达人带货和电商平台发布信息。

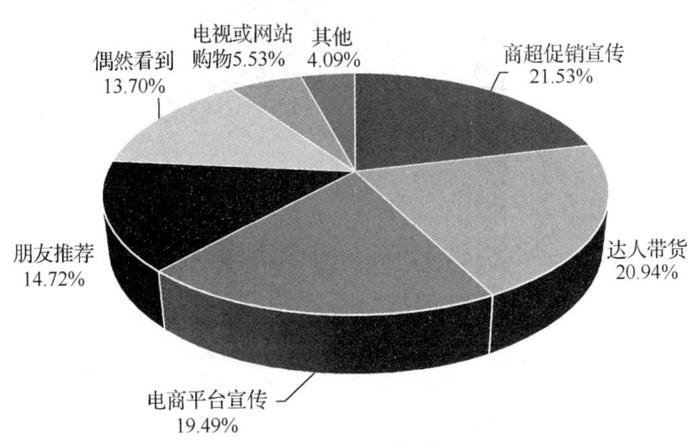

图 9-12　消费者销售信息获取渠道偏好

（6）回购偏好。从消费者对代餐产品的回购偏好分析（见图 9-13）中可以发现：代餐粥仍是消费者回购率最高的产品，占 22.2%；其次是代餐粉，占 19.3%；代餐棒和代餐糕点的回购率接近，分别占 13.2%和 12.8%；消费者对代餐奶昔、代餐饼干和代餐麦片的回购偏好基本相同，分别占 10.9%、10.9%和 10.7%。

4. 消费需求和动机分析

（1）购买动机。从消费者购买动机分析（见图 9-14）中可以看出：购买代餐产品的消费者大多数出于食用方便、营养健康、口感好和减重瘦身这四个目的，这四个因素分别占 22.7%、21.8%、18.5%和 15.1%；出于价格实惠购买代餐产品的消费者占 11.3%；因别人推荐和偶像代言购买代餐产品的消费者占比较小，分别为 6%和 3%。

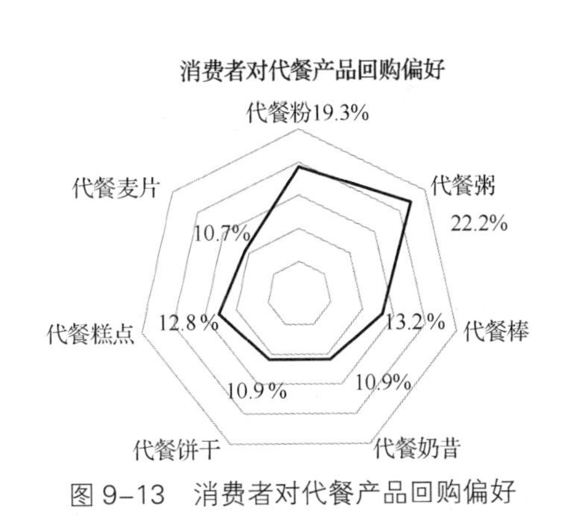

图 9-13　消费者对代餐产品回购偏好

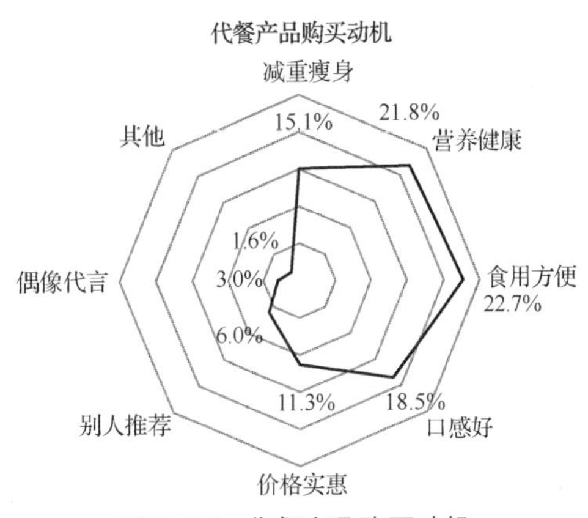

图 9-14　代餐产品购买动机

（2）停止购买原因。从消费者停止购买代餐产品的原因分析（见图 9-15）中可以看出：出于质量因素、效果因素和口味因素停止购买代餐产品的消费者占比较大，分别为 23.53%、22.50%和

21.90%；出于价格因素和不再需要而停止购买的消费者分别占 14.48%和 13.45%。

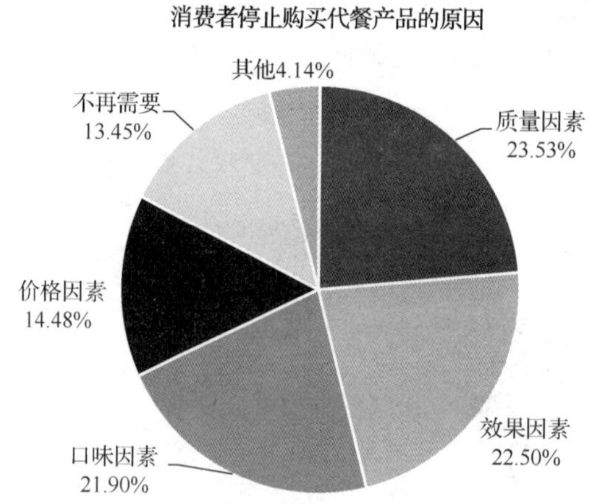

消费者停止购买代餐产品的原因

其他4.14%
不再需要 13.45%
质量因素 23.53%
价格因素 14.48%
效果因素 22.50%
口味因素 21.90%

图 9–15　消费者停止购买代餐产品的原因

5. 消费偏好异质性分析

（1）年龄与消费者偏好分析。从不同年龄消费者对代餐食品类型偏好的分析（见图 9-16）中可以直观地看出：18 岁以下群体对代餐麦片的偏好最低，其他类型产品无明显差异；18～25 岁群体偏好最高的三种产品分别是代餐粥、代餐粉和代餐奶昔；26～35 岁和 35 岁以上群体偏好度最高的三种产品分别是代餐棒、代餐粥和代餐奶昔。

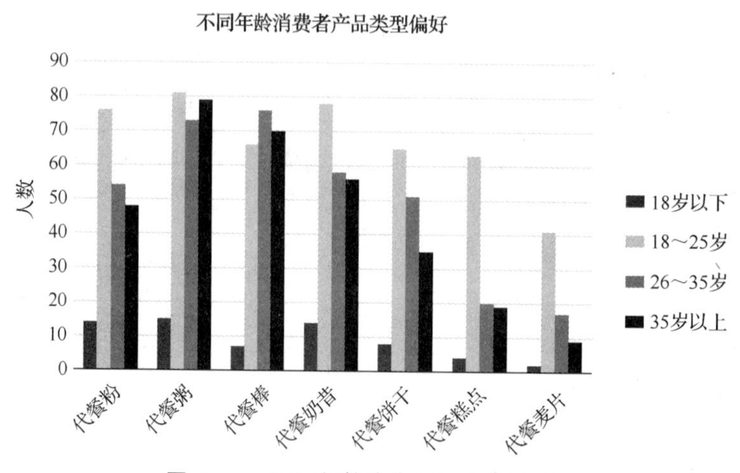

图 9–16　不同年龄消费者产品类型偏好

① 年龄与销售信息获取渠道偏好分析。从不同年龄消费者对代餐产品销售信息获取渠道偏好分析（见图 9-17）中可以看出：18 岁以下群体偏爱的三种销售信息获取渠道分别是商超促销宣传、达人带货和朋友推荐；18～25 岁、26～35 岁和 35 岁以上群体偏爱的三种销售信息获取渠道分别是商超促销宣传、电商平台宣传和达人带货。

② 年龄与产品属性偏好分析。从不同年龄群体对代餐产品属性偏好的分析（见图 9-18）中可以看出：18 岁以下和 26～35 岁群体更注重代餐产品的成分和价格；18～25 岁群体更注重产品价格和产品口味；35 岁以上群体更注重产品成分和产品口味。

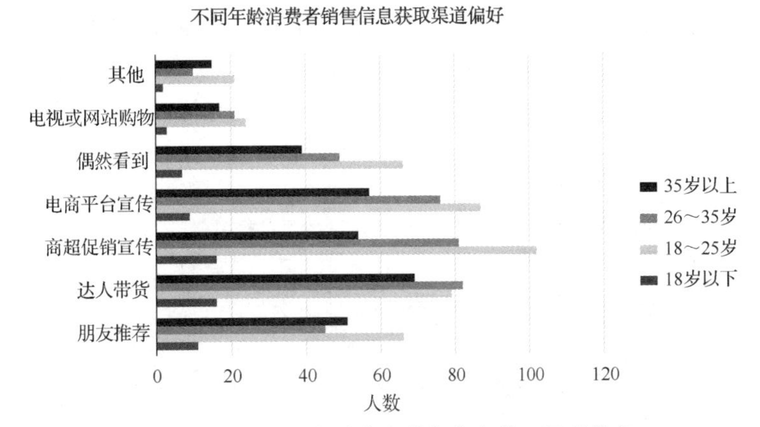

图 9-17 不同年龄消费者销售信息获取渠道偏好

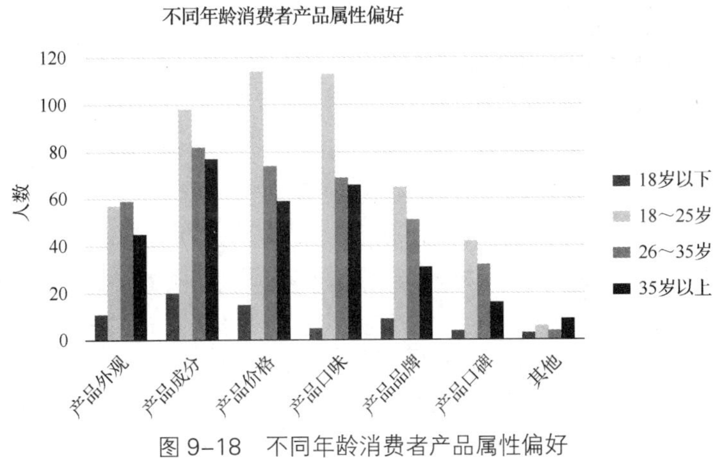

图 9-18 不同年龄消费者产品属性偏好

③ 年龄与购买方式偏好分析。从不同年龄消费者对代餐产品购买方式偏好的分析（见图 9-19）中可以看出：18 岁以下群体最不常去便利店购买，对其他购买方式的偏好差异不大；18～25 岁群体常使用的三种购买方式是电商平台购买、大中型超市购买和短视频平台购买；26～35 岁群体常通过微商、短视频平台和大中型超市三种途径购买；35 岁以上群体偏好度高的三种购买方式分别是短视频平台购买、微商购买和大中型超市购买。

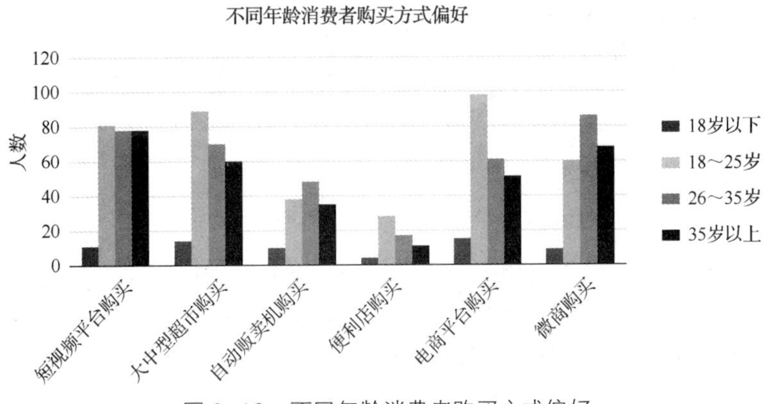

图 9-19 不同年龄消费者购买方式偏好

④ 年龄与促销方式偏好分析。从不同年龄消费者对代餐产品促销方式偏好的分析（见图 9-20）中可以看出：18 岁以下、26～35 岁和 35 岁以上群体偏爱的三种促销方式是买产品赠礼品、领券购买和积分促销；18～25 岁群体偏爱的三种促销方式是领券购买、直接打折和买产品赠礼品。

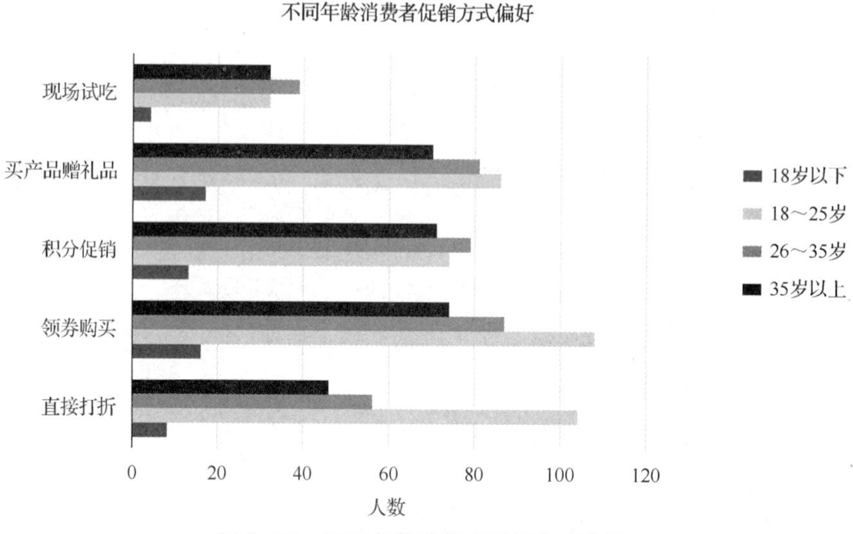

图 9-20　不同年龄消费者促销方式偏好

⑤ 年龄与回购偏好分析。从不同年龄消费者对代餐产品回购偏好的分析（见图 9-21）中可以看出：18 岁以下群体对代餐粉的回购率显著高于其他年龄群体；18～25 岁群体对代餐糕点的回购率显著高于其他年龄群体；26～35 岁群体对代餐棒的回购率显著高于其他年龄群体；35 岁以上群体对代餐粥的回购率显著高于其他年龄群体。

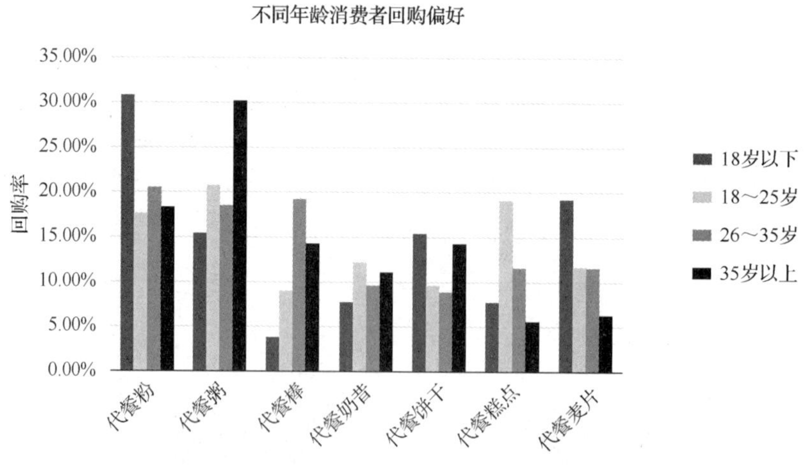

图 9-21　不同年龄消费者回购偏好

（2）职业与消费者偏好。

① 职业与产品类型偏好分析。从不同职业消费者对代餐产品类型偏好的分析（见图 9-22）中可以看出：在校学生和自由职业者群体偏好度高的三种产品分别是代餐粉、代餐糕点和代餐饼干；企业单位工作者和个体商户偏好度高的三种产品分别是代餐粥、代餐棒和代餐奶昔；国

家机关、事业单位工作者比较偏爱代餐粉和代餐粥；退休或离职人员比较偏爱代餐粉、代餐粥和代餐棒。

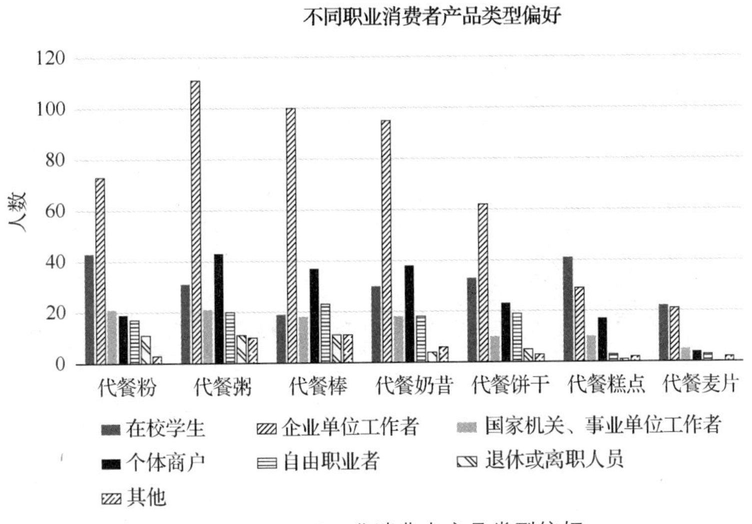

图 9-22 不同职业消费者产品类型偏好

② 职业与促销方式偏好分析。从不同职业消费者对代餐产品促销方式偏好的分析（见图 9-23）中可以看出：在校学生更青睐朋友推荐、达人带货和商超促销宣传三种促销方式；企业单位工作者，国家机关、事业单位工作者，个体商户和自由职业者更偏爱达人带货、商超促销宣传和电商平台宣传三种促销方式；退休或离职人员更偏爱电商平台宣传这种促销方式。

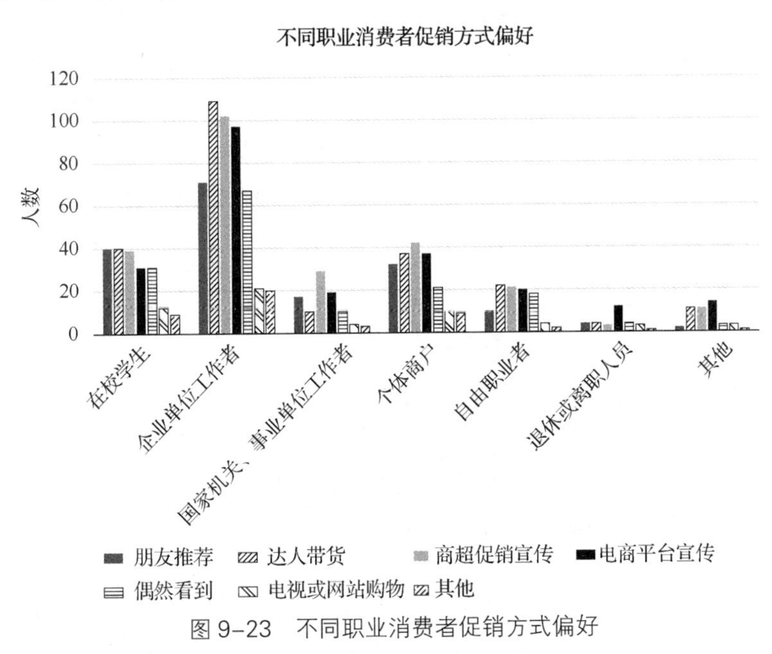

图 9-23 不同职业消费者促销方式偏好

③ 职业与产品属性偏好分析。从不同职业消费者代餐产品属性偏好的分析（见图 9-24）中可以看出：在校学生，企业单位工作者，国家机关、事业单位工作者和自由职业者更注重代餐产

品的价格、成分和口味；个体商户更注重代餐产品的成分、外观和价格；退休或离职人员更注重代餐产品的口味、价格和成分。

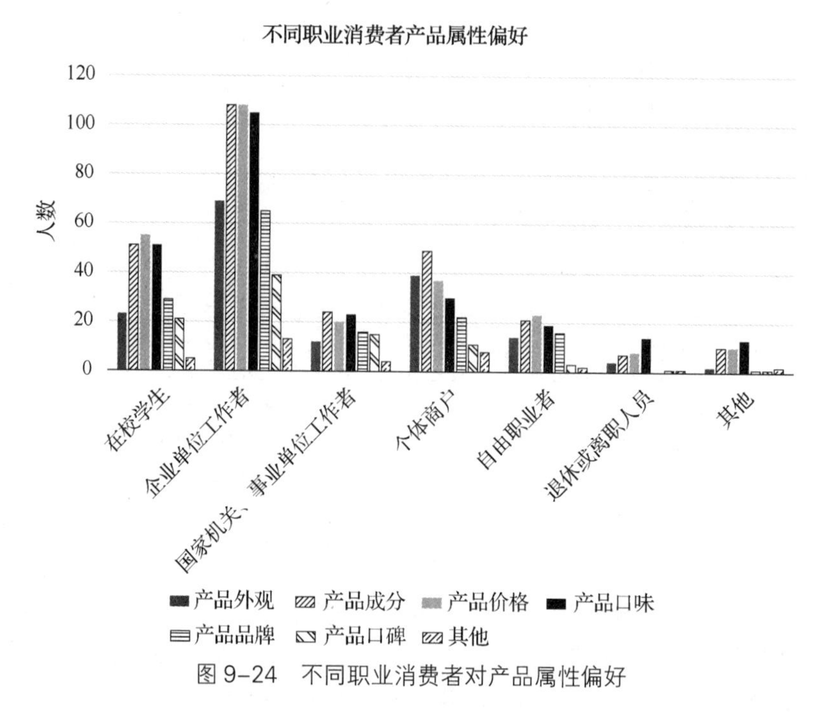

图 9–24　不同职业消费者对产品属性偏好

④ 职业与购买方式偏好分析。从不同职业消费者对代餐产品购买方式偏好的分析（见图 9-25）中可以看出：在校学生，国家机关、事业单位工作者偏爱的三种购买方式分别是电商平台购买、大中型超市购买和短视频平台购买；企业单位工作者、个体商户、自由职业者常用的三种代餐产品购买方式分别是短视频平台购买、微商购买和大中型超市购买；退休或离职人员常用的代餐产品购买方式分别是电商平台购买、短视频平台购买和微商购买。

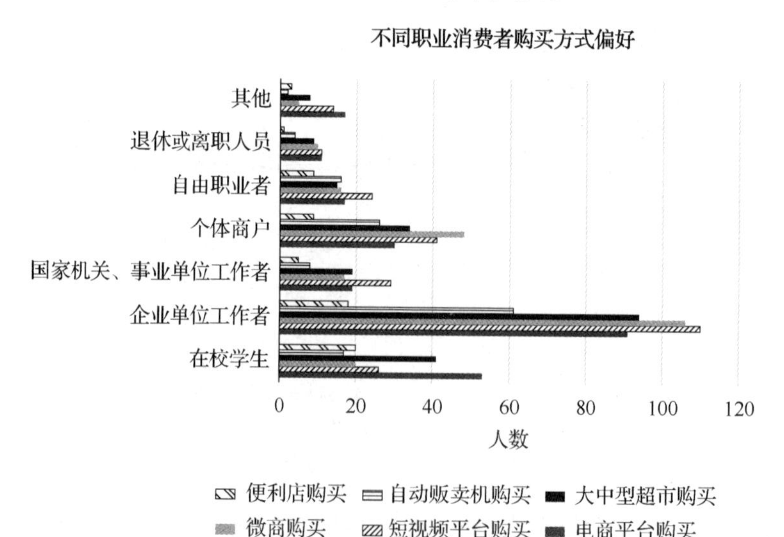

图 9–25　不同职业消费者购买方式偏好

⑤ 职业与回购偏好分析。从不同职业消费者对代餐产品回购偏好的分析（见图 9-26）中可以看出：在校学生对代餐糕点的回购率显著高于其他代餐产品；企业单位工作者和个体商户对代餐糕点的回购率显著低于其他代餐产品；自由职业者对代餐粥的回购率显著高于其他代餐产品。

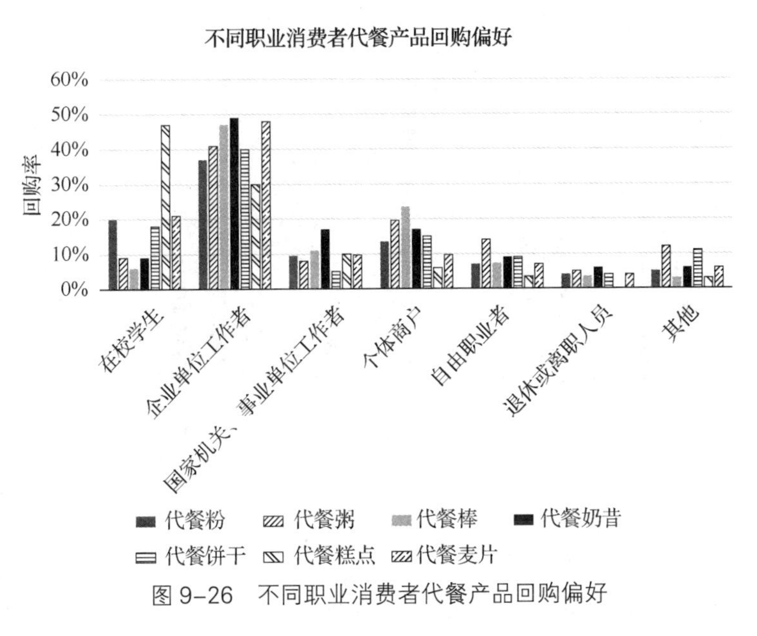

图 9-26　不同职业消费者代餐产品回购偏好

（3）收入与消费者偏好。

① 收入与产品类型偏好分析。从不同收入消费者对代餐产品类型偏好的分析（见图 9-27）中可以看出：月收入低于 1 500 元的群体更偏好购买代餐粉；月收入在 1 500～3 000 元的群体更偏好购买的三种产品分别是代餐棒、代餐奶昔和代餐粥；月收入在 3 001～5 000 元和 5 001～8 000 元的群体更常购买代餐粥和代餐棒；月收入大于 8 000 元的群体常购买代餐奶昔和代餐粥。

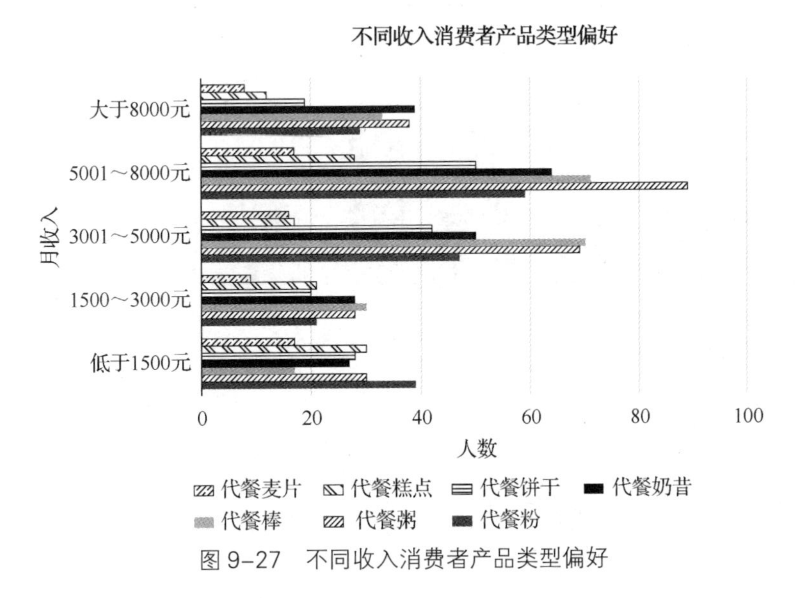

图 9-27　不同收入消费者产品类型偏好

② 收入与产品属性偏好分析。从不同收入消费者对代餐产品属性偏好的分析（见图 9-28）中可以看出：不同收入的消费者都倾向于关注代餐产品的成分、价格和口味三种属性。

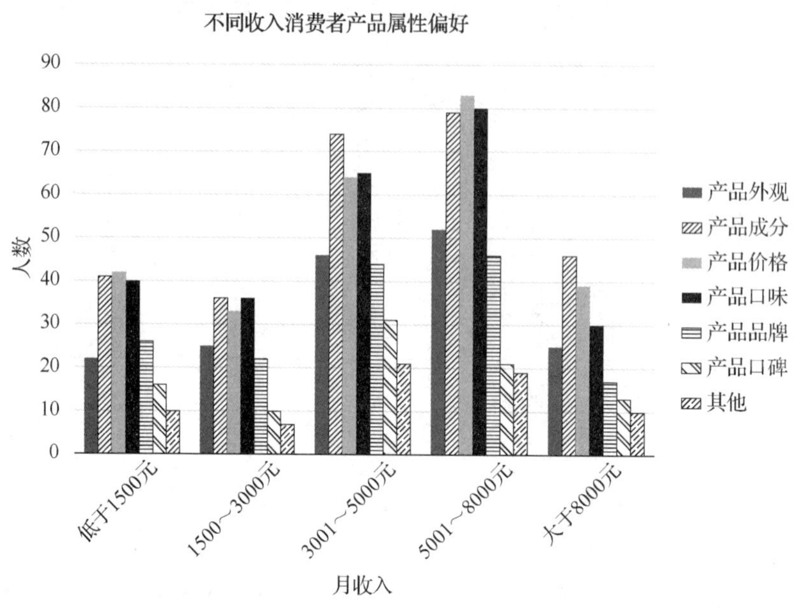

图 9-28 不同收入消费者产品属性偏好

③ 收入与购买方式偏好分析。从不同收入消费者对代餐产品购买方式偏好的分析（见图 9-29）中可以看出：月收入低于 1 500 元和月收入在 1 500～3 000 元的群体更偏好采用电商平台购买和大中型超市购买两种购买方式；月收入在 3 001～5 000 元的群体更倾向于微商购买和短视频平台购买两种购买方式；月收入在 5 001～8 000 元的群体经常采用短视频平台购买和大中型超市购买两种购买方式；月收入大于 8 000 元的群体更偏好短视频平台购买和微商购买两种购买方式。

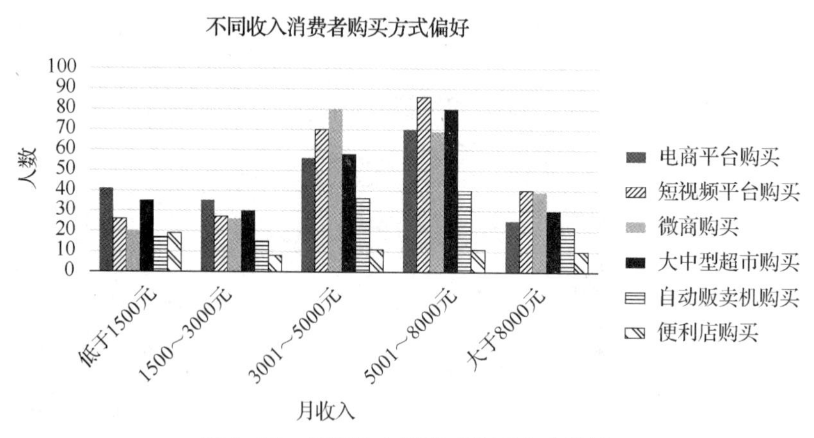

图 9-29 不同收入消费者购买方式偏好

④ 收入与回购偏好分析。从不同收入消费者对代餐产品回购偏好的分析（见图 9-30）中可以看出：月收入低于 1 500 元和月收入在 1 500～3 000 元的群体对代餐糕点和代餐粉的回购率显

著高于其他类型的代餐产品；月收入在 3 001～5 000 元和大于 8 000 元的群体对代餐粥的回购率显著高于其他类型的代餐产品；月收入在 5 001～8000 元的群体对代餐粥的回购率最高。

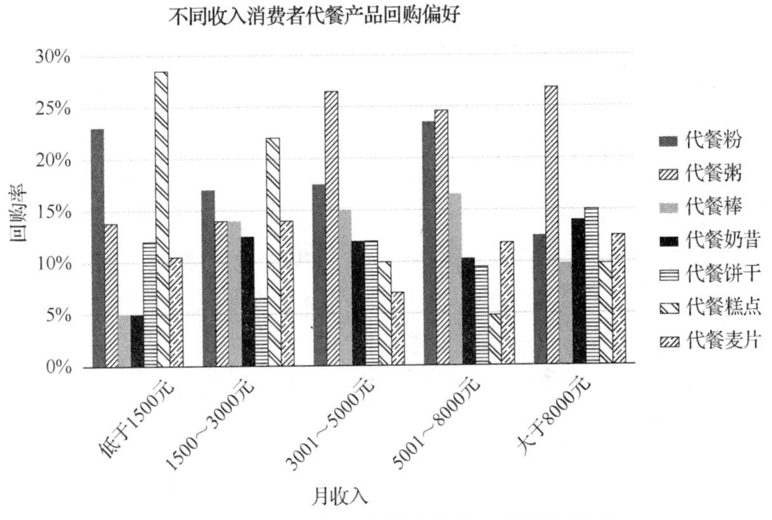

图 9-30　不同收入消费者代餐产品回购偏好

五、分析问题并提出解决方案

通过以上数据分析，孙婷撰写出调查报告，目录如下。

一、调查目的

1.1 调查背景

1.2 调查的必要性

1.3 解决问题的意义

二、调查思路与调查方法

2.1 调查思路

2.2 调查方法

2.3 问卷设计及问卷发放

三、调查结果分析与解读

3.1 调查对象基本信息

3.2 代餐产品消费现状分析

3.3 消费者对代餐产品消费偏好分析

3.4 消费者对代餐产品消费需求和动机分析

四、结论与建议

4.1 结论

4.2 建议与展望

对调查结果的分析如下。

1. 代餐市场消费现状

大多数消费者每月购买代餐产品的支出在 50～200 元。18～25 岁、月生活费低于 1 500 元的在校学生对代餐产品的消费支出最低，原因可能是在校学生的生活费有限，不得不控制开支。

2. 消费者对代餐产品的消费偏好

被访者中有半数人表示自己对代餐产品有一定的了解，剩下半数消费者对代餐产品了解较少。可见，如果要挖掘代餐产品的市场机会，有必要对消费者进行广告普及宣传。

在产品类型偏好方面，消费者对代餐粥、代餐棒、代餐奶昔和代餐粉的偏好度较高，其中18岁以下的群体最不常购买代餐麦片，月收入低于1 500元的在校学生和自由职业者对代餐粉偏好度最高，月收入在3 001～5 000元的企业单位工作者和个体商户更偏爱代餐粥，月收入在8 000元以上的群体更偏爱代餐奶昔。

在获取销售信息方面，多数消费者通过商超促销宣传、达人带货和电商平台宣传这三个渠道获取销售信息。其中，18～25岁的国家机关、事业单位工作者和个体商户更青睐商超促销宣传，35岁以上的企业单位工作者多是通过达人带货来获取销售信息。

在代餐产品属性方面，多数消费者更在意产品的成分、价格和口味。其中，18～25岁群体更在意代餐产品的价格和口味，25岁以上月收入在3 001～5 000元和大于8 000元的群体更在意产品的成分。

在购买方式方面，超过半数的消费者都采用线上购买的方式购买代餐产品，其中，偏好度较高的三种线上购买方式是短视频平台购买、微商购买和电商平台购买；在线下购买方式中，消费者更青睐去大中型超市购买。月生活费低于1 500元的在校学生最常通过电商平台购买代餐产品，月收入在5 001～8 000元的企业单位工作者和国家机关、事业单位工作者常常通过短视频平台购买代餐产品，而月收入在3 001～5 000元的个体商户最常通过微商购买代餐产品。

在促销方式方面，多数消费者更青睐领券购买和买产品赠礼品的促销方式。其中，男性对买产品赠礼品的促销方式偏爱度更高。

3. 消费者对代餐产品的消费需求和动机

分析消费者购买代餐产品的目的可以发现，多数消费者是出于食用方便、营养健康和口感好三个目的购买代餐产品的。女性更多出于食用方便和减重瘦身的目的，35岁以上月收入高于3 000元的男性自由职业者更多是为了营养健康和口感。18～25岁月生活费低于1 500元的在校学生购买代餐产品更多是出于食用方便的目的。

消费者停止购买代餐产品多是出于对质量因素、效果因素和口味因素的综合考量。其中，18～25岁的在校学生，35岁以上的企业单位工作者和国家机关、事业单位工作者多是因为质量和口味，26～35岁的自由职业者多是因为效果停止购买代餐产品。

半数未购买过代餐产品的被访者表示自己是因为不需要才不购买的。如何挖掘潜在客户，激发潜在客户的需求，是代餐产品商家应该重点思考的问题。

4. 消费者偏好的异质性

（1）年龄与消费者偏好。

- 18岁以下：最不常购买代餐麦片；更关注产品成分和价格。
- 18～25岁：代餐产品消费支出最低；偏好代餐粥、代餐粉和代餐奶昔；更关注产品价格；偏好电商平台购买；出于食用方便目的而购买。
- 26～35岁：偏好代餐棒、代餐粥、代餐奶昔；更关注产品成分和价格；偏好从微商处购买。
- 35岁以上：偏好代餐棒、代餐粥、代餐奶昔；更关注产品成分和口味；偏好从短视频平台购买；出于营养健康目的而购买。

（2）职业与消费者偏好。

- 在校学生：代餐产品消费支出最低；偏好代餐粉和代餐糕点；倾向于从电商平台购买；代餐糕点回购率最高；出于食用方便目的而购买。
- 企业单位工作者：偏好代餐粥；偏好达人带货；倾向于从短视频平台购买；代餐糕点回购率最低。
- 国家机关、事业单位工作者：不喜欢代餐麦片；偏好商超促销宣传；出于营养健康目的而购买。
- 个体商户：偏好代餐粥；偏好商超促销宣传；更注重产品成分；倾向于从微商处购买；代餐糕点回购率最低。
- 自由职业者：偏好代餐粉；代餐粥回购率最高；出于营养健康目的而购买。
- 退休或离职人员，以及其他人群对代餐产品感兴趣的人数相对较少，不做深入分析。

（3）月收入与消费者偏好。

- 小于1 500元：代餐产品消费支出最低；偏好代餐粉；倾向于从电商平台和大中型超市购买；出于食用方便目的而购买。
- 1 500～3 000元：倾向于从电商平台和大中型超市购买；代餐糕点和代餐粉回购率高。
- 3 000～5 000元：偏好代餐棒和代餐粥；倾向于从微商处购买。
- 大于8 000元：代餐产品消费支出最高；代餐粥回购率最高。

5. 消费者画像

基于以上分析，对消费者进行画像，分类如下。

（1）经济型消费者。该类人群主要是18～25岁月生活费低于1 500元的在校学生。他们更偏好代餐粥、代餐粉和代餐糕点，更注重产品性价比和口味，更偏好在电商平台购买，多是出于食用方便的目的购买代餐产品，代餐糕点的回购率最高，每月代餐产品消费支出最低。

（2）务实型消费者。该类人群主要是25岁以上月收入在1 500～5 000元的个体商户和自由职业者。他们更倾向于购买代餐粥、代餐粉和代餐棒，更关注产品的成分和价格，多采用线上购买的方式，出于营养健康的目的购买代餐产品。

（3）中等收入消费者。该类人群主要是26～35岁月收入在3 001～8 000元的企业单位工作者和国家机关、事业单位工作者。他们大多工作繁忙又紧跟潮流，更倾向于通过达人带货获取销售信息，常常在短视频平台和大中型超市购买代餐产品（偏向于代餐粥和代餐棒），多是出于营养健康和减重瘦身的目的，更注重代餐产品的质量和成分，每月代餐产品的消费支出较高。

（4）品质型消费者。该类人群主要是35岁以上月收入高于8 000元的国家机关、事业单位和企业单位工作者。他们更偏向于购买代餐棒、代餐奶昔和代餐粥，每月在代餐产品上的支出较多，线上倾向于从短视频平台购买，线下常在大中型超市购买，更注重代餐产品的成分和口味，多是出于营养健康的目的。

孙婷将调查报告交给张经理。张经理结合各项分析数据写出了以下代餐产品市场开拓方案。

（1）针对经济型消费者，重点推出性价比较高的代餐粥、代餐粉和代餐糕点。这类产品要食用、携带方便并且口感好，可以在电商平台销售。企业应多方发布销售信息。

（2）针对务实型消费者，主要推出代餐棒、代餐粥和代餐粉。这类产品既要营养丰富，也要价格亲民。企业可以通过线上平台销售产品。

（3）针对中等收入消费者，主要推出代餐粥和代餐棒。这类产品要兼顾高营养和低热量两个特点，企业可以通过达人带货的方式向消费者传递销售信息。线上主要通过短视频平台销售，线下主要通过大中型超市销售。企业可适量推出高品质代餐产品。

（4）针对品质型消费者，主要推出代餐棒、代餐奶昔和代餐粥。这类产品应是口感良好、包装精美、营养健康的高品质产品。产品可线上、线下同时销售。

（5）针对从未购买过代餐产品的消费者，要加大广告宣传力度，充分挖掘潜在客户，激发潜在客户的需求。

（6）针对消费者推荐意愿，一方面要优化购买环境、加快发货速度、提升客户服务水平；另一方面要提高产品的品质，生产高质量产品。另外，降低消费者购买成本对优化消费者购物体验也非常有用。

拓展阅读

加快数字化发展，建设数字中国

近年来，随着互联网、大数据、人工智能等新兴技术的普及和发展，数字经济已经成为全球经济发展的重要驱动力之一。在这样的背景下，党的二十大报告中提出“加快发展数字经济，促进数字经济和实体经济深度融合”，具有重要意义。

2002 年到 2011 年，我国数字经济增速低于同期 GDP 平均增速，数字经济仅仅是国民经济的一部分。2012 年以来，我国数字经济规模占 GDP 的比重不断提升，数字经济年均增速显著高于同期 GDP 平均增速，已成为支撑经济高质量发展的关键力量。

根据中国信息通信研究院发布的《中国数字经济发展报告（2022 年）》，2021 年中国数字经济规模达到 45.5 万亿元，同比名义增长 16.2%，占 GDP 比重达到 39.8%。数字经济在国民经济中的地位更加稳固、支撑作用更加明显。

另一方面，加快数字经济发展，既要确保技术先进性、可靠性、稳定性，也要维护网络文化健康、做好个人权益保护、加强社会信用维护、推进网络空间治理。特别是随着各类生物识别技术与数字技术深度融合，“刷脸”“按指纹”在人们日常生活中广泛应用，潜在安全风险更加凸显。这就要求相关部门尽快建立健全数字社会建设的标准体系和法治体系，完善相关立法，加大普法力度，严格执法，为数字社会安全有序发展提供保障。

课后习题

假如你所在的公司是一家食品生产公司，现在要对下一年的市场投放做出规划，总经理要求根据全国各个省份的实际需求投放产品。

（1）请查找《中国统计年鉴》的数据，汇总近 5 年各省份家庭人均主要食品消费量。

（2）对收集的数据进行分析，做出下一年市场投放规划。